住房城乡建设部土建类学科专业"十三五"规划教材
教育部高等学校建筑类专业教学指导委员会建筑学专业教学指导分委员会规划推荐教材
高等学校建筑类专业城市设计系列教材

丛书主编 王建国

Urban Aesthetics
城市美学

王 辉 著

中国建筑工业出版社

图书在版编目（CIP）数据

城市美学 = Urban Aesthetics / 王辉著．—北京：中国建筑工业出版社，2020.11

住房城乡建设部土建类学科专业"十三五"规划教材　教育部高等学校建筑类专业教学指导委员会建筑学专业教学指导分委员会规划推荐教材　高等学校建筑类专业城市设计系列教材／王建国主编

ISBN 978-7-112-25453-8

Ⅰ.①城… Ⅱ.①王… Ⅲ.①城市学－美学－高等学校－教材 Ⅳ.①B834.2

中国版本图书馆CIP数据核字（2020）第174675号

责任编辑：高延伟　陈　桦　王　惠
责任校对：赵　菲

住房城乡建设部土建类学科专业"十三五"规划教材
教育部高等学校建筑类专业教学指导委员会建筑学专业教学指导分委员会规划推荐教材
高等学校建筑类专业城市设计系列教材

城市美学
Urban Aesthetics
丛书主编　王建国
王辉　著

*

中国建筑工业出版社出版、发行（北京海淀三里河路9号）
各地新华书店、建筑书店经销
北京锋尚制版有限公司制版
北京富诚彩色印刷有限公司印刷

*

开本：889毫米×1194毫米　1/16　印张：16¼　字数：336千字
2020年12月第一版　2020年12月第一次印刷
定价：89.00元
ISBN 978-7-112-25453-8
（36440）

版权所有　翻印必究
如有印装质量问题，可寄本社图书出版中心退换
（邮政编码100037）

《高等学校建筑类专业城市设计系列教材》
编审委员会

主　任： 王建国

副主任： 高延伟　韩冬青

委　员（根据教育部发布的全国普通高等学校名单排序）：

清华大学	王　辉
天津大学	陈　天　夏　青　许熙巍
沈阳建筑大学	张伶伶　袁敬诚　赵曼彤
同济大学	庄　宇　戚广平
南京大学	丁沃沃　胡友培　唐　莲
东南大学	冷嘉伟　鲍　莉
华中科技大学	贾艳飞　林　颖
重庆大学	褚冬竹
西安建筑科技大学	李　昊
中国建筑工业出版社	陈　桦　王　惠

总序

在2015年12月20日至21日的中央城市工作会议上，习近平总书记发表重要讲话，多次强调城市设计工作的意义和重要性。会议分析了城市发展面临的形势，明确了城市工作的指导思想、总体思路、重点任务。会议指出，要加强城市设计，提倡城市修补，加强控制性详细规划的公开性和强制性。要加强对城市的空间立体性、平面协调性、风貌整体性、文脉延续性等方面的规划和管控，留住城市特有的地域环境、文化特色、建筑风格等"基因"。2016年2月6日，中共中央、国务院印发了《关于进一步加强城市规划建设管理工作的若干意见》，提出要"提高城市设计水平。城市设计是落实城市规划、指导建筑设计、塑造城市特色风貌的有效手段。鼓励开展城市设计工作，通过城市设计，从整体平面和立体空间上统筹城市建筑布局，协调城市景观风貌，体现城市地域特征、民族特色和时代风貌。单体建筑设计方案必须在形体、色彩、体量、高度等方面符合城市设计要求。抓紧制定城市设计管理法规，完善相关技术导则。支持高等学校开设城市设计相关专业，建立和培育城市设计队伍"。

为落实中央城市工作会议精神，提高城市设计水平和队伍建设，2015年7月，由全国高等学校建筑学、城乡规划学、风景园林学三个学科专业指导委员会在天津共同组织召开了"高等学校城市设计教学研讨会"，并决定在建筑类专业硕士研究生培养中增加"城市设计专业方向教学要求"，12月制定了《高等学校建筑类硕士研究生（城市设计方向）教学要求》以及《关于加强建筑学（本科）专业城市设计教学的意见》《关于加强城乡规划（本科）专业城市设计教学的意见》《关于加强风景园林（本科）专业城市设计教学的意见》等指导文件。

本套《高等学校建筑类专业城市设计系列教材》是为落实城市设计的教学要求，专门为"城市设计专业方向"而编写，分为12个分册，分别是《城市设计基础》《城市设计理论与方法》《城市设计实践教程》《城市美学》《城市设计方法》《城市设计语汇》《动态城市设计》《生态城市设计》《精细化城市设计》《交通枢纽地区城市设计》《历史地区城市设计》《中外城市设计史纲》等。在2016年12月、2018年9月和2019年6月，教材编委会召开了三次编写工作会议，对本套教材的定位、对象、内容架构和编写进度进行了讨论、完善和确定。

城市设计是一门正在不断完善和发展中的学科。基于可持续发展人类共识所提倡的精明增长、城市更新、生态城市、社区营造和历史遗产保护等学术思想和理念，以及大数据、虚拟现实、人工智能、机器学习、云计算、社交网络平台和可视化分析等数字技术的应用，显著拓展了城市设计的学科视野和专业范围，并对城市设计专业教育和工程实践产生重要影响。希望《高等学校建筑类专业城市设计系列教材》的出版，能够培养学生具有扎实的城市设计专业知识和素养、具备城市设计实践能力、创造性思维和开放视野，使他们将来能够从事与城市设计相关的研究、设计、教学和管理等工作，为我国城市设计学科专业的发展贡献力量。城市设计教育任重而道远，本套教材的编写老师虽都工作在城市设计教学和实践的第一线，但教材也难免有不当之处，欢迎读者在阅读和使用中及时指出，以便日后有机会再版时修改完善。

主任：王建国

教育部高等学校建筑类专业教学指导委员会
建筑学专业教学指导分委员会
2020年9月4日

前言

城市是人类文明的产物，为人的生产生活以及交流融合提供了场所，同时城市也有着独特的美学价值。从诗句"多少楼台烟雨中"到长卷《清明上河图》，又或是印象派画家笔下光影斑斓的城市场景，这些中外文字、画作在向我们描述历史的同时也在展示着当时的城市之美以及人们对美的追求。进入现代社会，作为承载人类文明发展以及当地人生活聚居的重要载体，不同国家、地域与类型的城市都具有自身的独特印记，城市形象特色也成为文化与品牌的代名词，而人们在将城市作为基本栖居之所的同时，也在时时观察、感受与欣赏着城市之美。

城市美学顾名思义是关于城市之美以及相关审美活动的研究，其中涉及了城市之美的客体要素系统、主体对于客体要素系统的感知经验与认知审美方式、城市美的历史演变与发展机制、城市形式审美的基本规律以及城市艺术实践方法等内容。

本教材系统梳理了城市美学的理论与方法，为人才培养、学科发展与建设实践提供支撑。教材的编写主要立足于以下原则：一是针对建筑学、城乡规划、风景园林等相关专业学生整体培养目标，充分衔接已有理论类、设计类等课程体系；二是回归学科基本理论问题，为城市设计等相关课程提供理论支撑；三是以问题为导向将理论与实践相结合，关注城市空间认知审美及评价的原理与方法讲授；四是注重系统性理论架构，从美学、心理学等多学科以及古今中西融贯的视角讲解研讨城市美学的各种问题。

通过城市美学课程的学习，作者希望学生能进一步丰富知识层次、提高理论修养、加强审美意识，能够掌握城市美学的基本知识与相关理论，应用美学思维方法来认知、理解并评价城市美的现象问题，初步了解城市审美的演化规律与作用机制、树立良好的城市美学观。

城市美学是一门专注于学科基础理论问题的学科，同时也因其具有鲜明的跨学科特色而在不断发展。目前国内外相关专业关于城市美学的专门教材还相对较少，已有一些以城市美学为题的论著可作为参考书和阅读材料，但从城市美学角度梳理城市审美认知规律、系统归纳解析城市美学理论和方法的教材还比较缺乏。依托本教材的城市美学课程可成为建筑类专业课程体系中的有机环节，同时教材内容为城市美学的讲解提供了一个基础的框架和内容参考，各校在课程教学中可根据需要进行调整。

本教材适用于高等学校建筑学、城乡规划、风景园林等专业，也可作为城市管理、城市地理等相关专业的教学参考书。

本教材撰写工作前后历时4年，初稿完成后又有幸请到庄惟敏院士审稿，最后根据审稿意见进行了调整修改。

目录

第1章 城市美学概述 / 1

1.1 美与美学 / 2
1.2 城市之美 / 5
1.3 城市美学研究的切入点 / 8
1.4 城市美学的概念与内容 / 10
    1.4.1 城市美学概念与研究体系 / 11
    1.4.2 城市美学的主要内容 / 12

思考题 / 13

第2章 中国传统城市美学的基本内容 / 15

2.1 中国传统城市发展的基本脉络 / 16
    2.1.1 自然环境的和谐 / 16
    2.1.2 礼制文化的依循 / 18
    2.1.3 社会生活的变迁 / 19
2.2 主要空间要素与美学特征 / 20
    2.2.1 整体结构 / 20
    2.2.2 轮廓色彩 / 22
    2.2.3 自然山水 / 23
    2.2.4 市井街巷 / 25
    2.2.5 城市建筑 / 26
2.3 基本美学思想观念 / 28
    2.3.1 相关思想溯源简述 / 28
    2.3.2 审美认知机制 / 29
    2.3.3 美学观念与标准 / 35

思考题 / 41

第3章　西方城市美学的发展历程 / 43

3.1　现代主义之前的西方城市美学 / 44
  3.1.1　古希腊与古罗马 / 45
  3.1.2　中世纪 / 49
  3.1.3　文艺复兴与巴洛克 / 51

3.2　现代西方城市美学 / 55
  3.2.1　基本状况 / 55
  3.2.2　美学特征与观念 / 58

3.3　现代之后的西方城市美学发展 / 63
  3.3.1　基本状况 / 63
  3.3.2　美学特征与观念 / 66

思考题 / 71

第4章　城市之美的影响要素与对象系统 / 73

4.1　城市美学客体系统论 / 74
  4.1.1　美学对象：艺术品与生活空间 / 74
  4.1.2　城市美系统：多维度、多要素的综合 / 77

4.2　城市之美的影响要素 / 80
  4.2.1　文化维度——历史意义要素 / 81
  4.2.2　环境维度——环境文脉要素 / 83
  4.2.3　社会维度——功能需求要素 / 85
  4.2.4　技术维度——科学技术要素 / 88
  4.2.5　管理维度——政策管理要素 / 90

4.3　城市之美的对象系统 / 91
  4.3.1　整体空间结构 / 94
  4.3.2　城市开敞空间 / 100
  4.3.3　城市建筑 / 104
  4.3.4　其他要素 / 110

思考题 / 111

第5章 城市审美的认知方式 / 113

5.1 城市美学主体认知论 / 114
    5.1.1 美学认知：理性与经验 / 115
    5.1.2 城市美认知：理性、经验与全方位感知的整合 / 118

5.2 人的基本感知 / 120
    5.2.1 感觉与知觉 / 121
    5.2.2 基本感知与环境 / 124

5.3 环境视觉认知 / 131
    5.3.1 信息认知 / 132
    5.3.2 符号认知 / 134
    5.3.3 格式塔认知 / 135
    5.3.4 视觉思维认知 / 137

5.4 城市的整体化认知 / 139
    5.4.1 动态认知 / 139
    5.4.2 意象认知 / 143
    5.4.3 类型认知 / 146
    5.4.4 场所认知 / 149

思考题 / 153

第6章 城市之美的形式规律 / 155

6.1 城市美学形式逻辑论 / 156
    6.1.1 美学形式：单一与整合 / 156
    6.1.2 城市美形：整体生成与多样统一 / 164

6.2 城市形式审美的总体规律 / 167
    6.2.1 内涵表现：外在形式与内在意义的统一 / 168
    6.2.2 整体协调：多层次与多要素的和谐 / 171
    6.2.3 虚实互补：空间与实体的交织 / 175
    6.2.4 主次有序：主角与配角的平衡 / 177
    6.2.5 节奏组织：层次与变化的统筹 / 180

6.3 城市关键要素的形式审美要点 / 182
    6.3.1 结构要素：格局与节奏的秩序 / 182
    6.3.2 自然要素：人工与自然的呼应 / 186

  6.3.3 片区要素：肌理模式的清晰 / 188
  6.3.4 开敞空间要素：边界的完整与丰富 / 190
  6.3.5 建筑要素：层次与类型的差异 / 196
 思考题 / 199

第7章 城市之美的设计创造 / 201

 7.1 城市美学设计创造论 / 202
  7.1.1 美学创造：情感与理性 / 202
  7.1.2 城市美创：创意与规矩的平衡 / 206
 7.2 城市之美设计创造的基本观念 / 209
  7.2.1 古今交融 / 209
  7.2.2 和谐统一 / 211
  7.2.3 因地制宜 / 214
  7.2.4 以人为本 / 215
 7.3 城市之美的设计、引导与管控 / 217
  7.3.1 设计层面 / 217
  7.3.2 引导与管控层面 / 220
 7.4 城市之美与城市文化 / 224
  7.4.1 城市文化与特色的塑造 / 224
  7.4.2 城市美学文化教育、传播与评论 / 229
 思考题 / 231

第8章 结语 当代中国城市美学再建构 / 233

 8.1 当代中国城市美学的挑战 / 234
 8.2 面向未来的中国城市美学 / 235
  8.2.1 全球化进程中的中国特色 / 235
  8.2.2 全方位多层次的美学创造 / 237
 思考题 / 239

部分图片来源 / 240

参考文献 / 243

第 1 章
城市美学概述

1.1 美与美学
1.2 城市之美
1.3 城市美学研究的切入点
1.4 城市美学的概念与内容

本章学习要点
1. 美学研究的基本概况与简要发展历史;
2. 城市之美的主要特征与城市美学研究的切入点;
3. 城市美学的基本框架与主要内容。

城市与人的生活息息相关,城市也有着自身的美学价值。从城市的起源到发展,城市之美的载体、形式与内涵都有了很大的发展。为了更好地把握新形势下的城市美、理解城市美学的内涵,本章首先对美学以及城市美学的基本内容进行概述,通过将美学研究与城市理论相结合、将历史研究与现实问题相结合,剖析城市美学的概念、切入点与主要内容,并以此来构建城市美学的研究框架。

1.1 美与美学

各种语言中的"美"字,是"美"及相关的审美活动在各种文化之中存在的最确切和最有力的证明。作为对于美的研究学科,美学至今仍然有许多争议之处。人们在审美对象上可以提炼出"美"的特征,如对称、均衡等,但这些特征并不等于"美"本身。"美"是一个虚体,更像是一个哲学对象而非一个科学对象。"美"是什么,这也是众多美学家苦苦思索的问题。不仅"美"难于解释,"美学"涉及的内容也十分广泛,有人认为美学是关于美的科学,也有人认为美学是艺术哲学,或是以审美经验为中心研究美和艺术的科学。

照字面看,美学当然就是研究美的学科,但是过去学者对于何为美学久有争论。德国哲学家鲍姆嘉登1750年才把它看作一门独立的科学,给它命名为美学。鲍姆嘉登美学的基础之一是主体的知情意结构,他认为美学是研究感性认识的完善的科学。这个来源于希腊文的名词有感觉或感性认识的意义,他把美学看作与逻辑是相对立的。[1]鲍姆嘉登在《美学》这本书中确立了美学的研究对象，即人类的感性认识，他认为美学就是研究人的感觉的学问，美学即感性学。

实际上，美学研究在西方由来已久，古希腊美学对西方美学发展产生了重要影响，从公元前6世纪的毕达哥拉斯学派，到赫拉克利特、德谟克利特、苏格拉底等人，其中影响最为深远的就是柏拉图与亚里士多德。柏拉图提出美在理式，而亚里士多德则提出美的本体与美的现象是合一的，有不少研究都认为这两人的思想交错地影响着西方美学的发展进程。古希腊之后，西方美学又经历了古罗马、中世纪、文艺复兴等各阶段的发展，直到鲍姆嘉登将美学作为一门独立的学科来展开专门研究（图1-1、图1-2）。有学者提出西方的美学研究起源于三个基础：对事物的本质追求；对心理知、情、意的明晰划分；对各艺术门类的统一定义。

图1-1　蒙娜丽莎画像

在鲍姆嘉登之后，西方美学迎来了一座高峰即德国古典美学，康德、歌德、席勒、黑格尔是德国古典美学的代表人物。从19世纪中叶开始，西方美学便在德国古典美学的基础上持续分化发展。有学者提出近代西方美学范式可分为三种，一是从美的本质到所有美的现象包括自然、社会、艺术、科学、制度等等，以现象——本质为基本结构；二是从美的本质转到美感的本质，以主体——客体为基本结构；三是从美的本质到各门艺术，以美——艺术作为基本结构。这三套范式背后的共同点就是都认可存在美的本质，都强调对于美的本质的追求。经过近代之后，在从1900年开始成为主流的现代西方思维中，美的本质被分析美学当作一个无意义的问题。没有了对于美的本质的苦苦追求，西方近代美学的后两种范式立即以自身为中心逐渐独立。前者包括以移情论、直觉论、内模仿论、距离论等为代表的审美心理诸流派，后者包括以英国形式主义、俄国形式主义、英美新批评为代表的艺术潮流。与此同时，心理学方法和实验方法成为美学中普遍采用的方法，以此来取代传统的哲学思辨方法。

进入20世纪以后，西方美学发展更加多元化，各种不同的流派纷纷出现，其中，苏珊·朗格在《情感与形式》中完全不用美的本质建立了一套艺术哲学体系；米盖尔·杜夫海纳在《审美经验现象学》中不用美的本质，而是结合审美心理和艺术建立了现代美学体系。有学者进一步提出，现代西方美学发展的特征可以归纳为，美学基本上是从一个理论原点，如直觉、移情、形式、抽象、原型等，去建立独特的美学体系。[2]这些美学流派纷繁多元，其中体现出了现代西方美学的一些新特征，一是美学的研究对象开始从客体向主体转移，从关注美的本质转向主体审美经验的研究；二是对审美主体的研究从艺术想象、构思等转向审美心理、生理研究，并从理性、意识层面转向非逻辑、非理性直觉、无意识层面；三是针对艺术本体语

图1-2　卢浮宫中的古典艺术雕像

1　朱光潜. 西方美学史［M］. 北京：人民文学出版社，1963：3.
2　张法. 美学导论［M］. 北京：中国人民大学出版社，1999：8-10.

图1-3 中国传统绘画《兰亭修禊图》，中国传统有着大量关于诗词书画等艺术形式的论述与著作

言进行深入探讨，从注重对文艺内容、意义、主题等的研究，转向对文艺作品纯形式、语言、结构关系的研究；四是研究的方法开始从抽象思辨转向经验实证，从理性演绎转向经验归纳；五是美学研究开始转向多元并立、缺乏中心的局面。这些特征奠定了整个20世纪西方美学的基本格局，而西方美学的这种发展状况也是与西方世界社会、经济、文化、科技等一系列要素的变化相匹配的。[1]

中国古代没有美学这门学科，但却有关于具体艺术门类的论述如诗话、词话、画品、书品（图1-3），同时也有着丰富的美学思想和相关著作，如《荀子·乐论》《典论·论文》《文赋》《文心雕龙》《艺概》等。其中春秋战国时期涌现出的大量思想成为影响中国美学思想的重要源头。春秋战国与古希腊这两个时期同属德国哲学家雅斯贝尔斯所提出的"轴心时代"，即在公元前500年左右，古希腊、中国、印度等国同时出现了大思想家并形成了不同的文化传统。中国的先秦诸子百家尤其是其中的儒、道两家对于中国美学思想产生了重要影响。

先秦典籍《国语·楚语上》中楚国臣子伍举的一段话对于美进行了定义："夫美也者，上下、内外、大小、远近皆无害焉，故曰美。若于目观则美，缩于财用则匮，是聚民利以自封而瘠民也，胡美之为？"伍举这种"无害曰美"具有一定的实用色彩，这种将美与善相联系的思想在儒家美学思想中有着显著的体现。儒家的代表人物孔子认为美是善的，同时美与善又有区别，艺术需要具有善的内容，如在《论语·八佾》中提出"人而不仁，如乐何"。《孟子·尽心下》提出："可欲之谓善，有诸己之谓信，充实之谓美，充实而有光辉之谓大，大而化之之谓圣，圣而不可知之之谓神。"儒家的这种美学思想将形式与内容、艺术活动与社会生活紧密地联系了起来，同时强调人的主体人格与内在修养。有学者提出，与儒家美学思想所具有的伦理学与实用色彩相比，道家思想更具有哲学气质和艺术精神，直接影响了"飘逸""神韵""境界"等中国美学范畴，如徐复观就在《中国艺术精神》中将中国艺

---

[1] 蒋孔阳，朱立元. 西方美学通史·第六卷·二十世纪美学（上）[M]. 上海：上海文艺出版社，1999：3.

术精神渊源追溯到庄子美学。除了儒家和道家之外，先秦诸子百家也有自己的美学思想，这些思想共同奠定了中国美学发展的基础，影响了中国美学思想的长久发展。

近代以后，受西方美学思想影响，中国也开始了自己的美学研究。20世纪以来，美学研究越来越呈现多元的状况。[1]中国美学的发展也经历了一个长期的过程，陈望衡在《20世纪中国美学本体论问题》一书中将20世纪中国美学发展的脉络进行了概括：从最初的梁启超"趣味主义"的美学，王国维"生命意志"论的美学，蔡元培"人生价值"论的美学；到情感本体论——吕澂"美的态度"说、范寿康"感情移入"说、朱光潜"情趣的意象化"；到生命本体论——鲁迅（前期）"进步的生命"说、宗白华"生命的形式"说、张竞生"生命的扩张"说；到社会功利本体论——鲁迅（后期）"功利先于审美"说、陈望道"意趣随经济"说、周扬美为历史的产物说；到自然典型本体论——蔡仪"美是典型"说、冯友兰"本然样子"说；中华人民共和国成立后，在马克思主义指导下中国美学本体论开始了多元探索（1949–1999）：关于美的本质的论战——美是主观的、美是客观的、美是主客观统一的、美是社会的又是客观的；关于马克思《1844年经济学哲学手稿》的美学论战——人化的自然、美感与美、美的规律、异化劳动与美的生成；实践本体论——李泽厚"美是自由的形式"、朱光潜"用艺术的方式掌握世界"、高尔泰"美是自由的象征"、蒋孔阳"美是自由的形象"、刘纲纪"美是自由的感性表现"；其他还包括多种美学本体论——周来祥"美是和谐"、叶朗"美在意象"、叶秀山美在"存在间的交往"、邓晓芒"美是对象化了的情感"、杨春时"美在超越"、潘知常"美在生命"、吴炫"美在本体性的否定之中"。其中，李泽厚把美学分为三大块：美的哲学（即美的本质论），审美心理学，艺术社会学（即讲艺术），这一解读成为大量美学原理著作的结构方式。

从这一研究结构框架出发，除了对于各门艺术形式即专门的客体对象展开的美学研究之外，美学的研究主要包括了审美心理学和美的哲学，这两方面也成为美学研究的两种切入视角与基本方法，第一个包括研究感知过程、认识过程和态度形成过程，而第二个包括研究美学哲学以及创造过程与机制。这三个方面即美的客体、审美主体、美学机制也可以成为城市美学研究的基本出发点。

1.2 城市之美

城市是人们工作生活的场所，每个人都对城市有着自身直接的体验。关于城市有着各种各样的定义，比如城市是一定社会的物质空间形态、具有一定人口规模、居民大多数从事非农业生产活动的聚居地；是人口集中、工商业发达、居民以非农业人口为主的地区。城市是一定领域的政治、经济、文化中心；是人类物质文明和

---

[1] 详见陈望衡，20世纪中国美学本体论问题[M]．长沙：湖南教育出版社，2001．

图1-4 上海浦东的现代化城市形象。城市既是人们工作生活的场所,同时也成为了人们的审美对象

精神文明发展的产物,是一个社会化、多功能、有机的整体等。

城市是人类文明的产物,同时城市环境也是人类文明的构成要素与载体。城市为人的交流与融合提供了场所,在某种程度上城市环境就是文化与文明本身。芒福德在《城市发展史》中提出,古老的村庄文化向新兴的城市"文明"转化过程中,新型的城市综合体促使了人类创造能力向各个方向蓬勃发展。[1]他认为,城市从其起源时代开始便是一种特殊的构造,它专门用来贮存并流传人类文明的成果,可以用最小的空间容纳最多的设施同时又能扩大自身的结构,以适应不断变化的需求和社会发展。城市在将许多社会功能聚合到一个有限地域环境的同时,又将这些社会功能形成为城市文化的各种组成成分。

如果从审美的角度出发,城市也具有它独特的美学价值(图1-4)。众多学者及相关研究从审美角度对于城市的价值进行了梳理,如城市被视作环境中能发生激动人心的戏剧性场面的地方,视作人群聚集地,以及能共同产生视觉美感的建筑聚集地;城市中的这种聚集会使人们感到快乐,产生心理上的幸福感而不是沉闷感;城市就是一件艺术品,它培育了艺术,并且自身就是艺术;可以认为,城市是综合性最强的艺术,是可能最大的艺术品;与其他艺术形式相比,城市之美具有广泛的社会性,是一种无法避免的艺术。

正因为城市在人们社会生活与历史发展中的重要作用,城市的美与其他人们的生

---

[1] (美)刘易斯·芒福德著. 城市发展史:起源、演变和前景[M]. 倪文彦,宋俊岭译. 北京:中国建筑工业出版社,1989:22-23.

产实践或艺术创作呈现出的美并不相同。城市之美不仅是建筑之美、环境之美，城市与人的生活紧密相关，城市中的"美"涉及因素众多，有着独特而又丰富的内涵。

（1）时代变迁

首先，一座城市的美是随着时代发展逐渐形成的，城市并不只是一个静态的、由物质载体组成的客观对象，它在随着时间发展而变化，城市之美也来自于发展过程中不同阶段留下的遗存（图1-5）。不同时期的城市都有着那个时代的物质印记和独特的美，而且我们在今天看到的城市之美也保留容纳了不同时代的特征和物质载体。历经了时代的变迁，在城市中可能古代、近代以及现代的各种建筑物和建成环境能聚集在一起形成和谐共生之美，这种源于不同时代之美的交织混合反映着历史各阶段的特点。不仅如此，城市还容纳了不同时代人们生活的要求，适应了社会发展的变化和创新，同时这些社会生活又与城市的物质载体一并构成了城市之美。正如有学者用"城市进程"这一提法来形容在时间流逝过程中城市发生的变化，城市的美来源于时间的演变，城市之美并不是静止的，随着时代变迁在不断变化、不断发展。

图1-5 城市之美容纳了不同时代的特征和物质载体

（2）类型多样

其次，城市类型的多样性决定了城市之美的多样性，不同国家、文化和地域环境的城市显然会具有各自的美学特征，甚至不同职能不同规模的城市也会显露出不同的特点（图1-6）。有很多研究尝试将城市形态与发展进行分类，比如按国家分，或是按地域分，或是按政治或经济职能分，还有的则从城市的形态发展模式分。一些学者对这种将城市形态发展与城市类型不同相联系的研究方式并不是很赞同，认为并不能直接归纳出与相应城市分类相对应的城市形态特点。不管如何，我们都能看出城市类型的多样性，以及不同类型城市在城市美学特征上的差异。

图1-6 不同国家、文化和地域环境的城市具有各自的美学特征

（3）内容丰富

城市包含内容的多元性决定了城市之美的多元与复杂。城市与人的生活紧密相关，城市的美涉及的因素众多，各种要素都对于城市之美产生着影响。城市的形成和发展受到了文化、环境、社会、技术等多方面要素的影响，这些要素也成为影响城市审美客体对象发展的内在动因与要素系统。这些要素对城市之美的形成与欣赏产生着各自的作用，会对城市之美的性质与外在表现造成一定的影响。除了这些影响因素之外，直接承载人们审美的城市客体对象也极为丰富，从自然山水到城市格局、城市开敞空间，从建筑再到其他造型艺术形式如雕塑、城市小品等，这些都可以成为城市之美的有机组成部分。因此，城市的审美对象包含了从大到小的种种物质客体对象，再加上对城市之美产生影响的内在要素，城市之美具有特定艺术类型所无法比拟的多元性与复杂性。

图1-7 城市承载了从个体到群体的审美需要

图1-8 城市之美的要素众多内容丰富，应以社会公众的集体认知为评价标准

（4）公共属性

城市之美还有一大特点就是承载了从个体到所有社会群体的审美需要，具有受众广泛且影响巨大的公共属性（图1-7）。城市空间的内容十分多元且复杂，在承担每个个体日常生活的同时，也成为他们的审美对象。艺术的审美是一种具有一定个体主观性的认知活动，所谓每个人眼中都会有一个哈姆雷特，不可否认不同主体通过各自的感知体验会形成对于城市客体对象的不同审美感受。但与单一的纯艺术形式不同，城市容纳了全体民众的生活工作等各种活动，同时也成为他们共同的审美对象，因此城市的美学品质具有公共属性。而且城市之美的影响巨大，良好的城市形象在塑造城市特色的同时，能为社会提供更好的生活场所，甚至还能为塑造更好的城市文化与社会文明作出贡献。世界知名建筑师与理论家伊利尔·沙里宁曾提出："让我看看你的城市，我就能说出这个城市居民在文化上追求的是什么。"[1]城市研究学者芒福德也曾提出城市是教育人的场所，这些都在说明城市环境塑造的重要作用与公共属性。也正是从这个角度而言，城市审美虽然是以个体主观性体验为基础，但同时又应该以社会公众的集体认知作为评价标准，城市之美应具有符合公众认知的形式逻辑与规律（图1-8）。

1.3 城市美学研究的切入点

美学研究很大程度上将"美"当作一个哲学的对象进行研究，与此不同，为了

---

[1] （美）伊利尔·沙里宁著. 城市-它的发展衰败与未来[M]. 顾启源译. 北京：中国建筑工业出版社，1986.04：15.

图1-9 城市美学需要关注人对于城市的认知审美

更方便地讨论城市之美与城市美学，使研究不限于哲学层面的种种美学概念之中，我们在借鉴已有的美学与相关城市美学研究基础上，提出本书关于城市"美"研究的基本出发点。于贤德在《城市美学》一书中提出了城市美学研究对象的限定原则，包括一是必须以城市的形成和发展为尺度，二是必须以人与城市的审美关系为核心，三是必须以城市的具体形象为基础。依据这些限定原则，可以进一步明晰城市美学的切入点。

首先，必须以城市的形成和发展以及城市的具体形象为目标来确定城市之美的客体对象。城市之美的要素极为丰富，内容十分之多。城市之美包括城市中的人工、自然以及人文环境，既有外在的物质内容，又有着内在的精神内涵。城市美学应将那些与城市发展以及人们在城市中审美活动密切相关的城市空间要素作为研究的客体对象。反之，那些与城市发展没有必然联系的美的事物或现象，就不能成为城市美学的基本研究对象。比如服饰等艺术形式与城市空间审美联系并不紧密，这类事物就不能成为城市美学研究的基本对象。这样就避免研究内容过于宽泛，把一些原本属于其他门类美学的内容也放到城市美学中来。有一些要素也确实是构成城市的要素，对于这些要素的美学研究可以由这些具体门类的美学研究来解决。城市美学的研究只关注这些要素在城市的形成和发展中的地位和作用，以及与人们在城市环境审美活动中的联系机制。

其次，必须关注人对于城市的认知审美关系的研究（图1-9）。城市中各种各样的要素内容对人们产生了不同的影响，人们究竟如何去认知这些要素并进而形成审美，这是城市美学必须要关注的内容。因此，城市美学需要关注人对城市对象的审美关系。除此之外，还需要将美与人结合起来，将"美"的创造与"人"的实践相联系。在美学研究中，不少美学家都认为人学即美学、美学即人学，对人的本质的

图1-10 整体性和系统性地看待城市之美，理解城市空间内容的多元与丰富

揭示就是对美的本质的揭示，认为"美是人的本质力量对象化"。李泽厚认为："实践"是理解美的逻辑前提，只有从实践对现实的能动作用中，从"真"与"善"的相互作用和统一中，才能理解美的问题。[1]

关注审美关系也会更加明确城市美学的研究对象，城市中那些能够与人产生审美关系的内容要素，才能成为城市美学的研究对象。除了之前提到的种种城市要素给人形成的单一形象，城市美学研究对象还包括在各种元素基础上形成的城市总的形象特质。这也就是说要从宏观到微观的不同角度去看待城市之美，既要关注城市中各种具体要素与空间对人的感官与心理的影响，同时也要关注多要素所形成的整体对于人审美活动产生的影响。

另外，要具有整体性和系统性的视角（图1-10）。城市美学是一个涉及多要素的立体网络，要从整体着眼，注意系统的多元性和复杂性，将系统的大问题反馈到各个元素中，对具体因素进行细致考察。城市美学十分重要的就是要将多种要素加以整合，正如戈登·卡伦提出的，城市景观是一门相互关系的艺术，要将能够产生环境的所有元素，包括建筑、树木、水、广告等组织在一起。[2] 城市美学研究需要尝试用系统思想来研究对象，注重城市美学研究体系的整体性，强调内部元素的联系和制约。这种融贯的系统思维方式需要我们将城市中的种种因素加以整合，同时要注重城市客体要素背后的影响机制，以求全面深入地发掘城市美学的内涵。研究要将连续性、整体性的脉络成为追求目标，使那些孤立的现象、范畴与观念组织起来。

1.4 城市美学的概念与内容

由于城市美涉及内容的复杂性，关于城市美学的定义及其研究内容也不是十分容

---

[1] 汝信，王德胜主编. 美学的历史：20世纪中国美学学术进程[M]. 合肥：安徽教育出版社，2000：27-28.
[2] （英）戈登·卡伦著. 简明城镇景观设计[M]. 王珏译. 北京：中国建筑工业出版社，2009：vi.

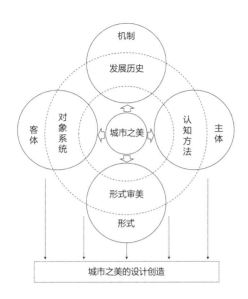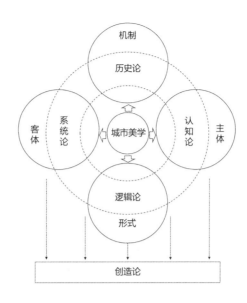

图1-11 城市美学的构成要素与学科形态

易加以界定。美学研究往往将视野限定在哲学（美的本质探讨）、心理学（审美感受）以及艺术学（艺术审美规律）领域。在借鉴美学相关研究的基础上，城市美学需要将研究视野拓展，既与城市发展的多元属性相适应，充分关注城市之美的丰富内涵，同时又要关注到城市美学的特殊属性，以之前提出的三个切入点作为前提条件。

1.4.1 城市美学概念与研究体系

为了将城市美学的研究体系化与系统化，城市美学的主要内容框架的确立是十分必要的，这也是城市美学研究工作的基础与前提。之前我们已经提到在美学研究中的主要结构内容，在美学研究的基础上同时结合城市美学的特性，城市美学研究的主要内容与相关要素可以进一步具体化与系统化（图1-11）。

城市的美是随着时代发展逐渐形成的，城市美学有着历史发展机制的研究分支。城市在随着时间发展在变化，不同时期的城市都有着那个时代的物质印记和独特的美，伴随着历史的发展城市的内容在变得越来越丰富，只有通过关注历史发展的机制才能更好地理解城市美学的内涵。

城市美的对象具有综合性，城市美学有着美学客体要素系统的研究分支。城市之美的要素极为丰富，其中包括了人工环境、自然环境以及人文环境等多种要素，城市美学需要从城市发展以及与审美活动密切相关的角度厘清城市审美对象系统。

城市的美需要人来认知，城市美学有着认知审美方式机制的研究分支。城市为人所使用，城市的美必须能被使用者和欣赏者所感知，人们对于城市中的各种对象会形成感官与心理感受，这也是人们进行审美活动的基础。

城市的美与艺术相关，城市美学有着城市形式规律的研究分支。城市之美要满足艺术美的种种基本规律，与其他艺术形式一样，城市的美要满足均衡、统一等形式美的基本规律，不仅如此城市之美也有着自身的形式逻辑。

最后，城市需要人来设计创造，城市美学有着城市美的创造过程的研究分支。城市之美的设计创造具有自身的原则与要求，其中既离不开专业工作者的设计工作，也需要城市管理部门的引导与管控，同时还离不开全社会对于城市美学的认识与共同塑造。

城市"美"是核心，有"历史""客体""主体""形式""创造"五个元素，五项内容共同构成了城市美学的研究框架。如果将"创造"单独作为一项，其他的四项"历史""客体""主体""形式"既是城市美研究所必然涉及的四个主要方面，同时也可以形成一个十字形的理论框架。

如果以"城市美"为中心向四面辐射，就会产生不同性质的形式研究。向下，指向"形式"，是城市之美的形式逻辑，即城市美学外在表现规律的研究；向上，指向"历史"，是城市之美的发展演变机制，即城市美学内在发展机制的研究。向左，指向"客体"，是承载审美的本体要素对象，即关于城市的客体要素以及相互关系的系统研究；向右，指向"主体"，是认知审美发生的方式，即关于感官感知与心理认知审美研究。上述这四个方面即形式规律、历史机制、客体系统、主体认知构成了十字形的理论框架，同时它们又共同作用于城市之美的设计创造。

综上，我们可以将城市美学概括为，城市美学是研究城市美感即主体感知经验与认知审美方式，城市美的客体即城市的客体要素系统，城市美发展机制即城市之美的历史演变，城市美形即自身城市形式审美的基本规律，并且探索城市艺术实践方法的一门学科。

1.4.2　城市美学的主要内容

上一节明确了城市美学的研究框架与定义，本书将围绕着框架展开对城市美学主要内容的介绍。

第2章与第3章是对中西城市美学的历史发展进行的简要介绍，从中可以基本梳理城市美学的发展演变机制。而这部分内容的介绍还是围绕美的客体对象、主体审美机制、美学特征与美学精神这几个主要方面来展开。

第4章是城市美学的影响要素与对象系统，主要介绍了城市之美的客体要素系统，其中包括最为基本的承载城市审美的客体对象，以及影响城市审美的内在要素系统这两大方面。

第5章是城市审美的认知方式，主要介绍人们看待认知城市的方式，以及如何形成对城市的感性认识和整体理解。这一章重点关注人们如何通过自己的感官认知城市空间进而形成审美认识，同时人们又是怎样全方位地去理解整体的城市空间。

通过第4、5章的介绍，可以形成对于城市美学主客观两个方面的基本阐释，在此基础上第6章对于城市美学的基本形式规律展开介绍。形式之美具有自身的逻辑与规律，城市之美要能满足这些形式审美的基本规律，城市之美也有着自身的特征和形式逻辑规律。

紧接着第6章城市之美的基本规律，第7章主要介绍城市之美的设计创造，希望能给城市发展与创造城市之美提供建议，即在城市之美的设计创造过程中所采取的观念和行动。这一章内容包括提出创造者主体需要的观念，探讨了城市设计等设计环节与相关的引导管控在城市之美创造中的作用，以及如何形成对于城市美学的共识与城市美学文化的全方位塑造。

第8章是本书的最后结语，以当代中国城市美学再建构为题，希望能从当代中国城市美学困境与机遇出发，面向未来为中国城市美学建设提出建议，并试图以此引发更多关于这一问题的讨论与思考。

本书对于城市美学这一命题进行了较为系统的建构与阐释。城市美学可以作为建筑与城市等相关学科的基础理论与知识，当然其中还有着众多值得深入挖掘的内容，值得我们广大设计研究者持续去进行探索。从这一角度，本书框架也可以作为一个具有开放性的研究系统，希望能引发更多关于城市美学问题的研究与讨论。

思考题

1．如何理解美学的主要内容以及中西方美学发展的各自特点？
2．城市之美的主要特点有哪些？
3．如何理解城市美学的学科属性与主要内容？

第 2 章
中国传统城市美学的基本内容

2.1　中国传统城市发展的基本脉络

2.2　主要空间要素与美学特征

2.3　基本美学思想观念

本章学习要点
1. 中国传统城市建设发展的基本线索；
2. 中国传统城市的主要空间要素与美学特征；
3. 中国传统城市所反映的基本美学思想与观念标准。

中国城市建设具有悠久的发展历史，留下了极为丰富的经验与遗产，其中也有着独特的美学思想与内容。中国传统城市的发展具有自身的历史传统与线索脉络，在这一过程中也逐渐形成了城市构成的基本模式与要素。另外，中国传统城市建设体现出了值得深入挖掘的美学思想与观念，学习和掌握中国传统城市美学的基本内容具有十分重要的理论和实践意义。

2.1 中国传统城市发展的基本脉络

伴随着朝代的更替中国古代城市不断发展，在这一漫长的发展过程中，不同阶段的城市体现出了各自的特点，同时有关中国城市建设的传统也在逐渐形成。在这种变化与传承的背后，中国传统城市的发展体现出了一定的脉络，这可以从自然环境、礼制文化、社会生活等方面来进行解析。

2.1.1 自然环境的和谐

在中国传统城市发展的历史长河中一直探索着人与自然的关系，创造与自然和谐的城市环境是中国传统城市营造中的重要主题，这是中国文化思想的优秀传统，也是城市建设的基本前提。

中国自古以来就有着世界上最广泛独特的自然地理面貌，从高原雪山到大江大河，从雄伟的山脉到湖泊岛屿，自然环境丰富多元，这也为人们欣赏自然、探索人工环境建设与自然协调提供了更多可能性（图2-1）。中国传统文化对待自然有着自

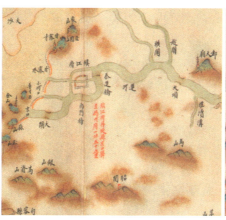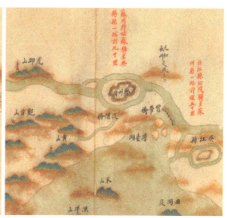

图2-1 中国传统城市与自然环境融为一体，图为清代京杭运河全图中的三座城市，从左至右依次为杭州、镇江与苏州

身的理解，人们在天人合一的理念之下热爱自然、拥抱自然，将自然视为主体情感的源泉与重要审美对象。正如"我见青山多妩媚，料青山见我应如是"所描绘的，人与自然是不能被割裂的，两者交流融合相互欣赏（图2-2）。在这种对待自然的感情之下，有学者提出中国的发展一直就是将人与自然、文化与自然联系到一起的，中国的演变发展并不是以破坏性演进，即人与自然关系的改变、隔离等为特征，而是以连续性演进，即人与自然、地与天、文化与自然的同一连续为特征的。[1]

在城市建设方面，中国人自古就十分重视城市与自然环境之间的关系处理，早在春秋战国就有《商君书》《管子》等典籍中提出了相关理论。《管子》卷一《乘马》论述了治理国家的一系列措施，其中就涉及了城市建设选址与布局的原则，提出了"因天材、就地利"的与自然环境相适应的思想："凡立国都，非于大山之下，必于广川之上。高毋近旱而水用足，下毋近水而沟防省。因天材，就地利，故城郭不必中规矩，道路不必中准绳"。正是因为要与周边的自然环境适应，所以城市不一定要符合完整方圆的形制，道路也不一定要平直，可以相对自由灵活。

图2-2 与自然环境的和谐是中国传统文化的重要内容，图为《千里江山图》局部反映的人工环境与自然环境融合的场景

城市的营造必须要选择在自然资源充裕同时具备优美环境特点的地方，同时城市空间布局与自然环境中特色的地形或山水要素相统一协调，形成具有特色的城市与自然相结合的整体意象（图2-3）。古代的志书中存在大量对于城市与自然相融合的描述，比如平江县"左拱连云，右峙幕阜，汨水绕其南，昌江带其北。万峰千涧，萦环拥抱"[2]等。通过城市选址及整体环境与自然相互融合，城市的人工环境就与自然山水环境形成了一种和谐的美学关系。

不仅如此，自然环境也塑造了城市的特色，不同地域的自然环境特点也造就了不同的城市美学特征。如江南水乡地区河网纵横，城市的美学特征便不同于平原、山地的城市；同为江南水乡环境下的城市，苏州和绍兴又因为各自所处的地域环境

图2-3 淹城遗迹人工环境与自然环境的协调

---
1 张光直. 中国青铜时代（二集）[M]. 北京：生活·读书·新知三联书店，1990.
2 湖南省统计局编. 湖南省情[M]. 长沙：湖南人民出版社，1989：463.

的不同而各有特色。苏州布局严整，尺度较大，且城内以平地为主，绍兴较为自由尺度较小，城内有山丘夹杂等[1]。

可以认为，中国传统城市的发展有着人工与自然和谐统一的理想格局，一直以来众多学者从山水城模式等角度对此进行了解读。自然环境不仅是人工环境营建的基底，也是城市建设的基础参照标准。历代的人们努力依照两者有机和谐的标准与理想来进行城市环境的建设，自然与人工相辅相成，充分反映了与自然和谐、与天地相融的传统城市美学标准，这也成为中国传统城市建设的基本线索。

2.1.2 礼制文化的依循

在与自然环境和谐的基础上，中国传统的礼制思想与文化对于中国城市的发展与规划设计有着极为重要的作用，对传统城市空间布局与整体秩序产生了很大的影响。

自周朝开始，礼制的思想逐渐形成和发展。《周礼·考工记》中记述了我国早期城市建设的"营国制度"，"匠人营国方九里，旁三门，国中九经九纬，经涂九轨，左祖右社，前朝后市，市朝一夫"，这也成为有关城市空间格局的一种理想模式，其中主从有序、清晰规整的空间美学也反映了传统的礼制思想（图2-4）。历经春秋战国、秦、两汉、南北朝、隋唐、两宋、元、明、清等时期，礼制文化思想在这2000多年间的城市建设发展中的主导地位是很明显的。中国礼制文化思想对城市建设的影响从西周开始，秦汉以后随着儒学的盛行，礼制思想一直延续了下来，并成为众多中国传统城市特别是以都、州、府为代表的城市空间秩序背后的主导思想。在这些传统礼制文化思想影响下，中国传统城市打上了深刻的"礼"的烙印。从曹魏邺城、魏洛阳、南朝建康、隋唐长安直至明清北京，对称规整高度和谐的整体城市秩序体现出了强烈的礼制文化特征（图2-5）。

礼制影响下的规划秩序强调礼制的尊卑观念，从而形成中心突出、层次分明、井然有序的严谨秩序。众多学者从这一角度对中国传统城市的发展进行了论述，郑孝燮在一系列文章中讨论了北京及中国大量传统城市的"以礼为本"，即通过礼制实现规划设计的高度整体性以及随之形成的方城中轴的基本规划格局；贺业钜对"华夏城市规划体系"进行了深入研究，指出《周礼·考工记》的"营国制度"是这一体系的基础，这套制度是本着严格的礼制精神来制定的，即运用尊卑有序的礼制来建立严格的秩序感。[2]

吴良镛提出中国人居环境的整体营造尤其体现在物质环境与精神需求的一体上，强调以环境化育人，追求文化意义与空间布局的统一[3]，这在中国传统城市的空间营造中体现得十分明显。城市的整体空间结构、街道布局、重点建筑的布置和环

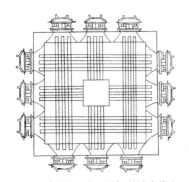

图2-4 《周礼·考工记》所反映的中国传统城市建设模式

图2-5 北京老城的整体空间结构体现了传统文化的影响

---

1 吴良镛. 从绍兴城的发展看历史上环境的创造与传统的环境观念[J]. 城市规划, 1985 (2).
2 贺业钜. 中国古代城市规划史[M]. 北京: 中国建筑工业出版社, 1996: 22.
3 吴良镛. 序言. 王树声. 黄河晋陕沿岸历史城市人居环境营造研究[M]. 北京: 中国建筑工业出版社, 2009: 9.

境营造,以及城市主轴线的空间序列设置、院落中层层递进的空间关系等,都完整地体现着整个社会对和谐秩序的追求。除此之外,各类文化教育设施的布局设置以及大量牌匾上的名号和题字都在共同起着人文教化的作用。

以上这些论述都在说明中国传统城市营造对于以礼制文化为代表和谐秩序的追求。由于中国幅员辽阔城市类型众多,也有学者对礼制文化在不同城市建设中的影响程度进行了论述。如汪德华在《中国城市规划史》一书中提出,从两汉直至明清,中国古代礼制规划思想一统局面逐渐形成,但在发展中,仍可以发现在偏南方一些地方的城市规划形制与中原地区的城市明显不同。前者布局顺应自然、不拘一格,这源于自然条件的影响,但同时也说明礼制规划思想虽然占据主导地位,管子为代表的思想仍然在发挥作用,这两者几乎是平行发展的。[1]

作为传统城市发展的重要线索,传统礼制文化在不同方面、不同程度对中国城市产生了深远的影响。不管是都城等城市的整体空间结构,还是城市轴线序列设置、建筑群体组织等城市要素,都能体现出中国传统"礼"的文化印记。

2.1.3 社会生活的变迁

除了与自然环境融合以及遵从礼制等传统思想文化的影响之外,各个时代的社会经济发展与生活需要也成为城市发展另一个重要的影响要素。

不管是城市形成发展之初有意识的进行功能分区的划分,还是后来人们生活发展的需要,城市空间的逐渐发展与成形都与城市的社会经济与生活密不可分。即使是在强调礼制的《周礼·考工记》中也对商市的位置进行了考虑,以满足城市中人们社会生活的需要。而《管子》除了"因天材,就地利"的思想之外,还专门对于城市的功能分区进行了论述。

《墨子·辞过》中提出:"……是故圣王作为宫室,便于生,不以为观乐也。"这就是说建筑的建设是为了符合基本生活的需要。而社会经济的发展带来了人们生活需要的变化,城市空间也随之在发生着变化。比如中国传统城市中"市"的变化与发展,从春秋战国到隋唐时期一直实行里坊制度,为的就是加强对城市居民的控制,里坊四面筑以高墙,两侧或四边开门设有专人看管,这就对城市社会生活产生了很大的束缚。直至宋朝,随着社会经济的日渐繁荣与贸易的发展,城市中的市井文化日渐兴盛。与城市公共生活的发展相匹配,里坊制也逐渐消亡,城市中的街巷开始承担更多的商业与公共活动。商业店铺可以沿街设置,宋汴梁城中的大街小巷遍布着各类公共休闲建筑。正如《清明上河图》中反映的宋代城市的繁华市井景象,街道店肆林立、酒楼、饭店、瓦舍等公共建筑随处可见(图2-6)。明清时期社会生产有了进一步的提升,城市社会生活与城市空间也得到了发展。与此同时,各地的城镇建设伴随着社会经济的发展也逐渐

图2-6 《清明上河图》中城市的繁华市井景象

---

[1] 汪德华. 中国城市规划史[M]. 南京:东南大学出版社,2014:135.

图2-7 安远县城郭图所显示的城市空间结构（左）

图2-8 赣州府图中的多座县城有着相近的模式（右）

成长，如江南地区的一些城镇以及景德镇、汉口镇等城镇都迅速的发展了起来。

城市功能分区考虑、里坊制变迁、新市镇的形成等方面都在说明社会生活对于中国古代城市发展的重要性。与社会发展水平相对应，有学者还从古代技术发展的角度进行了论述，提出古代技术取得的各项成就推动了经济、社会的发展和进步，从而对古代城市的规划和建设产生了广泛影响。

总之，城市的形成和发展都在为社会经济活动提供功能的支撑，社会经济发展以及相应的城市生活的变迁是城市环境发展的重要因素，城市建设与所处时代的社会经济水平以及人民生活生产活动的统一是城市物质形态发展的重要动力。

2.2 主要空间要素与美学特征

中国城市的构成元素与空间模式有着一定的程式，在一定构成规则的基础上形成了各自不同的特色。中国历代都城都有着鲜明的规整结构布局，以北京为案例，吴良镛在《北京旧城与菊儿胡同》一书中对传统北京的总体布局、中轴线、城市轮廓、街巷系统、建筑群造型色彩以及自然要素等方面进行了概括，并且着重对北京旧城由胡同四合院体系形成的城市肌理进行了研究。美国学者培根在《城市设计》一书中从北京城的轴线、序列、模数、比例尺度、色彩运用等方面论述了传统北京城市的特色。而在地方性城市中，从传统的一些图中可以看到，除府城之外，州境内的多座县城有着近乎相同的模式：山水环绕，城墙包围，四面城门，县治居中（图2-7、图2-8）。

因此，不管是地方性的中小城市，还是国家的都城，中国的传统城市都体现出了一定的构成模式，本节就针对中国传统城市中展现出的重要因素及它们的美学特征进行介绍。

2.2.1 整体结构

众多中国传统城市整体结构往往都具有一定的模式，这也成为中国传统城市组织的基本骨架。

首先，人工建设的城市与城外的自然环境有着一定的组合关系，在与自然有机融合的思想指导下，城市的选址布局与自然山水形成了特定的秩序。一直以来，有众多学者对于中国传统城市与周边自然山水形成的山水城市格局进行研究，也有学者关注到了中国古代规划思想中的形胜概念，这些都是在说明中国传统城市的选址及建设与自然环境之间的紧密联系，并通过两者之间的特定组合模式来实现空间外在形式与内在意义的契合。

其次，城墙是古代城市与自然环境的分界线，通过城墙围合而成的城市整体环境往往与外在自然环境共同构成了有机的秩序，同时内部环境与外部环境的差异体现了内外有别的基本秩序。

另外，不管是建筑群的组织或是大到整座城市与自然环境的结构组织几乎都具有一条主要"中轴线"。中轴线是中国传统建筑与城市中的重要因素，成为串联中国传统城市整体结构的基本线索。正如梁思成所说："以若干建筑物周绕而成庭院是中国建筑的特征，即中国建筑平面配置的特征。这种庭院大多有一道中轴线（大多南北向），主要建筑安置在此线上，左右以次要建筑物对称均齐的配置。直至今日，中国的建筑，大至北京明清故宫，乃至整个北京城，小至一所住宅，都还保持着这特征。"[1]

图2-9 隋唐洛阳城的中轴线组织形成的整体结构

以中轴线组织城市特别是都城的空间秩序是中国传统城市规划建设的基本特征之一。从都城发展的历史来看，经过了历朝历代的发展，城市组织轴线要素在不断地丰富，空间处理的手法不断娴熟，整个中轴线的空间艺术具有重要的美学价值。除了都城以外，地方性城市也往往具有串联城市的中轴线系统。通过街道、钟鼓楼等重要建筑、牌坊等小品以及在轴线两侧均衡布置建筑群体，中轴线成功地组织了整体城市空间，实现了对天地、社会秩序的表现。中轴线这一主要中线一旦确立，就成为城市规划建设的重要依据，直接影响了城市各类功能空间的布局，同时也在城市中形成了序列、方位的基本秩序与文化景观（图2-9）。

还是以明清北京城为例，"凸"字形城墙与城楼环绕全城，城市中轴线上从北到南分别是钟楼、鼓楼、景山、故宫、正阳门、永定门等一连串重要的城市节点与建筑群，"凸"字形城墙与中轴线共同构成了北京城的基本结构。梁思成在《北京——都市计划的无比杰作》一文中这样称赞明清北京城的中轴线："一根长达八公里，全世界最长，也最伟大的南北中轴线穿过了全城。北京独有的壮美秩序就由这条中轴的建立而产生。"[2]（图2-10）。

综上所述，城市结构要素是对城市选址布局以及整个城市空间结构组织的一种抽象概括。自然山水格局、城墙区域与中轴线等是城市结构中最为重要的组成部分，通过对复杂要素的组织与节奏的变化，这些要素的空间组织及艺术处理关系到

---

1 梁思成. 梁思成全集（第一卷）[M]. 北京：中国建筑工业出版社，2001：135.
2 梁思成. 梁思成全集（第五卷）[M]. 北京：中国建筑工业出版社，2001：107.

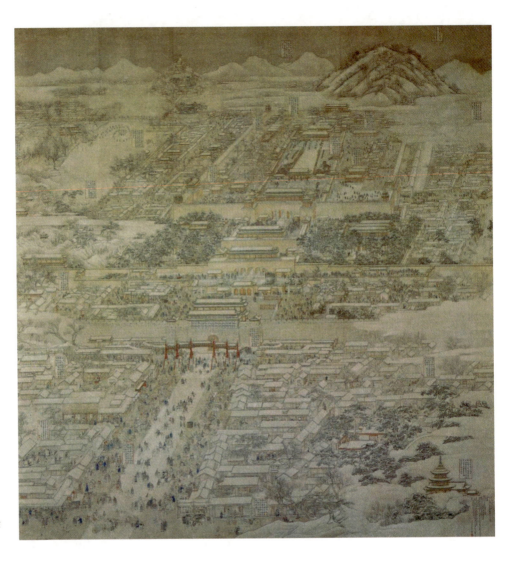

图2-10 《京师生春诗意图》清晰描绘了北京城的整体结构组织

整个城市的基本美学秩序。

2.2.2 轮廓色彩

中国传统城市往往具有层次分明的轮廓线。城市中的建筑群的单体平面都较为简洁，正如有学者概括的是长方形屋宇连之以廊，另外建筑的屋顶也有着较为相似的母题。正是在这些基本语言要素的组织之下，加上建筑群体间有节奏的空间组合，以及各种体量的差别，创造了有规律的城市轮廓线。古代城市中建筑等各种要素的整体构图艺术得到了充分发挥，高大的宫殿、城楼、寺塔、人工景山等，有规律地分布于城市中的各个方位，配合着低矮的居民建筑，形成了平缓有序、错落有致的城市轮廓线。

中国传统城市建筑层数较为有限，因此传统城市与建筑群主要沿水平方向展开院落布局与空间序列，呈现为水平的城市轮廓。李约瑟曾对中国传统城市与建筑的水平感的美学特征进行了论述，认为中国传统倾向用水平空间作为城市建筑设计的主题，

图2-11 传统城市舒缓水平、错落有致的城市轮廓

建筑的高度严格从属于大规模的水平远景,房屋本身就成为整体远景的一部分。

另一方面,传统城市较为舒缓水平的轮廓并不意味着一成不变或是单调乏味,城市天际线在水平的大趋势中呈现出错落有致的特点,在相对舒展严整的基础上结合亭台楼阁等标志性建筑形成连续且具有一定变化的轮廓(图2-11)。城市中一系列标志性建筑或城市重要节点地标突破了水平形态,呈现为与水平对比的强烈垂直感,构成了错落有致的城市轮廓。在城市整体轮廓的组织中,体量相对高大的重要建筑组群或单体与低矮的民居形成了鲜明的对比,成为传统城市中的重要地标。在明清北京城中,城墙的城楼、紫禁城、钟楼、鼓楼等都是城市中的重要地标,它们以垂直的形态与传统城市水平轮廓构成对比。

除了这些重点建筑如楼阁亭台之外,另一大类突破水平轮廓线的建筑物是寺院中的佛塔。梁思成提出:"寺院组群和高耸的塔在中国城市和山林胜景中的出现划时代地改变了中国地方的面貌。千余年来大小城市,名山胜景,其形象很少没有被一座寺院或一座塔的侧影所丰富的。"[1]

与舒缓有致的城市轮廓相对应,传统城市的色彩也具有统一与变化交织的美。宫殿坛庙等公共建筑组合成群,红墙白基色彩绚丽。与这些华丽的大型公共建筑形成对比的是,城市中大量性的一般居住建筑则"不得辄施装饰""不得以五色文彩为饰",这些朴素单纯的青灰色或灰白色民居作为艳丽的公共建筑的陪衬,整个城市建筑色彩秩序井然,统一而又变化。

除了大量人工建筑形成的色彩搭配外,城市中还点缀着蓝绿交织的绿化环境,整个城市既有部分重点建筑的华丽亮色、黄瓦红墙,又有普通民居的素雅底色、灰砖青瓦,再到自然的青山绿水,城市色彩丰富生动,组织浓淡相宜。

2.2.3 自然山水

与自然环境相和谐是中国传统城市建设的基本出发点,除了安全防卫以及适宜人们生

---

[1] 梁思成. 梁思成全集(第五卷)[M]. 北京:中国建筑工业出版社,2001:253.

活生产之外，自然山水环境也为城市建设提供了与人工环境相映衬的审美可能与文化模式。

为了实现这种与自然相融合的境界，当时的人们在城市空间的营造中想方设法地与自然环境协调，在自然中见人工，进而又在人工中见自然。即使是在有限的空间中，创作者也要尽量做到小中见大、在有限中见无限，将自然容纳进来。在中国传统城市中，既有将城市营建与大山水格局相融合的气势，也有私家园林在小空间中容纳自然万物的意境。

究竟如何把握自然山水的规律并进而进行城市环境建设，具体可分为如下几个层面。首先，在宏观层面，城市的建设往往结合周边的山水格局进行。这在之前的整体结构中已经提及，城市与周边的山水格局密切融合。也有学者提出中国传统城市营造在宏观的空间尺度层面是"象天法地"，这同样可以理解为在城市规划与城市设计上以自然天地为参照，这一点在中国传统处理城市与自然环境关系方面有着大量运用。秦时"表南山之巅以为阙"，在隋唐长安、洛阳城的营造过程中，宇文恺结合原有地形与周边山水环境进行城市空间的选址布局，营造出山水自然与城市建设浑然一体的空间意象，这些城市都是结合地形自然山体进行创造的典范。地方性城市的建设也同样与周围自然地形相匹配，如《安远县志》中就有记录，称"夫建都立邑，必规画形势，始足以资控御，扼要冲。是相阴阳，观流泉形胜，即寓于山水也"[1]。同时水系也成为城市自然环境中的重要元素，如宋代东京河流贯都，南宋临安拥西湖之秀，元大都结合大尺度水面进行规划设计。于是，整个城市与山水自然融合共生，成为一副壮美的山水长卷（图2-12）。

图2-12 东晋南朝建康城与周边自然山水相融合

其次，城市建设在大的范围内利用山水自然的同时，还在城市之中融入了山水自然的审美和文化创造（图2-13）。当时的建设者们在中观尺度的城市空间层面也在尽量与自然山水相融合，使城市空间与自然环境共同构成整体之美（图2-14）。例如长安城在将城顺应山水格局进行布局的基础上，通过萦绕的渠池贯通河川，营造楼阁登高望远，将整个山川美景引入城市。一些当时的诗句记录了城市中自然与人工相融合的美景，如骆宾王《帝京篇》的"五纬连影集星躔，八水分流横地轴。……三条九陌丽城隈，万户千门平旦开"；岑参《登总持阁》的"高阁逼诸天，登临近日边……槛外低秦岭，窗中小渭川"等。

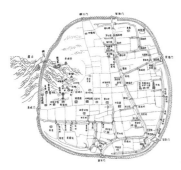

图2-13 清常熟图，虞山东端伸入城中，城中山水之美相互辉映

再比如杭州城中的西湖，苏轼曾说"杭州之有西湖，如人之有眉目"；经过多年有意识的建设，西湖周围有着多处大小庭园，还形成了著名的西湖十景。白居易在杭州时曾写诗对城中的西湖表示了赞美，如《余杭形胜》中的"余杭形胜四方无，州傍青山县枕湖。绕郭荷花三十里，拂城松树一千株"，再如《杭州春望》的"望海楼明照曙霞，护江堤白踏晴沙"等。

除了上述两个层面之外，中国传统城市中微观场所营造也离不开自然山水。比如举世闻名的中国传统园林，就是在微观的空间层面"移天缩地、模山范水"，通过

---

1 谢才丰主校注. 安远县志（校注同治本）[M]. 安远县印刷厂, 1990: 87.

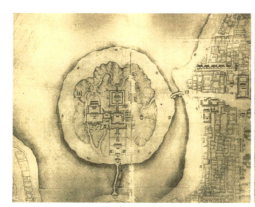 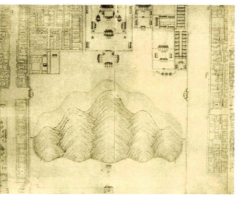

图2-14 《乾隆京城全图》中记录的自然山水与城市空间有机组织的画面

对于自然的写意与模拟，将自然的意境缩微到具体的微观尺度空间营造之中。建造者"以一卷代山，一勺代水"[1]，正如郑板桥形容自己小庭院时所说的"十笏茅斋，一方天井，修竹数竿，石笋数尺。其地无多，其费亦无多也。而风中雨中有声，日中月中有影"，小小庭院可以使居住者尽情体会观照自然。

自然山水在中国传统城市中具有重要的作用，延伸拓展了城市审美的意境，同时也充分展现了中国尊重自然、热爱自然的文化传统。中国传统文化影响之下，人们对自然的认同与热爱是与生俱来的，并且将自然视为实现审美栖居的精神家园，自然山水也成为传统城市中的重要元素。

2.2.4　市井街巷

城市街巷一直是传统城市居民公共生活的重要场所，自里坊制解体之后，街巷就成为承载日常生活与市井活力的重要空间要素（图2-15）。

城市的商业活动自古有之，宋朝以前受里坊制影响，发展受到很大束缚。到了宋以后，随着街巷制的形成与发展，城市街巷在城市生活中的作用也越来越重要，这一点我们在之前的一节中已经提到。正是在中国传统城市从里坊制走向街巷制以后，城市街巷特别是繁华商业街道的景观成为城市审美的重要对象，其中热闹的市井生活也成为城市活力的象征。中国传统绘画中有多幅知名的画卷就是以商业街市的繁华场景为主题，从北宋《清明上河图》到明朝的《皇都积胜图》《南都繁会图卷》，再到清朝的《康熙南巡图》《乾隆南巡图》等。

传统城市中的街巷道路系统按照重要性、尺度与功能可以分为不同的等级，形成城市中有机的街巷网络系统。其中既有承载大量人流与活动、尺度较大的主要街道，也有与日常生活结合更为紧密、尺度较小的小巷胡同。这些街巷串联了城市空间的各个片区与场所，形成了传统城市秩序明确、尺度有机的片区肌理。不仅如

图2-15　明代《南都繁会图卷》描绘了明代街巷纵横、店铺林立的繁荣景象

---

[1] （清）李渔. 闲情偶寄全鉴[M]. 北京：中国纺织出版社，2017：205.

图2-16 清朝徐扬所作的《姑苏繁华图》描绘了当时苏州城的繁华景象

此,这些城市街巷是城市活力与民间文化的重要物质载体。作为传统城市中普遍存在的开敞空间,街巷承载了大量的公共生活内容,除了一般的交通、商业与交往职能之外,甚至在一定程度上成为传统民间文化形成与发展的载体。街巷系统所特有的城市市井生活美学更多地体现了日常生活的活力与趣味,同时也具有了传统市井百姓特有的民间艺术特点,而街巷所包含的街市繁华之美以及巷道幽静之美也成为传统城市之美的有机组成部分。

与中国传统城市建筑层数尺度相对应,由建筑群形成的街巷空间尺度往往较为舒展亲切,能形成尺度适宜、舒适宜人的街坊空间感受。除了宜人的比例与尺度之外,街巷两侧的空间边界往往完整均齐具有连续性。另外,形成传统街市街巷之美的因素还包括城楼、牌楼等街巷对景,街巷两侧连续且具有一定变化的建筑界面,各种类型的商业铺面以及与街巷紧密结合的市集等,这些共同构成了传统城市街巷独特的市井美学。其中除了两侧界面之外,传统街巷中牌楼、牌坊等起点缀作用的一些节点要素也发挥了重要作用。也正因为街道中存在这些美丽的点缀与标志物,才保证了城市街巷的连续性与丰富性。

城市环境与人的生活密切相关,与其他城市要素相比,城市街巷所承载的市井美学更多地体现了普通市民的日常生活与活动,这也成为传统城市美学中的重要组成部分。城市美学是社会全体的共同感受,是丰富多彩同时也是兼容多元的(图2-16)。街巷的作用就使得商业等公共活动不再只发生在城市限定区域,而是渗透进了城市各个角落。这就使得市民以及大众生活成为城市公共生活的主角,同时这些空间与市民的活动也为城市美学增添了活力与内涵。

2.2.5 城市建筑

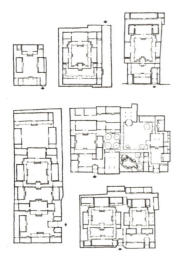

图2-17 北京院落建筑的各种组织方式

建筑是组成城市空间的基本要素,而中国的传统建筑也具有自身独特的美学特征。有学者在研究中国传统建筑时提出中国建筑之美是为群屋形成的连络美,而非一间屋子的形状美。这种建筑群体所形成的整体之美是中国传统建筑的一大特征,其中院落又是组织建筑群体的基本母题(图2-17)。

院落一直是中国传统建筑与城市文化的重要组成部分,梁思成从占建筑单体的"文法"讲起,论述了建筑组群的"院落组织"问题:"院落组织是我们在平面上的特征。无论是住宅、宫署、寺院、宫廷、商店、作坊,都是由若干主要建筑物,如殿堂、厅舍,加以附属建筑物,如厢耳、廊庑、院门、围墙等围绕联络而成一院,或若干相连的院落。这种庭院,事实上,是将一部分户外空间组织到建筑范围以内。这样便适应了居住者对于阳光,空气,花木的自然要求,供给生活上更多方面的使用,增加了建筑的活泼和功能……直到最近欧美建筑师才注意这个缺点,才强调内外联系打成一片的新观点。……它们很自然地给了我们生活许多的愉快,而我们在习惯中,有时反不会觉察到。一样在一个城市部署方面,我们祖国的空间处理

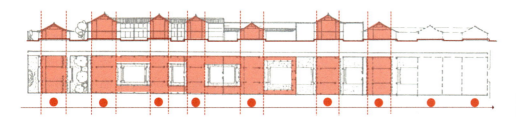

图2-18 建筑院落是中国传统建筑与城市文化的重要组成部分

同欧洲系统的不同,主要也是在这种庭院的应用上。"[1]

千千万万个院落构成了城市中的建筑群体,形成了和谐统一的整体之美;在院落这一基本母题之下,城市中的建筑因不同功能类型又形成了种种变化,皇宫、坛庙、寺观、衙署、会馆、住宅等类型建筑在城市中和谐统一又具有变化,不同类型的建筑群都有着各自的不同特色(图2-18)。

不仅如此,不同类型的建筑还必须符合各种形制要求,以此来符合礼的要求。[2]这些形制要求与建筑类型相关,有着严密的秩序逻辑。建筑的布局、体量、造型、构件、模数关系、细部装饰等都受这种秩序的影响。为了配合秩序的获得,不同功能需求的建筑规模不同,如皇家建筑规格最高,官员、平民相应的建筑等级依次降低,建筑形式各不相同,建筑规格上的这种变化与传统社会严谨的秩序密切相关。正是在这种要求限定之下,各类型建筑既充满变化同时又构成了城市的整体性之美。

除了群体与类型之外,在单体层面中国传统建筑也有着众多的特色。首先,中国传统建筑往往采用较近似的单元组合形成建筑群体,不同尺度、功能的建筑通过这些建筑单元组织在一起。在形成整体性的基础上,即使是单一类型的一组建筑群,也在单体建筑层面具有着空间、造型、细节上的种种变化,主屋、从屋、门廊、楼阁、亭榭等,这些单体要素大小高低各异,在统一形成群体的基础之上又能为观者提供不同的感受。其次,中国传统建筑讲究观用一体,即单体建筑观看与使用二者,以及平面、结构、造型三者具有不可分割性;而建筑的单体体量组织往往以长方形屋宇连之以廊,并以间为单位进行组织,单体建筑主要为连续几间的长方形体量,除了宫殿等重要的大型公共建筑之外,传统建筑体量较小形成了亲切宜人的空间尺度。在建筑色彩的使用方面,传统建筑较为简洁端庄,注重配合体量塑造,与单体体量造型及屋面屋顶的划分相结合。

而在建筑造型语言层面,中国传统建筑注重台基、屋身与屋面的有机组合,立面屋身在间的逻辑下较通透,注重和环境特别是合院融为一体,室内外相互流通渗透(图2-19)。另外,传统的大屋顶语言也是中国传统建筑的一大特色,屋顶挑檐深远并注重檐下空间的形式细部处理,同时也注重屋顶形态的处理,包括屋檐、屋面

---

1 梁思成. 我国伟大的建筑传统和遗产[M]. 梁思成全集(第五卷). 北京:中国建筑工业出版社,2001:95-96.
2 侯幼彬. 中国建筑美学[M]. 哈尔滨:黑龙江科学技术出版社,1997:168.

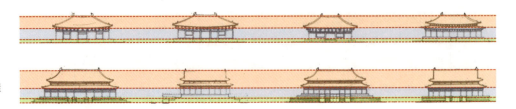

图2-19 中国传统建筑注重屋身与屋面的有机组合

曲线、屋角等部分，形成悬山、硬山等不同类型变化（图2-20）。

在微观的建筑与细部层面，传统建筑具有严谨的模数逻辑与规范，正如《营造法式》所说"凡构屋之制，皆以材为祖。材有八等，度屋之大小因而用之。"其次，中国传统建筑以木构为主，木结构建筑强调结构的真实化，注重结构与造型及装饰一体化（图2-21）。另外，中国传统建筑营造能做到顺依材性，即依据木、砖、石等材料特性进行建造，注重因材致用，依据相应的材料与技术条件选择合适的建造方法。在此基础上，传统建筑还具有多样细部，建筑构件中的柱、窗、顶棚、门、户等细部多样。不仅如此，中国传统建筑之美还来源于人文要素的点染，包括一些有纪念意义的建筑小品，又或在入口或重要建筑上的题字与对联等，以此形成更为深远的审美意蕴。

图2-20 北京故宫建筑的檐下空间

2.3 基本美学思想观念

中国传统城市反映了丰富的美学思想观念，本节就从相关的思想典籍、审美认知机制、美学观念与标准这三方面来进行介绍。

2.3.1 相关思想溯源简述

中国传统思想内容十分丰富，其中有着众多与城市环境建设相关的内容，从西周的《周易》到春秋战国时的诸子百家，再到后来各个时期不断产生的文化思想，这些具有代表性的传统思想深刻影响了城市的建设与人们的审美观念。

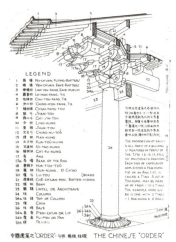

图2-21 中国传统建筑木构的分析

汪德华在《中国城市规划史》一书中就中国传统的三部经典《周易》《周礼》《管子》对于中国城市规划的影响进行了论述。其中《周易》是中国传统思想文化与人文实践的重要理论，内容十分丰富，对各个领域都产生了深刻的影响。《周易》中把物（自然环境）、象（物的外形）、数（符号、图形）、理（含义）结合起来归纳解释世界。汪德华认为《周易》是中国古代城市规划思想的基石，对于城市发展的影响具体体现在几个方面，首先是由"观物取象"到"象天法地"，即从认识世界把物质变成抽象思维，再模拟自然进行现实创造把抽象思维变成物质环境，这种"象天法地"将模仿上天效法大地的思想方法大量运用于古代城市规划。另外汪德华还提出《周易》的影响还体现在对"数"的追求即揭示"数"与"象"的关系的构建以及城市规划崇高的精神境界追求上。[1]

---

[1] 汪德华. 中国城市规划史[M]. 南京：东南大学出版社，2014：138-140.

《周礼》是一部记载周代制度的著名古籍，是研究我国古代社会政治制度发展历史的重要著作。在本章前两节对于《周礼·考工记》已经有所介绍，其中记述的我国早期城市建设的"营国制度"也成为有关城市空间格局的一种理想模式。除了这一段营国制度的描述之外，《周礼》还涉及了封建社会国家政治、文化、社会、艺术等多方面的内容，是研究古代城市规划设计思想的重要著作。另一部经典典籍《管子》系统地论述了我国古代城市建设规划的思想与理论，其中涉及的顺应自然等内容也已在前文提及。除了"因天材，就地利"的思想之外，《管子》还讲述了有关城市选址、城市规模、城市用地功能划分、城市排水以及地形勘察等各方面内容，其中所体现出的顺应天时地利、与自然相融合等思想对古代城市发展产生了深远的影响。

除了以上三部经典典籍之外，中国传统丰富的种种哲学思想都对于传统城市的逐渐发展以及人们的美学观念具有十分重要的影响。本书第1章在美与美学一节中简要介绍了儒、道两家的美学思想，不管是儒家的强调礼制，将形式与内容、艺术活动与社会生活紧密联系的美学思想，还是道家的注重自然，将独立的审美态度与艺术精神融入人生的美学思想，都成为传统城市美学内在的理论支撑。如孔子强调美与善相统一，提出"乐而不淫，哀而不伤""礼之用，和为贵"即注重和谐的审美标准。这就逐渐形成了将礼制与审美相联系的传统，后世荀子作《乐记·乐论》写道："乐者，天地之和也；礼者，天地之序也。和，故百物皆化；序，故群物皆别。乐由天作，礼由地制。"而礼乐相成的思想在传统城市美学中有着众多体现，比如在城市整体结构的组织中，礼乐共同构成了空间的整体和谐，其中既有大道、轴线等礼仪式公共空间体系，也有自由浪漫意象的绿化空间体系，多种元素营造出秩序与写意、人工与自然相融合的文化秩序和理想。

一些学者从这些传统思想对于城市建设的影响进行了总结，比如有学者提出儒家、道家等学说中的天人合一、礼乐等思想对传统城市建设的方位、结构、轴线序列、布局等方面空间语汇的形成起了很大作用；又比如一些传统思想中注重立意、实践理性等思想是"相土""尝水""卜居""形胜""借景""对景"等创作思想与设计方法的思想来源。总之，中国历史上的各种思想是国家和民族文化传统的重要渊源，也是形成传统城市规划建设的文化基因，值得我们持续深入加以研究。

2.3.2 审美认知机制

在简要介绍了中国传统思想与城市建设之间的联系之后，本节将对于传统城市审美机制进行介绍。有学者提出，中国传统审美文化中存在着"神游"这一核心范畴，在这个范畴之下又有着种种审美的心理感受，如"澄怀""目想""心虑""妙悟"等。其中"澄怀"指主体进行审美体验活动的心理准备，"目想"侧重主体想象力的发挥，"心虑"蕴涵着审美体验中主体性的高扬；"目想"侧重于以"物"为触发点，"心虑"侧重于由"物"返回到内心的观照，"妙悟"则侧重的是审美效应的产生和个体生命体验的获得，而这些又都统合于"神游"之中形成多种审美心理态势的共

图2-22 故宫中欣赏到的各个场景,多角度多维度领会感知传统皇家宫殿的庄重磅礴之美

时性审美心理结构,融合形与神、意与象、情与景、虚与实等多种要素,最终实现心与物的同形同构或异质同构。[1]

可以认为,中国传统审美强调以象悟道、注重感悟,审美主体需要进行感性体验,要在体验的过程中领悟背后的"道"。围绕着体验这一具体的审美方式,又形成了"游""味""悟"等一系列描述如何审美、同时又带有中国传统文化特色的范畴。与这些独特的审美方式相对应,在对于传统城市空间的审美过程中,人们将个体主观的感性与客观的理性相融合,心物交融、俯仰往还,多角度多维度地去领会、感知城市环境之美(图2-22、图2-23)。

(1)心物交融

在对中国传统空间审美的过程中,观者往往不只是进行感性欣赏与直观感受。更为重要的是,中国传统空间的美将引发他们进入到更深层次的审美境界,结合个人体验与认知对于形式美背后的意蕴进行感知。这种综合的、多层次的审美方式同时也实现了中国传统物质环境游心畅神、和谐教化等重要审美功能。中国传统空间审美注重居、观、游、赏的统一,人在环境中可居、可观,同时又可游、可赏。通过这一完整的审美过程,将城市环境的审美提升到了人生的审美栖居层面,物质环境的欣赏与畅神游心的状态也得到了结合。在审美过程中,客体的"物"与主体的"心"融为一体,观者是心物交融,进而是物我两忘的。

---

[1] 详见黄念然. 中国古典文艺美学论稿[M]. 桂林:广西师范大学出版社,2010:304-311.

图2-23 传统园林拙政园中的各个场景，多角度多维度领会感知传统私家园林的清新婉约之美

观者究竟如何进行审美，这可以从两个层次去理解，一是较为浅层次的感受层面，这是基本的"物"的"象"层面，另一层次是较为深层次的知觉层面，这是较深入的"心"的"意"层面。具体来说，当观者欣赏空间环境之美的时候，首先是以物为中心进行感官体验；其次，在初步的视听体验之后，观者会进入到心的层面，从而获得更为深层次的精神体验。

王国维在《人间词话》中曾提出"以物观物"与"以我观物"这两个层次[1]，这两个层次为我们从"物"与"心"这两个层次理解审美提供了参照与依据。

首先在"物"这一层面，审美方式可以用"以物观物"来概括。刘勰在《文心雕龙》中对于审美的心物之间的关系进行了论述，认为先是要感物，也就是要从大自然、从环境本身发现灵感。《文心雕龙·物色》篇云："诗人感物，联类不穷，流连万象之际，沉吟视听之区。"《明诗》篇也说："人禀七情，应物斯感，感物吟志，莫非自然"。这里的感即感觉，包括了视觉、听觉、触觉、味觉等。在环境审美中的"感物"就是重视感知环境自身的客观逻辑，审美主体会寻求环境在客观层面合理的解释。这种审美需求反过来就要求环境不仅具有逻辑清晰的外在形式，同时在材料使用、结构组织、功能安排上都合理有序，也就是说，要符合"物"自身的客观逻辑与规律。

中国传统城市环境在营造时有其自身的客观逻辑，例如建筑的风格形式与其所在环境的性质特点密切相关，为了与周边环境相融合，不同的地段环境自然会产生不同风格的建筑形式。另外，城市建筑的风格形式还与其所具有的功能性质密切相

---

1 王国维. 人间词话 [M]. 上海：上海古籍出版社，2008：1.

关，如在礼仪性的皇家宫殿之中，建筑的布局、规模、造型与装饰细部必然是庄重大气的，而在休闲性的私家园林之中，建筑形式要素的选择则是灵活轻盈的。

在初步的感受之中，美的环境使观者形成了视觉和谐的基本快感，这种审美的直觉快感来源于形式美的和谐，也可理解为建筑等各种客体之间的和谐统一。环境处理、布局体量、造型规模、风格样式、细部装饰要能搭配和谐，观者看来便会和谐悦目，这便形成了审美的客观基础。在这一过程中又涉及了不同层面、不同尺度的和谐感受，具体来说，在从宏观到微观的感受过程中，不同尺度的要素会引起观者不同的感受，这种感受多是一种相对感性的关于形式整体的直观感受。所谓"千尺为势，百尺为形"，"形"主要是指近观的、较小的、个体性的视觉感知对象，"势"主要指远观的、较大的、群体性的视觉感知对象。观者一般会先把握客体的"势"，感受对象的整体环境氛围；其次观者会对于中观尺度的造型进行观赏。这种对于不同尺度形式的审美感受是基于审美主体以往的经验与认识基础，对整体环境、建筑造型、色彩、细部等形式美要素进行体验与把握。

在对客体形式美欣赏把握之后，美的欣赏便进入到了"心"的层面。所谓以我观物，就是观者深入领略建筑形式背后的深厚内涵，通过自己的主观联想使建筑形式承载更多的意蕴与内容，领会形式背后的意义，将形式与内容、形与意、情与境等多种要素和谐统一。与"以物观物"主要涉及空间与物之间的关系不同，"以我观物"这一层面主要涉及的是空间与人之间的相互关系。

刘勰在《文心雕龙》中提出要虚静感物，《神思》篇云："陶钧文思，贵在虚静"，进而可以"睹物兴情"[1]。这也可以理解为，主体对美的欣赏先是进行直观地感受，不带主观的情绪而以虚静的心态去感物，其后便可融入自己的个人情绪以情感物，进入到深层次的知觉层面。形式的意义并不仅仅是外在形式本身，形式还具有内在的象征性。优美的、赋有象征意味的形式往往会引起观者的想象与联想，作用于观者的主观心理并引发更为深层的心理活动与主观感受。

再比如之前提到传统城市中各种建筑的形制与建筑类型相关，通过对于建筑形式背后秩序与象征意味的感知与联想，观者的审美从表层的形式欣赏进入到深层的意味认识。到了这一阶段，审美的教化功能得以实现，城市艺术的美与社会秩序、人文精神的传达实现了统一。在这一层次，审美摆脱了对于形式的简单欣赏，而是将初步的感受、体验，与后来的思考、联想相统一，这些全方位的审美方式便构成了完整的城市环境审美过程。

为了进一步启发人们深层次的审美认知，传统城市空间往往在形式之外设置提示元素或是直接的文字说明，比如一些赋有纪念意义的建筑小品，如牌坊、华表的引入，又比如在入口或重要建筑上的题字与对联等。这些元素都进一步强化了物质环境

---

1 （南朝）刘勰. 文心雕龙. 诠赋篇.

的审美意味，加强了特定意蕴的表达，引起观者更多的思考与联想。这种手法类似于中国传统文学中的比兴方法，即通过文字或具体形象的比拟传达主体的思想精神。比如中国传统建筑的意境之美不仅表现在具体空间形式的处理上，还经常通过建筑匾额上的题字与诗文来表达。这些点题的文字对建筑内容起着重要的提示作用，将观者的审美感受带到了更高的意境美层次。在这些提示空间意味的文字之中，观者能进一步感受、领悟空间的独特之处与精神意蕴。如在庄严的宫殿中，为了体现至高无上的皇权，建筑会被题名为"太和""承天""乾清""坤宁"等；又如在休闲的园林建筑中，为了体现人与自然环境的完美融合，建筑会被题名为"蓬岛瑶台""方壶胜境"等。这些题名对于突显象征意味、营造审美意境起着重要的作用（图2-24、图2-25）。

图2-24 中国传统宫殿建筑的题名

在中国传统审美的过程中，"人"是核心，"物"是载体。中国传统城市环境之美判断的出发点与依据是"人"，围绕着"人"的感受来展开对"物"的理解与组织。在此基础上追求心物交融，并以人的主观理解力为审美的主要依据。在中国传统美学中，众多评判审美的标准与范畴都与人的气质、修养有关，如气韵、神韵、风骨等范畴，这些范畴的存在也证明了中国传统审美重视人本性的特征。所谓城市审美的人本性，就是以人的理解力为判断标准，城市中不同尺度、不同要素如空间序列、建筑类型以及装饰细部都是以人的尺度为依据，按照人的欣赏习惯进行设计建造；同时形式的完善也是从人的情感表达出发，以引发人的审美感受为目的。

中国传统审美从心与物这两个层面入手，并以"人"为本、从"人"出发，最终是希望将两者相统一，实现"心物交融，物我合一"的审美境界。也就是说，审美将人的感受作为联系的中介，将物与心两层面相联系后，讲求情景交融、主观与客观的统一。因此，虽然中国传统审美是围绕着观者的主观情绪而开展，但是审美并没有只是关注主体自身或着眼于外在客体，而是将主体的情与客体的物相联系。欣赏是从主体情感始，注意到主体生命与客体自然之间的微妙联系，同时发现并建立起外物与人心间的同构关系，最终实现物与心相交融，使人们获得更高的审美感受。

图2-25 中国传统园林中的题名

（2）俯仰往还

除了心物交融之外，中国传统认知审美的方式还具有着俯仰往还的特点。俯仰往还是对于中国传统环境审美方式的具体解读，这种审美方式是整体的、动态的，是远近结合、多角度、全景式地把握环境之美。

中国传统文化有着众多有关"俯仰往还"的描写，《周易·系辞（下）》云："古者包牺氏之王天下也，仰则观象于天，俯则观法于地，观鸟兽之文与地之宜，近取诸身，远取诸物。"再如"智者""逍遥游"，"俯尽鉴于有形，仰蔽视于所盖，游万物而极思，故一言于天外"[1]，"仰观宇宙之大，俯察品类之盛"[2]等。

---

1 （晋）成公绥. 天地赋.
2 （晋）王羲之. 兰亭集序.

图2-26 （明）谢时臣《虎丘图卷》局部，亭台楼阁建筑既是人们欣赏的对象，同时又成为主体赏景的支点

"仰观俯察"的观察方法使观赏者能够从更为广阔的空间着眼，追求空间无限与深远的意境。与"仰观俯察"这种动态、整体的方式相对应，中国传统审美追求循环往复、流动回旋的意趣之美。这种审美方式强调的是以某一空间为支点，将视线拓展向外，上下远近之间整体地把握空间的层次与深远意境。以中国传统高台建筑为例，高台最初出现有一定的宗教作用，后成为帝王祭祀之用，同时登高台成为中国传统欣赏美景的一种主要方式。当时的人们为了观景习惯在城市中高地形处建亭台楼阁，为人们观赏景物提供特定空间，同时人又身在景中仰观俯察，亭台楼阁这一类建筑的存在也成为仰观俯察审美方式的注解。

宋代郭熙论山水画说"山水有可行者，有可望者，有可游者，有可居者。"[1]宗白华由此展开论述，认为"望"这一行为在中国传统园林建筑中的重要性，园林中的亭、台、楼、阁都是为了"望"，都是为了得到和丰富对于空间的美的感受。[2]与此同时，城市之美也因为这些观景空间而具有了更为宽广深邃的境界。我们可以看到中国传统城市营建中十分注重可以登高望远的空间营造，黄鹤楼、岳阳楼等名楼既是城市中的重要景观，同时也为人们观赏天地城市之境提供了场所（图2-26）。

与中国传统居于高处的亭台楼阁建筑相比，强调高直向上的西方哥特式教堂建筑的外在形式就给人震撼的强烈印象，供人欣赏膜拜。同时，哥特式建筑又努力营造内部空间的向上性与崇高性，建筑内部空间是相对封闭的，与外在世界是隔绝的。反观中国传统的亭台楼阁建筑，它们既作为造景中的主要景点供人欣赏，同时也为人们欣赏美景提供绝佳的空间与观赏角度。在这些空间中，人们的视线并未被限制，而是可以仰观俯察、尽情欣赏城市环境与周边的美景。于是，这些空间既是人们欣赏的对象，成为整体美景的一部分，同时又成为主体赏景的支点，与主体一起建构起审美的可能性。因此，这些中国传统的空间往往具有多重的审美意义。在西方古典的观赏方式中，城市中的教堂建筑等重要标志性建筑是崇高的，景物本身大多与观赏的主体保持着距离，空间的气氛是内向的、严肃的。与之相比，中国城市中的亭、台、楼、阁则是外向的，与观赏主体以及周边环境之间没有距离与严格

---

[1] （宋）郭熙. 林泉高致.
[2] 宗白华. 中国园林建筑艺术所表现的美学思想［M］. 宗白华全集（第3卷）. 合肥：安徽教育出版社，2008：477-478.

界限，在为人们更好地欣赏周围美景提供空间之时，又能与周边环境融为一体，成为人们欣赏的对象。

与中国传统空间将时空相融合一致，仰观俯察就是要观者将时间与空间融为一体，在远近结合、多角度全景式之中更好地把握认知对象。通过这种观赏方式，观赏者得以全面地欣赏城市建筑、环境以及它们共同组成的整体意境之美。这种美既有远处大尺度的大地环境、自然风貌之美，所谓天地之大美，又有近处的建筑造型、细部装饰之美。

中国传统讲看山"仰山巅，窥山后，望远山"，看山的视线是不确定的，有前有后、有上有下。宗白华把这种空间意识称作"移远就近，由近知远"。中国传统空间审美存在着多层次境界，人们在把握住空间与环境的整体之美的同时，又能欣赏细节之丰富与动人，进而领略形式背后深远的意境。观者在空间中视点与观赏角度不断变化，人们既要看到细部装饰的细节，又要看到大的山水格局、建筑群体布局，视线不断游于空间远近内外，由此形成动态连绵、丰富多样的空间意象（图2-27）。

不管是心物交融还是俯仰往还，都在说明中国传统城市的审美注重以人为本，这不只是一种生物的、功能的人本，更是文化的、精神的人本；审美追求获得人们关于理想境界与审美栖居的体验，以此畅神游心，实现人自身精神的感悟与升华。

图2-27 明代仇英画作《桃园仙境图》，人在景中俯仰往还、远近取与，得以全面地欣赏建筑、环境以及它们共同组成的整体意境之美

2.3.3 美学观念与标准

除了具有特色的审美认知方式机制外，中国传统城市美学还包含着诸多的美学观念与标准。下面就将从辩证统一的整体观、适中得体的价值观、因地制宜的环境观、虚实相生的空间观这几个方面展开介绍。

（1）统一辩证的整体观

中国传统文化十分注重统一辩证的思维方式，强调事物的整体功能与相互联系，这种统一辩证的思维观，朴素得类似系统思维，是非演绎、非归纳的，但却不是非逻辑非思维的。它蕴含着理论的积淀，又总与个体的感性、情感、经验、历史相关，是一个有机的思维整体。[1]与这种注重整体的思维相对应，中国传统城市美学观念首先就体现在整体观方面，以多种要素的和谐统一作为基本的美学标准。

中国城市美讲求形神兼备、情景契合，注重对城市整体美的考察；美的形式和内容也不是割裂的，而是浑然一体，将城市的物质环境与人们的精神需求相统一，同时也将外在空间形式与内在的文化意义融为一体。这种整体观在中国传统城市中有着集中的体现，之前几节都多次提到了相关内容。比如儒道美学思想在城市建设

---

1 李泽厚. 李泽厚十年集. 第3卷. 中国古代思想史论[M]. 合肥：安徽文艺出版社，1994：35-37.

中的融合，不管是儒家秩序严谨、等级明确的思想文化，还是道家自由浪漫、注重自然的思想文化，都在城市结构、城市建筑之中有着体现。儒家文化注重社会规范的明确，以礼为社会标准和纲领，并为礼的实现制定了严格的、明确的标准与规则；与之相对应，中国传统的道家思想讲求审美化的人身栖居，这两种思想精神极大地影响了中国传统城市美学的形成。

其次，在中国传统审美文化中，人们善于从生活中的各种要素中发现美，进而寻求精神层面的审美享受，人们也会主动地将生活中各种器物都变得富有诗情画意，实现诗意化、审美化的栖居。作为生活的空间载体，城市的美是中国传统人们生活中审美的重要元素，但他们的审美对象又不止于物质空间本身。在统一辩证的思维之下，各种要素都能成为创造或审美的对象。例如古人善于在各种器物之中发现美，通过对这些具体器物的审美实现有限中见无限，而正是这些片段元素之美也可以让人们更好地理解整体之美，通过对片段的审美实现对于全局的观照。在这种思想指导之下，人们在城市美的创造过程中综合运用了各种元素，讲求对于多种客体元素的综合利用，将城市美的创造看作是多因素的整体创造，最终实现所处空间的和谐统一与协调。

在多因素整体创造的整体观之下，城市空间成为实现人与自然、人与社会和谐的载体，并在其中实现个人诗意化的审美栖居。这意味着审美对象的扩大，从大到小的种种尺度物体都成为审美的对象，大到自然中的景观环境、山水格局，到中观尺度的如城镇街巷、建筑群体，到单体建筑尺度的造型、立面，再到小尺度的如人文点染、树木顽石，都能成为城市美的有机组成部分。中国传统城市的美并不以某个具体要素如单体建筑的完善作为评价标准，而是综合了多种因素整体复合而气韵生动，人在城市空间中就如身处长卷画轴中，轴线序列、亭台楼阁、树木山石、匾额题联等多种元素共同构成了画面的内容。

因此，中国传统的城市美是整体的，是多元素的综合构成，这里美的整体是由部分组成，但又并不是简单的叠加各部分，而是将各部分有机结合为一个整体，整体是渗透、融汇在部分之中的。自然之美、空间之美、建筑之美、器物之美与工艺之美等不同类型、不同尺度的美，都能成为人们对于城市的审美对象。从自然环境到园林艺术，从建筑艺术到工艺美术等其他造型艺术如书法、绘画、雕塑等，都成为城市美的有机组成部分。这些众多审美要素与城市创造互相影响、浑然一体，共同构建着具有中国传统文化特色的美的世界。

另外，之前提到中国传统审美注重心物交融、俯仰往还，实际上也是在强调对于城市中所有要素的整体观察（图2-28）。不仅如此，除了客体要素的多元性以及认知审美的多维度，在设计创造及建设过程层面，中国传统城市营造以整体环境的营造为目标，整合建筑设计、园林景观设计以及城市规划设计，将相关领域的知识和技巧融会贯通形成整体化的解决方案。

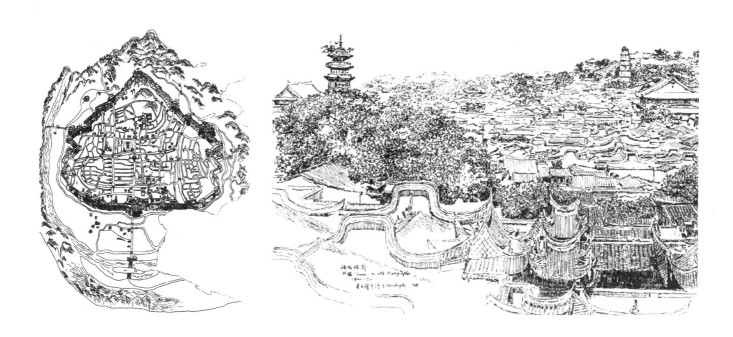

图2-28 （清）福州城图以及吴良镛绘制的福州城市景观

总体来看，中国传统城市之美是在充分利用整体化的思维与方法，针对多种要素进行的整体创造。环境营造将与人们生活密切相关的多种元素纳入到城市整体环境的建构中来，通过多元素、系统性建构空间之美来表达心中之情，将形式与意义融为一体，最终实现审美化的人生栖居。

（2）适中得体的价值观

在整体观基础上，中国传统美学还体现出了适中得体的价值观。这就是指美的价值判断守中致和，追求最终状态适宜、合情合理，注重适度与适中得体。

中国传统美学看重二元对立要素间的动态状态的考察。《易经》中讲："刚柔相济，不可为典要，惟迁是适。"中国传统文化中对这种互为补充的观念有着种种阐述，如"有无相生，难易相成，长短相较，高下相倾，音声相和，前后相随"[1]，或"清浊、小大、短长、疾徐、哀乐、刚柔、迟速、高下、出入、周疏，以相济也"[2]，再比如"上下、内外、小大、远近皆无害焉，故曰美"。[3]因此，要从多种因素的联系与平衡中寻得最优解，就要做到"惟迁是适"。

为了"惟迁是适"，也就是针对不同的条件具体地解决问题，价值观的建立极为重要。适中得体是以合适的价值判断理念指导下，追求事物存在状态适宜、合适、合情合理，强调对立元素的和谐，注重适度与中正平和。在这种理念指导下，中国传统城市的创造十分注重适用性，需要根据不同的情况做出判断并针对具体问题具

---

1 老子·二章.
2 左传·昭公二十年.
3 国语·楚语上.

体解决。城市建设讲求因地制宜、因势利导，并希望能巧妙综合地解决人居环境问题，意味着解决问题的方式合情合理、适中得体。

城市与人们的生活与生产密切相关，其中涉及的要素极为多元。每一个城市建设以及其中城市空间与要素的完善所面临的问题各不相同，于是城市之美发展的结果也会根据这些问题的不同而各异，是因时、因地、因人而异的。在这一过程中，适中得体的价值观就为与自然环境的和谐、礼制文化的依循以及社会生活的变迁提供了指导。

不仅是在自然、文化、社会等要素与城市建设之间建立有机联系，适中得体还意味着在城市空间物质要素的组织中实现和谐的状态。如之前提到的城市中的各类建筑，不同功能类型建筑既有着各自的不同特色，同时还必须符合各种形制要求，根据适中得体的要求来共同实现城市的整体之美。另外，适中得体还体现在对于具体的场所营造与形式评价方面。中国传统空间善于在复杂中寻求单纯、在不规则中找到规则，同时又在纯净中求丰富、统一中求变化，在两者之间寻求动态的平衡。在这里，最终的和谐统一是追求的目标，实现所谓"一则杂而不乱，杂则一而能多"的审美效果。

在注重与生活的联系与实际问题的解决的思想基础上，城市环境的建设与人的适宜生活状态紧密相连，同时也因此实现了较为宜人的城市景观。正如董仲舒《春秋繁露》中提到"高台多阳，广室多阴，远天地之和也，故人弗为，适中而已矣"，在适中得体的价值观之下，城市中的多元要素能在满足人们生活需求的基础上，创造出和谐统一并宜人舒适的城市美学。

（3）因地制宜的环境观

中国传统城市美学中体现出了因地制宜的环境观，因地制宜就是因时、因地的不同，针对具体情况制定解决方案。在这一过程中，根据具体环境问题的分析得到解决办法，并实现之前提出的和谐统一、适中得体的总体目标。

首先，中国传统城市的建设能因地制宜、因势利导，处理好与自然环境之间的关系，务必使两者相协调，这在前文也已提及。中国传统讲求"相地"，建设前必须对环境进行勘察研究，选择合适的地段，使新建设能与原有的环境融合在一起。管仲针对城市建设中的"相地"提出："凡立国都，非于大山之下，必于广川之上"。《园冶》中有《相地》这一章，说得就是要结合场地环境特点展开设计，先要"相地合宜，构园得体"，做到"园基不拘方向，地势自有高低"，而后使空间布局与环境相协调，要进行"立基"，相地要能"巧"，立基要能"精"，做到"精在体宜""择成馆舍，余构亭台，格式随宜，栽培得致"。

因地制宜为的是实现城市人工建设与周边自然地域环境的有机统一，使城市建设与自然环境成为和谐的整体。为了与自然融合为一，城市就必须与环境相得益彰，将有限的人工建设与无限的自然意趣相结合，使人在其中尽情感受环境的和谐之美。这也在一定程度反映了当时的人们所具有的朴素的尊重自然的生态意识，人们在创造城市中自觉地亲近自然，人与自然、人造环境与自然环境之间亲密无间。在这种朴素的环境生态意识下，自然是栖居之所、审美对象，同时也是人们的精神家园，环境的创造必须以与自然相协调为原则。在这种观念指导下，城市之美体现在城市与自然的完美融合之上，通过城市引发观者"窗含西岭千秋雪，门泊东吴万里船"的感触，实现《园冶》中所说的"纳千顷之汪洋，收四时之烂漫"的效果。

因地制宜不仅体现在能与不同地域的自然环境相融合，同时还体现在能结合地域特点与条件选择不同的建设手段、合适的建构方式与材料进行人工建设。梁思成在《我国伟大的城市传统与遗产》一文中对于自古以来我们国家的一些传统进行了总结，认为当时的人们根据不同的地质条件采用了不同的建造方法，如"利用地形和土质的隔热性能，开出洞穴作为居住的地方"，这种方法在后来还被不断地加以改进，从"周口店山洞，安阳的袋形穴，……到今天的华北，西北都还普遍的窑洞，都是进步到不同水平的穴居的实例"；另一方面，"在地形、地质和气候都比较不适宜于穴居的地方，我们智慧的祖先很早就利用天然材料——主要的是木料，土与石——稍微加工制作，构成了最早的房屋。"[1]这很好地说明了当时人们能因地制宜，根据不同地形、地质和气候采用适宜的建设方式，具体建设方式的不同也带来了各个地域城市的不同特色。

图2-29 宋平江图，城市建设与水系有机融合

在建造不同类型建筑时，中国传统的建造方法同样是灵活并富于变化的。因此，利用好建造技术条件，在构筑方式上根据相应的技术条件选择合适的建造方法，并在基本构建规则之下生发出种种变化以适应不同的情况。

正是在因地制宜的环境观指导下，中国传统城市才形成了如此的多样性之美。在之前一节曾提到，中国传统城市在基本的空间要素与模式方面具有一定的程式，但在此基础上不同的城市又有着各种变化形成了各自的特点，其中各个城市能结合所在地域环境进行规划设计建设是重要因素（图2-29、图2-30）。同时，具体到城市中的具体要素，也是因为与地域环境的结合而生发出了多样性的特点。以建筑群组织的基本模式院落为例，轴线组织与四面围合是中国传统院落的基本特征，但从北京宽敞的四合院到徽州的天井式合院，再到西南的一颗印民居，不同地域的院落因环境的差异形成了尺度、密度、风格与装饰等等方面的不同，形成了统一模式之下极具变化的丰富美学特征。这种体现地域特征的城市美感在中国古代知名的绘画长卷中有着集中的体现，比如在《康熙南巡图》《乾隆南巡图》等长卷中，各地城市建设既有基本的的模式，又有着各自不同的特色。

图2-30 《姑苏繁华图》中的种种城市要素成为人们生活生产的物质载体，综合地解决了人居环境问题

---

1 梁思成. 我国伟大的建筑传统与遗产[M]. 梁思成全集（第五卷）. 北京：中国建筑工业出版社，2001：93.

其实不管是寻求与环境的和谐秩序还是依据环境条件选择合适的建造技术与材料，其实都是在统一、适中的理念指导之下，强调设计必须要根据具体的情况和问题寻找合适的解答。只有这样，才能最终实现城市适中得体之美，城市与特定的自然地域环境才能有机统一、共同成为和谐的整体。

（4）虚实相生的空间观

中国传统城市美学注重虚与实的关系处理，空间中的虚与实同样重要，有关虚实的各组成部分均相互关联，形成有机统一的整体架构与意境，这也是中国传统城市关于空间形式组织的基本观念。

中国传统绘画讲求"虚实相生、无画处皆成妙境"，《老子》说，"凿户牖以为室，当其无，有室之用。故有之以为利，无之以为用"，这些论述在一定程度上也可以被认为是中国传统城市空间组织之美的一种概括。中国传统城市十分强调由实体围合而成的虚的部分，这也导致了中国传统城市审美对于空的部分如"院"空间的重视。作为中国传统形式美的基本原则，虚实相生为人们理解城市空间形式提供了依据。在操作中如何才能处理好空间之间的相互关系、做到空间虚实相生，则需要创作者推敲经营、安排好两者之间关系。

首先，院落是中国传统建筑与城市的基本单元，其中墙或建筑既是空间中的实体，又是院落空间的边界，通过实体的围合才形成了虚空的院，两者互为依托虚实互补。对于传统城市中的这种虚实相生梁思成是如此描绘的："从城市结构的基本原则说，每一所住宅或衙署，庙宇都是一个个用墙围起来的'小城'。……若干这样的住宅等合成一个'坊'，内有十字街道，四面在墙上开门。一个'坊'也是一个中等大小的'城'。若干个'坊'合起来，用棋盘形的干道网隔开，然后用一道高厚的城墙围起来，就是'城市'。"[1] 因此，不管是院的空间还是更大的街区空间，都是由实体要素围合而成，实体的连续界面保证了以院为代表的虚体空间领域的形成。中国传统院落的领域感极强，院既是空间中的虚体，作为空间领域本身存在，同时院又离不开墙或建筑的实体语汇。两者虚实相生、互为印证，共同构成了特色鲜明、内涵丰富的传统合院空间（图2-31）。

另外，在空间的组织中，虚实相生强调空间各个部分之间的相关性处理，重视空间相互之间的有机联系，并以此为依据处理好各个空间之间的组合关系。在中国传统空间营造之中，空间的有机联系与合理组织是有节奏感的，是将空间与时间两者统筹考虑的。正如宗白华论中国传统绘画时所说的空间和时间的统一，中国传统空间的营造体现出了同样的特点。也就是说，时间作为不在场的因素，也成为构建

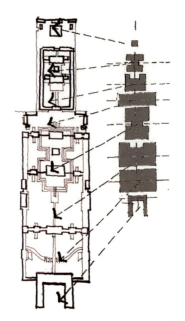

图2-31 故宫建筑群虚实空间的不断转换

---

[1] 梁思成. 建筑和建筑的艺术 [M]. 梁思成全集（第五卷）. 北京：中国建筑工业出版社，2001：460.

时空美的重要因素。在时空一体的理念之下，时间这一要素在城市空间美的创作中也被充分考虑，中国传统城市的美是时空一体的，这方面最典型的案例莫过于城市中的轴线组织了。

因此，传统院落与轴线组合是虚实相生的另一例证，在中国传统建筑与城市文化中，院落与轴线都具有极为特殊的象征意义，院落就是场所领域本身，是空间中的虚体，同时也是形成建筑组群、组织实体的语汇；而轴线则是串联多个院落与重要节点的重要因素，实现空间转换连接与虚实的不断转换。

中国传统轴线在组织空间序列中是连续的、有节奏的，往往通过众多的建筑或节点前后相接，使人们在连续的路径中获得流动的、不断转换的空间感受。这种连续性与流动性形成了中国自身的空间组织特色，轴将中国传统空间时空一体、隔而不断的特色展现得淋漓尽致，形成了连续的、独特的中国式路径组织方法。而"中轴"的偏好与路径中空间元素所包含的序列内涵也充分体现了中国传统儒家礼制形成的中国民族文化心理结构，[1]展现了中国传统建筑与城市的文化特色。

图2-32 （清）袁江《梁园飞雪图》，画面中的院落、山石、树木、建筑相互交织，体现了空间连续性与整体性

虚实相生的空间观念既统率着全局的空间序列组织，又渗透到基本单元的院落之中，形成了中国传统空间的连续性与整体性，在虚实相生之间形成了传统空间多样统一之美（图2-32）。

以上这些传统观念意识是我们国家城市建设中的优秀思想传统，值得现代的我们研究与借鉴，也只有对传统中优秀文化遗产的学习、借鉴与吸收，才有可能在当今创造出新的既具有时代感同时又具有中国特色的城市美学。

思考题

1．中国传统城市有哪些基本的空间要素，它们的美学特征又是什么？
2．《周易》《周礼》《管子》等经典典籍对于传统城市美学思想的影响有哪些？
3．传统城市所体现的美学观念与标准主要是什么？对于未来我国城市的发展具有什么样的意义和启示？

1　王振复．宫室之魂——儒道释与中国建筑文化［M］．上海：复旦大学出版社，2001：63．

第 3 章
西方城市美学的发展历程

3.1 现代主义之前的西方城市美学

3.2 现代西方城市美学

3.3 现代之后的西方城市美学发展

本章学习要点
1. 西方城市美学发展的不同阶段划分与演变发展的基本脉络；
2. 从古希腊到巴洛克时期不同阶段西方城市的美学特征；
3. 现代以及现代之后城市的发展实践以及所反映的美学思想与观念。

西方社会在发展过程中，经历了一个个前后相继的不同发展阶段，在漫长的发展历程中，城市以及城市空间状况也在一步步变化，经历了从古希腊、古罗马时期到中世纪、文艺复兴时期的发展再到资产阶级革命之后的现代主义西方城市多个发展阶段。在这一过程中，西方城市建设以及对于美的追寻并非是直线性的，从传统的西方古典城市美学到现代主义城市美学，再到当代城市美学的多元发展，西方城市美学发展经历了种种变化，其中所蕴含的思想和观念也十分复杂，形成了丰富的城市美学内容。

3.1 现代主义之前的西方城市美学

芒福德在《城市发展史——起源、演变和前景》一书中提出，世俗权力同宗教神权相融合，这种融合所产生的各种力量才把城市的种种起源性因素组合到一起，而且使之具备了新的形式。在他看来，世俗权力与宗教神权的结合是城市起源的重要因素，而这种结合既导致了城市作为社会组织形式的起源，同时也塑造了城市的面貌，其中两者的空间对应物宫殿与圣祠也成为当时城市中的重要建筑。宫殿与圣祠都以其庞大的建筑学体量及象征意义的威严感塑造着城市的象征性。当时的庙宇数量多而且形式华美壮丽，这些都证实了当时神权与王权的结合与浩大。另外，芒福德对于早期军事安全对于城市的形成进行了论述，无论城市的物质形式或是它的社会生活，自形成城市的集中聚合过程之初，很大程度上是在保障安全与防止战争目的中逐渐形成的。正是从这一根源出发，才产生出那一整套精心构筑的要塞、城墙、碉堡、哨塔等;这些设施一直到18世纪都始终代表了各重要历史性城市的特点。[1]

因此,城市具有了双重性特点,既在发挥聚集与保护作用的同时提供了相对的统一性,同时又提供了极大的自由和多样性。城市最初的形成是城堡的形式,城墙也起到了极大的空间限定作用,为城内的城市生活提供了安全与保护,与此同时,城墙作为古代城市的边界,具有了独特的审美价值。另外,城墙在原有的乡村与现有的城市建设之间确立了分界线,这种用地方式的对比也产生了自然与人工强烈对比的美学效果。城墙之外是自然的风光景色,而城墙之内则是拥挤丰富的都市生活。

L.贝纳沃罗在《世界城市史》一书中论及城市起源时提出,城市的发展有别于村庄,除了城市规模更大以外,城市的发展速度也大大超过村庄。迅速发展的城市深刻而频繁的变化影响涉及整个社会,于是人们开始尝试新的文化活动,不断努力使城市形式适应不断变化的外界条件和要求。[2]伴随着社会的演变与城市的快速发展,之后西方城市开始了一个个前后相继的不同发展阶段,而各个阶段也有着自身的城市美学特征。

3.1.1 古希腊与古罗马

(1)古希腊

古希腊对于西方文明产生了重要影响,在城市建设方面,古希腊城邦的建设充分体现了希腊文化的特征,希腊人热爱生活,热爱追求美的事物,对人的自然形体之美极为崇拜,这也对于当时各种造型艺术包括城市建设产生了影响。希腊的城邦与市民的生活紧密结合,与同时期东方国家城墙高筑、整齐划一的庞大都城相比,希腊城邦的规模并不大,在这些城邦中最有名的就是雅典。

雅典卫城的建设充分利用了周边的地形,设计者借助于自然地貌来布置建筑物和纪念物。这种设计和布置对于城市的美学效果有着充分的考虑,有人揣测当时曾很巧妙地利用了那种弯弯曲曲不规则通道的视觉效果。这些建筑群的布置并未完全依照几何的模式,每一栋建筑物依据地形进行布置,自成一统同时又形成了一种有机的美感。这种独立自由而又和谐完整的感觉正如欣赏人体的自由与完整一般,整个城市就是由众多独立的个体组成的和谐统一体(图3-1)。

由于城市规模的有限与独特的自然地理特征,人们能够全面地感知整个城市,这也使得雅典具有了自由和谐的美学特征。雅典的宗教圣地与公共活动中心卫城也充分反映了这种自由和谐的美,建筑的布置顺应自然地形,既考虑了人们身处其中在不同位置获得的景观感受,同时也考虑到了从外部仰望卫城的效果。

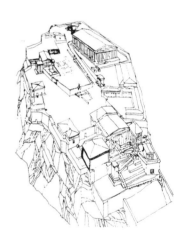

图3-1 雅典卫城的建筑群,体现了一种自由和谐的有机美感

---

1 (美)刘易斯·芒福德著. 城市发展史起源、演变和前景[M]. 倪文彦,宋俊岭译. 北京:中国建筑工业出版社,1989:35.
2 (意)L.贝纳沃罗(Leonardo Benevolo)著. 世界城市史[M]. 薛钟灵等译. 北京:科学出版社,2000:22.

图3-2 米利都城平面，网格化的空间布局形成了强烈的秩序感（左）

图3-3 城市广场建筑群在逐渐变得完整和统一（右）

另外，希腊的城市广场逐渐演变形成，广场周围的敞廊及其他公共建筑陆续出现，不但有商店、教堂、浴场等市民公共建筑，还建有元老院议政厅等行政建筑。在早期市场或广场上的各种建筑物都是独立的，随着敞廊重要性的大大提高，广场和周边的建筑群有逐渐统一的倾向，各个建筑物的独立性削弱了，重要的公共建筑也被统一到了建筑群之中。广场发展到了晚期便普遍建有敞廊，并且扩大了规模，开间一致、形象完整。广场在古希腊城市中的作用越来越重要，作为人们交际交往与社会活动的功能一直延续到后来，在复杂的城市环境中呈现出多种多样的表现形式。

总体来看，希腊城邦具有一定的整体性，城市可分为住宅区、建有祭祀用神庙的宗教区以及进行集会、运动会等公共活动用的区域。城市之美来源于人工与自然的有机结合，建筑空间的营造与周边环境相协调。这些特征被城市史学家贝纳沃罗概括为四个方面，即统一性、内部的开放性、与大自然的平衡状态以及自觉控制城市的发展。[1]

从公元前7世纪以后，希腊城市便开始沿着不同的路线发展，在希腊本土及其岛屿上大多是沿着自发的、不规则的、有机的方式发展，在伊奥尼亚的小亚细亚各城邦则是沿着系统与严谨一些的方式发展。于是，古希腊城邦在逐渐向希腊化时代的大都市过渡。如果说早期希腊城邦体现的是自发有机的美学特征的话，后期的大都市更多地开始体现理性的严谨秩序。这些城市的代表包括公元前5世纪的米利都城重建规划及后期的普南城。

米利都式城市空间的整体棋盘式布局十分的理性和系统，这种布局早在古埃及卡洪城等城市出现过（图3-2）。这种理性的城市空间布局自然而然地产生了一些空间要素，即宽度和尺度基本一致的街道与城区街坊系统，街坊单元之间的矩形空间可作为广场或庙宇等公共建筑之用。街道系统的独立性以及尺度一致的街坊单元形成了城市空间的秩序感与视觉连贯性。

随着这种变化，城市中也出现了之前城邦不曾有过的美学特征，即长轴式的透视感。通过笔直的大街与街道上连绵的建筑立面与高度相近的柱廊等元素，人们可

---

[1] （意）L.贝纳沃罗（Leonardo Benevolo）著．世界城市史［M］．薛钟灵等译．北京：科学出版社，2000：96．

以看到同一高度上具有纵深感的长轴景象，而不再像沿曲折小径登上卫城、从不同高度与角度俯瞰城市所获得的景象，也不像在环城漫步过程中一点点所见的深入景象了。希腊化时代的城市展现出了与以往不同的堂皇壮丽的美学效果，不仅表现于单体建筑物上，还表现在建筑物相互之间以及建筑物与场地环境的密切联系之中。在绵长不断的街景中，高度一致的柱列形成了强烈的秩序美感（图3-3）。

这种严谨的城市格局虽然确立了一种新的理性秩序，甚至带有了"现代性"的城市空间特点，但也有学者认为这是当时的城市建设者特别是殖民者为了方便与快速建设的需要。这些建设者采用简化的方式来进行土地与空间的规划设计，并没有考虑周边环境的地形地貌、河流等条件，而是为城市的快速建设确立一个最低限的秩序基础。

（2）古罗马

古罗马发展分为罗马共和国和罗马帝国两个时期。罗马共和时期的城市空间也和古希腊晚期的相似，可以说是对希腊时期的继承和延续。议政厅等行政建筑建在广场的边上，再加上周边的神庙、市场等公共建筑，一起构成了共和时期的市民广场，承担着行政、宗教、市民集会、交易等各项功能。广场建筑群如古希腊时期一样，多是开放而近人的，每幢建筑是独立的且有着自己的面貌。如罗马庞贝古城的中心广场，平面为细长矩形，广场四周布置了不同类型的建筑，通过连续的柱廊形成完整的造型。还有罗马城中心的罗曼努姆广场也是在共和时期陆续零散地建成的，在它周围有元老院等其他建筑，它的构成和布局鲜明地反映出罗马共和制度的特色。

在罗马帝国时期的城市空间，由希腊、罗马共和时期的议政厅、市民广场变为皇帝的宫殿和宣扬伟绩的纪念广场。建筑与广场的尺度和形式也因此发生了巨大的变化，原先开敞的空间转为封闭沉重，自由的布局也转为严整对称。这些行政广场鲜明地表现出建筑形制同政治形势的密切关系。各种人像、方尖碑矗立于广场中心，周围建筑不再强调自我突出，而从属于广场。如罗马市中心行政广场群布局严谨对称，主体建筑是象征与歌颂皇帝的神庙，这时城市中心广场虽说日益封闭、沉重，但严整的轴线、渐进式的空间和巨大的尺度无不在体现着帝国和皇帝的权威。罗马市中心广场群中的奥古斯都广场取消了其他公共建筑，只在两侧各造一半圆形的讲堂，而中心建筑庙宇则用一圈高围廊体现着权威与专制。旁边的图拉真广场更是将皇帝崇拜演绎到了极致，"在将近300m的深度里，布置了几进建筑物。室内室外的空间交替；空间的纵横、大小、开阖、明暗交替；雕刻和建筑物交替。有意识地利用这一系列的交替酝酿建筑艺术高潮的到来，而建筑艺术的高潮，也就是皇帝崇拜的高潮"。[1]

从罗马时期城市中心广场的演变可以反映出从共和制过渡到帝制，然后皇权一步步加强的过程（图3-4）。在这个过程中，发展出了轴线对称的多层次布局，同时

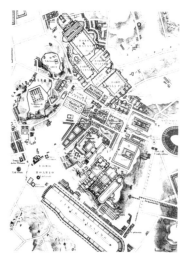

图3-4 古罗马城市空间肌理

1　陈志华. 外国建筑史：（19世纪末叶以前）[M]. 第二版. 北京：中国建筑工业出版社，1997：73.

图3-5 古罗马的斗兽场建筑（左）

图3-6 古罗马城市空间形象，大规模城市建设配合大型纪念空间、公共建筑及设施形成了华丽的美学特征（右）

也形成了建筑和室外院落空间统一构图的技巧。这些广场中所运用的空间次序、轴线关系、纪念碑和柱廊等元素，也成为其后欧洲大量城市中纪念性广场的原型。

古罗马的城市广场不只是一片开放空间，在发展中形成了一个布局复杂的完整区域，由圣祠、庙宇、议会等多栋公共建筑组成。广场容纳了更多的活动，空间也变得更为有序。另外城市中修建了公共浴场、斗兽场、宫殿等大型的公共建筑，为城市居民的物质享受提供了空间，而对于享乐的追求也成为当时古罗马城市生活的一大特征（图3-5）。

古罗马继承了希腊化时代城市的一些特征并有所发展，为了彰显国力的强盛，古罗马时期的城市往往规模更大，配合城市中大跨度的公共建筑以及种种纪念性的空间要素，城市的美学特征更为华丽，形成了震撼人心的崇高感（图3-6）。另外，罗马人在建造技术方面创造出了大跨度的券拱技术，并因此修建了大规模的输水道，实现了水道在不同高度远距离的传输，满足了城市生活用水的需求。而这些输水道与其他大型公共建筑一起成为古罗马时期城市美学的象征。

作为对于这一时期建筑设计实践经验的总结，古罗马时期的维特鲁威撰写了《建筑十书》，总结了自古希腊以来的建设实践，并就城市建设模式进行了归纳，如城市选址应占用高地、临近水源、具备丰富的农产资源与便捷的公路，建筑的兴建必须考虑城市的因素，理想的城市应采用环形放射道路的八角形平面等。他的这些思想成为西方古典建筑与城市建设的基本原则，而古希腊与古罗马的城市也在很长的时间跨度内影响了西方城市的发展。在之后的各个时代里，有着大量以这一时期元素为标准、模仿古典风格的设计实践，而雅典、罗马等城市则与古希腊、古罗马建筑一起成为古典美学的经典代表。

3.1.2 中世纪

中世纪时期指的是从西罗马灭亡到14～15世纪资本主义制度萌芽的封建时期。这一时期宗教的影响越来越大，教会在城市社会生活中的作用十分明显。与这种变化相对应，教堂也日益突出，成为城市中心最重要的象征。

在城市整体布局方面，中世纪与周边地形有着良好的结合，城市的人工环境与自然风光相交织。由于当时封建割据以及安全防卫的需要，城市规模有限，同时城市的城墙边界清晰。这就在原有的乡村与现有的城市建设之间确立了分界线，这种用地方式的对比也产生了自然与人工强烈对比的美学效果。

中世纪不同地区的城镇有着不同的布局形式，这些城镇布局形式与它们的历史起源、地理特点和发展方式相关联。其中有一些从修道院或城堡周围村子发展起来的城镇，常常更加符合地形，一代一代缓慢地改变着，它们的平面布局往往保留着自身的特点，这种城镇常常被认为是中世纪的典型城市模式。

由于基督教的重要作用，中世纪城市的内部结构以及空间组织都与教堂这一城市中心密切相关。教堂建筑的巨大体量与高度使得教堂和钟楼的塔尖作为最为重要的视觉中心，高踞于其他建筑物之上。这些视觉中心配合着有限的街道视线空间以及周边房屋建筑横向的视觉效果，更加加强了这种垂直向上的美学效果。

图3-7 威尼斯圣马可广场，空间变化丰富、形象完整

中世纪城镇曲线型街道也在强调市中心的核心作用。大多数城镇有一个市中心区或核心区，周围有一圈不规则的坏状地带，起到包围和保护核心区的作用，城市道路也由此向外延伸形成曲折变化的体系。正如阿尔伯蒂认为的街道在城市市中心还是不要笔直的好，而要具有一定的弯曲度才能美观，这也可以使人们在行进中看到不同的效果。

图3-8 威尼斯城市中的水街

在城市中的其他空间要素方面，古罗马的各种建筑物如剧场、浴场等由于与基督教生活方式的背离，开始逐渐失去它们的功能价值。建筑和建筑前广场越来越紧密地结合在一起，逐渐地成为城市中心的重要组成部分，也成了公众活动最活跃的地方，是承载市民精神活动与世俗生活的中心。由于广场往往是城市长期自然发展的结果，在城市教堂与广场的空间布局并不强求对称，广场活动也常与一般市民的文化活动结合在一起。重要建筑物的周围并不是空荡荡的，它周边也往往没有后来巴洛克时期的轴线体系。教堂、市政厅、雕塑等纪念物位置往往与广场几何中心并不重合，这就在有利交通的同时提供人们观赏建筑、纪念物的多种角度。广场四周通过设有柱廊的建筑形成围合，创造了良好的人体尺度与连续丰富的空间界面。

威尼斯的圣马可广场是中世纪城市广场的代表，广场的建造经历了几个世纪。广场由周围的圣马可教堂、市政厅、图书馆、咖啡馆等整体形成，广场空间变化丰富、形象完整，各个建筑错落有致（图3-7、图3-8）。这时期著名的城市广场还有意大利佛罗伦萨的市政广场，广场上市政厅高耸的塔楼成为佛罗伦萨的象征。而在市政厅前的一侧建成一座高大的敞廊，敞廊不仅丰富了广场的城市生活，敞廊内外安置了许多

图3-9 佛罗伦萨中的城市景观与各种要素，图为佛罗伦萨大教堂与周边建筑空间，教堂在建筑高度、体量、色彩与形式等方面与周边建筑形成了强烈对比

著名的雕刻，成为世界著名的城市广场。

在城市中心教堂建筑与广场空间周围，分布着大量的一般性居住建筑，这些住宅建筑往往规模并不大，通过在建筑高度、体量与形式等方面与周边的建筑协调一致，结合曲折连绵的街道体系，城市的景观丰富而多变。有众多学者对于中世纪城市的这种丰富性进行了评述，认为中世纪城市具有人尺度的连续景观，不会使人感到单调乏味。

在各种现实生活需求之外，中世纪城市是教会活动的重要场所。《城市发展史——起源、演变和前景》一书中描述了宗教游行进入教堂的感受："这里不存在任何静止的建筑物。当你走近或者离开这些建筑群时，这些庞大的群体会随视觉而突然扩大、消失；十几步之遥便会明显改变前景和背景的比例关系，或者改变视线上下界线之间的幅度"；从美学上看"中世纪的城市像一个中世纪的挂毯；人们来到一个城市，面对错综纷繁的设计，来回漫游于整个挂毯的图案之中；你不能凭一眼就能俯瞰设计之全貌，只有在彻底了解图案中的一笔一勾，才能对整个设计融会贯通"。[1]在中世纪城市里，视觉审美往往是动态的，人们感受到的三维空间形式会随着他们前进的路径产生变化。虽然各地城市的建筑细节有很大差异，但产生的总体美学效果是一致的（图3-9、图3-10）。

与古罗马相比，中世纪欧洲城市的规模较小，而因为封建割据也在一定程度上促成了中世纪各个城市的各自特点。如巴黎、威尼斯、佛罗伦萨、热那亚等一批欧洲城市都是在这一时期逐步兴起的，而这些城市也分别都具有各自鲜明的美学特征，如在色彩方面各城市就有着自身的特色，包括红色的锡耶纳、黑白色的热那亚、灰色的巴黎、色彩多变的佛罗伦萨和金色的威尼斯等。

---

1 （美）刘易斯·芒福德著. 城市发展史——起源、演变和前景[M]. 倪文彦，宋俊岭译. 北京：中国建筑工业出版社，1989：212，232.

伊利尔·沙里宁在《城市——它的发展·衰败和未来》一书中分析了中世纪城镇的状况，认为这些城镇的基本特点是集中布置，反映了有机秩序的思想。他认为中世纪的城镇是有秩序的不清洁，在变化和不规则之中往往都具有统一协调的布局，这种有机规划的基本理论被阿尔伯蒂写入了他的《论建筑》一书中。

图3-10 佛罗伦萨中的城市景观与各种要素，城市空间丰富多变，形成了动态联系且宜人有机的美学体验

中世纪城市所展现的这种有机秩序并不是由简单的一个几何秩序所决定，而是从需要出发进行建设，最终产生了一个有机并且具有复杂度的设计，这个设计结果和谐而统一，并不亚于事先制定的几何图案。这种逐步发展到完善的过程与最终的有机秩序相匹配，成为后世人们不断提及与学习的城市建设模式。后来有许多学者在讨论这种有机规划是否来自于当时人们有意识的设计，但不管如何，中世纪城市有着极高的美学价值，成为自然、有机、如画的城市美学代表。

3.1.3 文艺复兴与巴洛克

（1）文艺复兴

文艺复兴产生于14~15世纪的欧洲，之所以被称为"文艺复兴"运动，是指在思想文化领域里反封建、反宗教神学的人文主义运动，以复兴古典文化为重要方式。它形式上虽然复兴的是古典文化，但却不单单是简单的模仿，而是提出以人为中心，要求尊重人、尊重人性。资本主义反对宗教统治的斗争也促使更多的市民公共建筑的兴建，这一时期新出现了许多新类型的公共建筑，建筑形式更加清新明

图3-11 圣彼得教堂前的城市广场，文艺复兴时期的城市建设与以往城市空间建立了对比，城市空间具有了开阔与宁静之美

快，色彩也愈加丰富。教堂建筑在城市空间中的中心作用开始下降，这些新的公共建筑越来越成为城市中的重要元素。

有学者提出，文艺复兴是从中世纪城市美学到巴洛克城市美学的过渡，不存在文艺复兴时期的城市，但是存在着一些文艺复兴时期的柱式、广场，它们美化了中世纪城市的建筑物。城市中一些具体地段的空间和建筑在文艺复兴时期进行了建设，但这一时期并没有多少大规模的城市建设。文艺复兴时期的城市空间在理性的基础上，并未完全照搬古希腊罗马的做法，而是结合周边的城市空间环境进行了空间视觉的探索，形成了具有整体感的城市美学特征（图3-11）。

文艺复兴时期的城市建设与中世纪时期的城市空间建立了对比的关系，在中世纪城市之美的基础上城市空间发生了变化。城市空间变得开阔与宁静。在这一时期，城市里开始出现笔直的大街、连绵的屋顶线，以及古典样式的柱廊等建筑要素。另外，城市里的环境艺术与小品也有了发展，如砖石铺地、雕像喷泉、纪念人像的设置等。

这一时期城市的变化将老的式样和新的式样结合在了一起，正是因为如此多的老建筑与城市空间仍然存在，与新建的建筑一起创造了一种丰富、复杂的式样。到17世纪时，用古典形式去表达新的感情和精神的这种新建设模式，产生了一种清新开朗、具有清晰和规整秩序的式样。

中世纪的美可以归结为源于对上帝信仰，形式的美是为了表达宗教的象征意义；文艺复兴时期宗教的影响逐渐式微，对原有古典美的再认识以及批判与继承成为当时一大热点问题，古希腊、古罗马时期的美学思想深刻影响了当时人们对美的理解。古希腊哲人对自然的认识及对自然界规律的探究奠定了研究美的基础，毕达哥拉斯学派重视数的和谐，认为数作为美的客观现实基础十分重要；苏格拉底提出美在于对人的效用，美应与善联系在一起；柏拉图提出美在"理式"，"理式"是客观世界的根源；亚里士多德认为美在和谐，各部分通过大小比例和秩序安排、形成融贯的整体，才能表现出和谐。古罗马时期，贺拉斯等人提出合理与"合式"才是美，美需要以古希腊样式为典范。受古希腊古罗马美学思想的影响，文艺复兴时期同样认可在理性原则下对于整体空间秩序甚至是数学比例的追寻，比如意大利著名设计师阿尔伯蒂也认为美在于事物之间的数学比例关系。

当时的城市建设虽未有大规模的建设，但在这种美学思想影响下却产生了在严谨数字比例控制之下的理想城市形态探索（图3-12）。虽然文艺复兴时期真正建成的理想城市并不多，但其理性、规整、便利、美观的设计思想对于后世的城市建设产生了重要的影响。阿尔伯蒂是文艺复兴时期以理性原则研究城市建设的先驱，他主张城市设计应该符合实际需要与理性原则。文艺复兴时期的这种变化是基于中世纪的城市空间之上形成的简洁和清新，与后来的巴洛克城市相比，文艺复兴时期的变化只是使城市适度开阔，而并未形成之后广泛流行的严格几何形式。

（2）巴洛克

17世纪以法国为代表的欧洲进入了绝对君权的时期。法国国王路易十四执政时期，为巩固君主专制、炫耀君权，出现了服务于君主和显示君权的宫廷建筑，并在宫廷中提倡能象征集权的有组织、有秩序的古典主义文化，在宫殿群等城市行政空间的设计中，巴洛克式的几何美学得到了极大的发扬。这是占绝对统治地位的君权政体在社会生活中体现秩序、有组织、王权至上的必然要求。早在文艺复兴末期，便出现了与权力紧密结合的巴洛克风格。巴洛克的规划与中世纪自由而不规则的规划不同，它采用笔直的街道和整齐的街区，有许多方或圆的广场，放射出许多街道和大道，这便是巴洛克的产物——星形规划的主要特征。巴洛克的这种特色在进入到17世纪后，便催生了服务于君权的唯理主义、古典主义，这其中笛卡儿对于唯理主义、古典主义的产生有很大影响。笛卡儿是17世纪西方最具代表性的思想家之一，而且还是数学家、哲学家和军人。他认为，人类社会的一切活动均应置于由同一个原点所建立的几何坐标系之中，由此所产生的秩序才是永恒和高度完美的。在唯理主义的影响下，不光是行政空间，其他城市空间都体现出了纯粹的几何结构和数学关系的原则，强调轴线和主从关系、追求抽象的对称与协调（图3-13）。

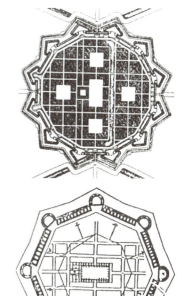

图3-12 文艺复兴时期的理想城市模式

巴黎西南的凡尔赛宫是这个时期建筑群的代表，路易十四在凡尔赛城郊新建新宫，把政府职能机构以及整个宫廷都集中在一个大建筑里。其简洁的构图、强烈的轴线和主次关系，都成为炫耀君主权力的象征（图3-14）。伴随宫廷建设而成的是几何形的大花园和强烈的轴线、对称的布局，失去了中世纪、文艺复兴时期广场的生机和活力。

图3-13 巴黎城市几何式的空间美学

从文艺复兴到巴洛克，不只是审美趣味的转变，同时也是政治、社会生活等要素的一系列的转变。马基维利的著作《君主》以及笛卡尔的思想都为当时的城市空间提供了注解。巴洛克城市形成了精确和井井有条的美学因素，这在几何形的严密街道网络、花园和风景设计中表现得登峰造极。为了行政办公的需要，城市里建起了新式的办公大楼建筑，同时城市里规划并建造宽广的凯旋大道。巴洛克的城市将空间连续起来，拓宽了街道等城市空间的尺度，在宏伟大街的对景处还会设置方尖

图3-14 巴黎西南的凡尔赛宫

图3-15　巴黎城市中的开阔空间

图3-16　巴黎城市空间中的方尖碑

图3-17　巴黎城市空间中的凯旋门

碑、拱门等标志性建筑（图3-15~图3-17）。

大街是巴洛克城市最重要的象征，这种宽阔大道式的街道美学与当时的社会生活密切相关，轮式的车辆交通在大道形成过程中起了关键作用。在16世纪，城市里马车逐渐普遍使用，与这种变化相对应，中世纪狭窄曲折的街道显然不能满足这种新式交通的要求，而把空间划成几何图形则能促进车辆交通和运输。

芒福德在《城市发展史》中这样描述空间与交通方式变化带来的全新的审美感受："沿着大街一直向前去，这不但经济而且也带来一种特殊的乐趣。它使城市里人们享受到快速前进时的刺激和欢快，这在过去只有骑马的人，在田野里飞驰或在森林里打猎时，才能体会到。而且，如果把建筑物安排得整整齐齐，建筑物的正面也是端正整齐，屋檐的高度也是均匀的，总之它们是在一个水平线上，一望无际，与飞驰着的马车奔向的前方目标共同消失，这样安排，就可能增加美的感受。当步行时，眼睛寻求各式各样不同的目标，但当前进的速度超过步行速度，如坐在马车上时，就要求看到的目标能反复重现，因为这样才能使个别的建筑物连串在一起，使坐在飞驰进行的车辆中的人们反复看到它们。在静止时或在缓步移动时看来似乎是单调一律的东西，对于飞驰的马车速度却是不可缺少的均衡力量。"[1]

笔直的街道和整齐的街区使得街区的大小也尽可能一致，除非对角线的街道才把街区改变成不正规的多边形。巴洛克时期城市的强烈几何美学特征对于城市空间的组织起到了规范化的作用，这种一次性规划建设所形成城市外观的整齐一致，是当时人们的共同爱好，正如笛卡尔总结："我们可以看出，由一个建筑师设计建成的大厦，比几个建筑师共同设计建成的大厦，要优美漂亮得多，而且使用起来也要方便得多……所以，同样，那些原先最早是小村子而后来逐渐发展扩大为大城市的古老城市，比起由一个专业建筑师在空地上自由规划，整整齐齐新建起来的城市，常常要差得多。因此，从建筑物的个体美观上考虑，虽然老城市里几所建筑物，可能与新建城市里几所建筑物一样美，或者超过后者，但是从整体上相比，可以看出，老城市里的这些建筑物，安排得很零乱，这里一座大建筑，那里一所小房子，有时不分青红皂白，把许多不同的建筑物并列在一起，街道又歪歪斜斜弯弯曲曲，所有这些，令人一看就觉得，这样的安排，是偶然机遇的产物，决不是人类在理性指导下有意识地安排。"[2]

尽管巴洛克式的城市美学自诞生以来就有着很多的争议，最大的批判是过分重视几何图形，将城市的社会生活从属于外在的严谨图形，但巴洛克式的城市空间美学影响广泛而深远。而且也有学者提出，巴洛克式的城市发展是有益于人们健康的，单从美学效果上讲，城市中大量开放空间的创造也使得城市变得更加舒朗大气，这种舒朗的美学特征也与后来众多大都市中高密度高楼林立形成的拥堵感受形

---

[1]（美）刘易斯·芒福德著. 城市发展史 起源、演变和前景［M］. 倪文彦，宋俊岭译. 北京：中国建筑工业出版社，1989：276.
[2] 同上，294.

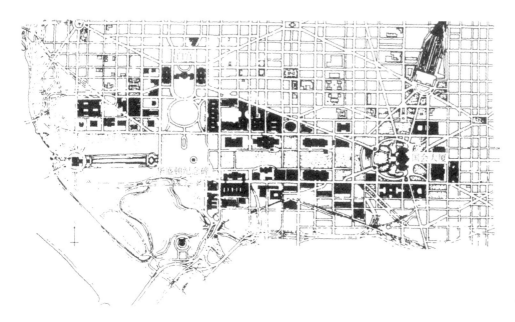

图3-18 华盛顿城市平面图，空间规划设计有着明显的巴洛克城市美学特征

成了强烈的对照。而且巴洛克城市美学对后来的城市建设产生了深远的影响，华盛顿、巴黎、马德里、维也纳和柏林等城市都能看到巴洛克美学的影子（图3-18）。

而自17世纪英国资产阶级革命开始，欧洲封建制度瓦解。在资产阶级革命胜利后不久的一段时间，西方的城市建设和建筑设计均出现了复古的倾向，企图从古典建筑遗产寻求思想上的共鸣。而最能反映权威的莫过于以巴洛克为基础的样式了，于是军队、政府、资本主义企业继承了巴洛克制度特有的精神和形式。特别在政府的规划设计中，巴洛克的形象一直占主导地位。虽然19世纪欧洲的新市政厅常常是按照中世纪的模式建的，但议会大厦和政府办公大厦都是按巴洛克式样建造。为突出其作为公众权利的象征，行政建筑的体量开始增大，并通过柱列、对称的布局等古典手法加强庄严感；而行政建筑前广场更是将强烈的轴线、对称的布局这些古典的手法演绎到了极致。其中最典型的例子莫过于美国首都华盛顿了，规划者将国会大厦、最高法院和白宫等重要建筑分别安排在城市空间轴线的显要地点，周边安排了大量整齐一致的建筑。华盛顿极具巴洛克城市美学特点，包括公共行政建筑的布点、宽阔的大街、轴线形布置、宏伟巨大的尺度以及大量的绿化。这种巴洛克式的手法直到20世纪还在流行，大量的城市规划以及空间要素的设计仍在借用这一美学思想与方法。

3.2 现代西方城市美学

3.2.1 基本状况

进入近现代社会后，在新的工业技术与社会发展背景下，西方的城市空间环境在发生着巨大的变化，城市的边界在逐渐模糊，原先作为安全防护作用的城墙也随

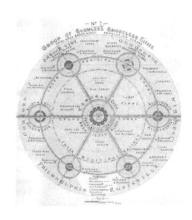 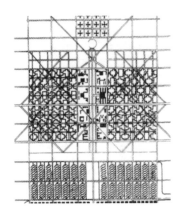 

图3-19 霍华德田园城市的设想图（左）
图3-20 勒·柯布西耶光辉城市平面（中）
图3-21 勒·柯布西耶设想的大片开阔绿地中的摩天楼景象（右）

之丧失了原先的作用。工业的急剧增长导致越来越多的人来到城市，大规模人口居住与生产的职能成为城市空间的重要内容，汽车等新型交通工具的出现也深刻地改变了人们对于城市环境的体验与认知，与此同时城市规模也在不断变大。

伴随着城市的大规模扩张，一些国家的城市特别是承载了大量工业职能的城市出现了种种城市问题，城市功能分区缺乏有序规划，而城市内居民的生活条件也缺乏保障。现代城市的变化就是起源于现代工业所带来的快速城市扩张而衍生的各种问题，这些问题打破了数千年来人类社会与空间组织方式的诸多基本特征。于是，从历史传统向现代社会的转型过程中，城市的空间发展也需要随之进行调整，这一阶段大量有关与现代生产生活方式相匹配的城市规划与设计理论开始出现。

英国学者霍华德针对英国城市快速发展后出现的交通拥堵、环境恶化以及人口大规模增长等城市病提出了田园城市理论，他认为城市和乡村相互联系，必须将两者有机地结合协调发展。田园城市理论在城市发展的规模、布局结构等方面提出一系列新的见解，如疏散城市人口、避免摊大饼向外蔓延的城市布局，协调城乡发展，同时围绕中心城市建设若干田园城市形成城市组群，这些思想对现代城市规划思想起了重要的启蒙作用（图3-19）。

美国建筑师赖特的"广亩城市"设想充分反映了他倡导的美国化的规划思想，表达了对现代城市环境的不满以及对传统人与环境相对和谐状态的怀念，他建议去建立一种新的广亩城市，以此消除大城市代之以分散的低密度的半农田式组团。加尼耶的"工业城市"思想从大工业发展的需求出发进行城市布局，明确划分了城市中的各种用地。勒·柯布西耶的"光辉城市"设想则提倡集中化高密度建设城市，借助新的技术手段实现城市的集聚，同时在高效立体的交通体系与高层建筑的支撑下为人口集中提供充足阳光和绿地（图3-20、图3-21）。

这些设想都在为解决人口的大规模涌入以及工业的急剧发展等城市发展问题提供解决方案。英国学者彼得·霍尔在《明日之城：1880年以来城市规划与设计的思想史》一书中总结了当时的种种尝试，提出现代城市规划的起源在于解决当时城市扩展与人口大量涌入所导致的城市数百万贫民的生活问题，也就是书中第一章"梦

图3-22 20世纪30年代人们对于当时纽约高层建筑天际线的戏仿,图为20世纪30年代人们对于当时纽约高层建筑天际线的戏仿(左)

图3-23 纽约高层建筑群景象(右)

魇之城"所描绘的种种城市问题。[1]与这些试图解决问题的思想理论相对应,20世纪人类社会在现代城市中经历了大量、广泛与深刻的变革,这些变革很大程度上是因为需要解决这些城市问题而引发的。之后的现代城市发展历程可以用"旁道之城""田园之城""公路之城""塔楼之城"等愿景进行概括,其中包括着疏解人口、提供住房、连通交通、建构田园城市、发展区域空间以及城市美化运动等内容,这些都是为了解决各种城市社会问题、创造全新秩序的尝试。

新技术的出现对当时城市的发展起到了不可估量的作用,比如19世纪的英国城市技术变革绝对是基础性的,工业革命重组了冶铁业和纺织业,引发大规模生产方式,进而触发了前所未有的城市化进程,极大地改变了社会结构和城市形态。源自美国的现代交通和企业组织模式,将大量人口及就业疏解到了开阔的乡村地区并新建了卫星新城,缓解了当时中心城区的拥挤。另外建造技术以及设备性能的提升,为解决城市内部拥挤和环境问题提供了条件,从而使得城市可以通过更高密度的方式来进行建设。这些技术方面的变革都极大地影响了现代城市的基本面貌(图3-22、图3-23)。

另外,除了从社会问题解决及新技术利用角度之外,一些城市还从强调纪念性的美学提升角度进行了实践。《明日之城》中以"纪念碑之城"为章节标题论述了20世纪初的城市美化运动,提出城市美化运动是始于19世纪欧洲大都市的林荫大道和步行区建设,巴黎的奥斯曼重建及维也纳环线大街都是城市美化运动的经典范例。20世纪初美国中部和西部的大型商业城市以及欧洲的一些首都城市都在不同程度进行了城市美化运动。城市美化运动强调轴线、中心放射、对称等几何式构图,注重在城市空间的塑造中重塑古典式的美学,希望通过全新的空间形象创造改善城市的整体物质环境,并以此实现新秩序与城市认同感的建立。在城市美化运动之后,西方对于该运动有着各种各样的批判,认为这一运动过于关注外在的美化形式,而缺少对城市生活和社会性的关注。除了这些反对意见以外,也有学者从正面的角度提出城市美化并不只

---

[1] (英)彼得·霍尔著. 明日之城: 1880年以来城市规划与设计的思想史 [M]. 第4版. 童明译. 上海: 同济大学出版社, 2017: 13-30.

是表面的形式工作，而是基于相对综合的目标进行的城市空间更新。总体来看，城市美化运动对于当时大量欧美城市的空间秩序与美感的重建产生了重要作用，这些城市的城市空间特别是中心区的形象面貌与空间品质也得到了提升。

现代西方城市美学的形成始于对19世纪工业城市出现的环境恶化等城市问题的思考，同时在某种程度也是对于新阶段时代精神的一种回应。当时的人们反对简单的重复传统，而是试图建立城市建设的新规则，以此形成更为健康、开放的城市环境与全新的城市形象。

3.2.2 美学特征与观念

从近代到第二次世界大战以前的这些思想理论以及实践都试图为现代城市发展提供一种理想方案，它们从城市布局、功能分区等较为宏观的角度描绘了城市规模扩张的蓝图，同时它们不是从积极的方面就是从完全消极的方面看待当时的新技术与建造方式如快速的城市交通、高层的住宅建筑等。但这些探索并未能全面深入地考虑工业时代社会、技术等各项新要素带来的影响，对于这些问题的研究还不够充分。总体来看，这些探索结合巴洛克时期延续下来的开阔与秩序化城市空间的建设思想，对于塑造工业时代西方大城市的城市功能与空间布局结构起到了促进作用，同时也形成了适应现代快速交通与大规模建设的新城市结构美学特征。与之相对应，也有一些学者在极力倡导与重塑较为传统的城市美学特征，其中比较有代表性的就是奥地利学者卡米罗·西特。西特强调关注人的尺度与感受，从欧洲传统城市中吸取经验从而建立丰富多彩的城市空间，他的这些思想主张对于西方城市美学产生了广泛的影响。

这一时期的城市美学特征还不仅体现在城市规模的增长与城市结构布局的变化上，城市空间中出现的众多新空间要素也为现代城市美学提供了新的内容。传统的城市街道和街区遭到了现代建筑运动领袖们的强烈批判，比如勒·柯布西耶就认为街道是一种陈旧的概念，街道将不再发挥什么作用，必须创造出新的事物来取代它们。格罗皮乌斯也表达了类似的观点："底层的窗户不再正对着空白的墙壁或是狭窄阴暗的院子，而是有树有草的、将街区分离的开阔地带，这些开阔地带作为儿童的游戏场，在那儿可以仰望辽阔的天空。"[1]与这些批判相对应的是传统城市肌理的逐渐消失，取而代之的是一栋栋现代主义式的高楼以及开阔的空地等要素。城市的建设往往采用的是理性的、格网状正交式的街区划分方式，一栋栋点式建筑布置在大片绿化和其他类型开放空间中，不像传统城市那样由建筑形成连续界面来围合城市空间，而是在大片城市空间中布置建筑，这样就可以使建筑获得更多阳光与空气。

在城市建筑方面，受现代主义先驱们的影响，一些建筑师注意到了人们需求的

---

1 （英）克利夫·芒福汀著. 绿色尺度[M]. 陈贞，高文艳译. 北京：中国建筑工业出版社，2004：157.

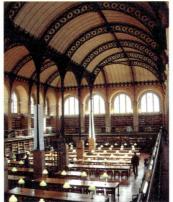

变化与技术条件的发展，对现代建筑功能与形式的关系以及现有技术条件下形式的可能性进行探讨。他们充分利用简洁的基本形体，将复杂的结构变为简单单元、将现代功能与形式相融合，使建筑形式能得以理性与标准化，同样创造出了与古典建筑形式完全不同的新建筑形式。在《走向新建筑》里，建筑被比拟于机械，勒·柯布西耶提出了"房子是居住的机器"，新时代机器美学的出现启发了建筑的创作，他号召人们去想象一个由巨大透明的水晶玻璃建筑所组成的新世界。[1]新工程科学的发展与新材料如钢筋混凝土、玻璃的大量使用极大促进了新的建筑形式的出现。由于有了新技术手段的支持，新的建筑形式不断出现，对于新的渴望，促使了当时建筑师们大胆试验新形式以及与之相匹配的材料与构造方法（图3-24~图3-30）。

　　除了对新工程技术的充分应用之外，一些设计师从感性的浪漫主义角度出发，对于建筑与城市空间的艺术效果，尤其是雕刻与绘画效果进行了探索，以获得新颖的造型与构图。他们重视光影，执着于对体量的处理，通过形体组合与处理创造了出人意料的新建筑与城市空间之美。

　　当时其他相关艺术对城市美学产生了很大影响，从工业设计、工艺美术运动、到风格派都对城市中的建筑等要素的建设发展产生了影响。后来的抽象的雕塑与绘画逐渐成

图3-24　从古典向现代演变过程中种种反映现代性美学特征的新建筑：英国水晶宫室内场景（上左1）

图3-25　19世纪60年代建成的巴黎圣热内维埃夫图书馆（上左2）

图3-26　世纪20年代密斯设计的全玻璃摩天楼概念方案（上左3）

图3-27　柯布西耶设计的马赛公寓（上右）

图3-28　法国建筑师勒杜设计的住宅方案（下左）

图3-29　柯布西耶设计的朗香教堂（下中）

图3-30　柯布西耶设计的萨伏伊别墅（下右）

1　Robert Hughes. The shock of the new [M]. New York: Alfred Knopf, 1967: 188.

图3-31 蒙德里安的绘画作品

图3-32 具有现代性特征的抽象雕塑作品,图为艺术家卡塔齐娜·科布萝1928年的作品"自律性"

为人们获取新形式的手段,立体主义、构成主义、表现主义这些在现代艺术史上极为重要的流派,在城市的建筑等各种要素建设中都能找到相似的影子(图3-31、图3-32)。在建筑中,立体主义意味着有棱角的形式,构成主义意味着结构的形式,表现主义意味着弯曲的形式。[1]著名建筑师密斯坚持没有装饰的建筑形式,他在一定程度上也受到了当时艺术发展的影响,他的1924年住宅方案就像对于一幅现代派绘画的建筑解读。[2]

在对未来的设想中,新的艺术形式带来了新的观念意识,即有关个人及普遍、日常生活与永恒标准的平衡。蒙德里安在1922年的一篇文章中提出,美学、科学还有其他专业都是整体环境的组成部分,建造、雕塑、绘画与工艺品都会融入建筑中,那就是到我们的生存环境中去。当时的艺术"已经不再是与现实生活相对立割裂的幻想了,必须是对能促进人类进步的创造力的真实表达"。[3]在《走向新建筑》一书中,柯布西耶提出的机器美学仍然是试图建立个人与外在世界之间的一种和谐秩序,他认为建筑应与外在世界和谐,是有关精神的创造。[4]

在这些追寻新时代精神的各种探索中,包豪斯无疑是其中最为有影响力的代表。虽然包豪斯存在的时间并不是很长,但却对于现代主义的发展产生了深远的影响(图3-33~图3-36)。包豪斯的理念和实践与时代联系紧密,艺术与技术的统一、从社会出发等思想也使得它具有引领性的同时更能与社会发展相结合。正如包豪斯的创始人格罗皮乌斯所认为的,设计者们应从关注生活的社会概念起始,成功整合这个时代所有社会、形式和技术的问题形成有机的关系。

当时的各种探索都关注到新时代下各种因素对城市发展的影响,并试图发现、制定新的审美标准。这些探索与实践创造出了全新的形式,促成了后来现代主义的发生、发展与成熟,实现了古典到现代的转换。在新的空间发展中技术与艺术、精神与功能要素走得越来越近并逐渐统一,就像格罗皮乌斯在强调建筑需要经济节约之时,仍然坚持对于乌托邦理想的追寻。他认为标准化并不是文明发展的阻碍,相反,是发展的先决条件。[5]伴随着标准化原则的再次确立,有关美的古典标准逐渐丧失,关于近现代工业社会的城市美学标准在逐渐形成。

在美学观念方面,进入现代社会之后黑格尔认为绝对精神在近代浪漫艺术的形态中的表现,已经呈现出理念与感性形式、理念与现实之间的分裂。[6]有学者为了

---

1 (英)彼得·柯林斯(Peter Collins)著. 现代建筑设计思想的演变[M]. 英若聪译. 北京:中国建筑工业出版社, 2003: 273-274.
2 Mark C. Taylor. Disfiguring: Art, Architecture, Religion[M]. Chicago: University Of Chicago Press, 1994: 136.
3 Hans L. C. Jaffe, ed., De Stijl, 1917-1931: Visions of Utopia[M]. New York: Abbeville Press, 1982: 92-93; 106.
4 Le Corbusier. Towards a new architecture[M]. trans. F. Etchells. London: Architectural Press, 1987: 19.
5 Walter Gropius. The New architecture and the Bauhaus[M]. trans. P. Morton Shand. Cambridge: MIT Press, 1986.
6 (德)黑格尔著. 美学第1卷[M]. 朱光潜译. 北京:商务印书馆, 2009: 95-100.

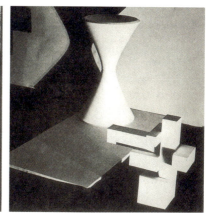

阐述从古典到现代的这种变化引入了"现代性"概念，认为"现代性"包含着丰富的内涵，蕴含着种种矛盾与张力，其中理性与感性、现实与浪漫等种种思维同时出现。在这种过程中，科学主义与人本主义成为"现代性"思潮演化的两条线索。人本主义与科学主义的分野是在工业文明加速进步、世界矛盾日趋激化的背景中发生的。人本主义的美学认为，现代文明的压力造成了人的本质的分裂，希望从回归到人的本质和美的本质出发寻求精神的舒张。科学主义的美学则吸收工业文明和科技进步的思想成果，致力于推动美学向自然科学趋近。[1] 与社会发展密切相关的城市也受到了这两种思潮分野的影响，这两种价值导向也可以看作是对于上述城市结构布局两种思路的注解。

西方现代美学观念的出现及发展有其必然性。首先，由于近现代科学技术的不断发展，人们观察、认识世界的能力不断提升，人们开始对古典时代所确定的那些经典原则产生怀疑。鲁道夫·威特科尔认为，科学新发现导致了"永恒价值"观的崩溃，同时还导致了毕达哥拉斯-柏拉图传统的崩溃，"美和比例转变为生成和存在于艺术家头脑中的心理现象。"[2]

图3-33 包豪斯为现代主义建筑树立了标准，图为包豪斯学校建筑，有人将这座建筑描述为：每个物体展示着自己的构造，没有构件被隐藏，没有遮掩功能性材料的装饰（上左）

图3-34 包豪斯中有关方的构成作品训练（上中）

图3-35 包豪斯雕塑课程中采用实体模型对于形式构图与光影的研究（上右）

图3-36 包豪斯关于椅子、灯具等家具的研究（下）

---

1 吴予敏. 美学与现代性 [M]. 北京：人民出版社，2001：4-5.
2 Rudolf Wittkower. 'The changing concept of proportion', Idea and image: studies in the Italian Renaissance[M]. New York: Thames and Hudson, 1978: 117.

图3-37 矗立在巴黎城市空间中的埃菲尔铁塔，与旧空间秩序的对比宣告着新秩序的即将建立

另一方面，时代"进化"观念的出现激发了大家寻求自己时代特征的热情，一些人热衷于找到与新时代相适应、符合时代特点的美学形式，并对过往时代的经典原则产生了怀疑。"现代性"意味着当下的一切都在变化，没什么保持不变，因此必须时时更新，所谓创新就是使它成为当下的东西，要能跟随潮流不断变化。[1] "现代性"就是需要有现时代的特征，也就是古典时代有古典的美，而现代则有当前时代的美，人们必须对当前时代的特征进行探寻。为了追求现时代的美，有关美的观念认识也因此而转变。到了17世纪，法兰西建筑学会还围绕建筑审美究竟是主观的还是客观的，展开了一场大讨论，由此而生发了美学与心理学中有关"移情作用"，以及哲学中有关感觉、感知等问题的讨论与研究。[2]

伴随着现代城市生活的逐渐成形，人们对于建筑与城市美开始了种种探讨。现代主义之前各个时期的城市为城市之美提供了基本规则。但随着时代的快速发展，人们又重新开始思考城市的决定因素是什么，城市的功能与本质又是什么。对新的能主宰城市发展的规则的探寻正是引发后来现代主义运动的内在动力。于是各种新颖的空间形式开始出现，人们不断摸索符合时代特征、满足人们个体主观审美需求的新形式。美国艺评家格林伯格认为现代主义艺术需要有自己的规律与标准，需要自我定义，以使艺术变得更为纯粹，这就导致了现代艺术形式主义的趋向，即强调艺术的自律及形状、线条、色彩的运用与重要作用。[3] 这些观念也影响了现代城市的发展，人们不断探索追求纯粹的、能自我定义的空间形式。

1889年，巴黎埃菲尔铁塔建成，这也成为新时代来临的标志之一（图3-37）。当时的人们对于这一标志建筑物带有着复杂的感情，认为正是"最终还是对旧世界厌倦了"的情绪导致了铁塔形式的出现，有人提出铁塔设计意味深远、富有预见性。[4] 在现代主义形成和发展的过程中，有关城市美学的思想不断发展，相对与绝对、理性与感性、主观与客观、技术与艺术不断背反相互交织。同时，当"现代主义"成功树立了"现代性"标准之后，新时代的人们必将在新的社会条件下寻求变化以突破"现代主义"，探索新的美学观念与标准。到了后期，伴随着现代主义的扩张，对于现代主义城市建设的质疑开始出现。尤其当国际风格在全球蔓延的时候，人们对当时城市建设的批判越来越多，后现代等更为多元的思潮逐渐成型。

---

1 Mark C. Taylor. Disfiguring: Art, Architecture, Religion. University Of Chicago Press, 1994: 144.
2 （德）汉诺—沃尔特·克鲁夫特（Hanno-Walter Kruft）著. 建筑理论史 从维特鲁威到现在 [M]. 王贵祥译. 北京：中国建筑工业出版社，2005：12.
3 他认为现代主义绘画就是按照绘画的二维逻辑不断平面化的过程。Clement Greenberg, Modernist painting [M]. Gregory Battcock (Ed.). The New Art: A Critical Anthology. New York: E. P. Dutton and Co., 1966: 101, 102.
4 Mark C. Taylor. Disfiguring: Art, Architecture, Religion[M]. Chicago: University Of Chicago Press, 1994: 11-12.

图3-38 现代以来的城市空间在变得越来越复杂，图为纽约城市鸟瞰

3.3 现代之后的西方城市美学发展

3.3.1 基本状况

前一阶段相对宏大的现代城市建设一直是伴随着对于物质性城市空间的新建与改造。不管是早期奥斯曼对于巴黎的改造，朗方主导的华盛顿规划设计，还是20世纪的巴西利亚等新城建设，都是以城市空间形态的优化调整为主要目标；20世纪的现代主义运动则进一步导致了对于原有城市空间结构与面貌的大规模改造。自第二次世界大战结束始，伴随着战后的重建，西方城市又经历了一个大规模改造与建设的阶段。而自20世纪60年代开始，针对之前大规模城市改造与建设模式的质疑越来越多，人们对于城市空间背后多元因素如文化、社会以及人的基本需求的关注越发加强（图3-38）。

以英国的城市更新发展为例，有学者将20世纪40年代到2010年的城市更新分为了四个阶段，分别是1945—1979年的战后大规模重建阶段、1980年代企业主导更新开发阶段、1991—1997年的政府主导多元协同更新阶段以及1997—2010年的城市复兴与社区重建阶段。[1]从这个发展阶段的变化可以看出，英国的城市在空间发展的同时越来越重视文化、社会与社区等多元要素的作用，同时城市的发展也将更加注重于对于空间环境内涵与品质的营造提升。

在另一些西方国家，经历了战后的大规模建设，城市的建设规模与速度进一步提升，在快速城市化阶段过后，城市环境并未实质提升甚至有衰退迹象，种种城市问题不断暴露。各领域的学者与专业人士从西方社会的现实困境出发，希望能解决环境

---

[1] Andrew Tallon. Urban Regeneration in the UK[M]. 2 edition. New York: Routledge, 2013.

图3-39 城市是人们生活聚居的场所，图为纽约城市街头景观

可持续、城市更新、社区发展等问题。1961年，简·雅各布斯的《美国大城市的死与生》一书出版，对以现代主义理念建成的城市空间进行了质疑。书中提出的为什么多次试图挽救城市的尝试终以失败告终、应如何使城市步入良性运转等一系列问题引起强烈反响。有人甚至质疑建筑与城市设计教育的训练，这些质疑认为应该让设计者接触来自于社会和行为科学、人文哲学的当代理念，使得人们能建立起对于当代社会的全面认知和理解。当时西方世界的各种社会运动不断涌现，从争取市民权利、女权主义到环境保护等，人们对于社会、环境与城市这些话题越来越关注。

低造价住房、社区更新一类的话题开始出现，亚文化和弱势群体的社会需求也开始被关注。正是基于这样的思考，一些研究者们开始强调关注城市背后人的需求的多样性和完整性。他们认为之前的城市发展缺少了对于人们需求的关注，希望能解决城市发展中的实际问题。这一突破城市空间物质性来看城市空间的思想引发了一系列基于人们实际需求的城市研究，也正是在这一时期，城市更新中出现了大量有关于行为、心理与社会学等方面课题的交叉研究。这种关注社会需求的趋势呼唤城市的设计建设具有更多元的价值观。有学者希望应对知识爆炸、物质空间增长与社会问题凸显的时代需求，从更广泛的视角来研究城市发展问题。

新时期对于早期的以空间发展为目标的建筑城市观进行了反思，为应对新的时代需求，城市环境的更新发展需要超越传统城市空间研究与设计的范畴。同时，这种视野广阔的研究系统首先是一种关于人的研究，这一基于人本视角来看待城市空间与文化、社会等要素关系的思想，也成为新时期城市环境中设计建设的重要依据与指导思想。于是，新的城市空间环境的营造不只是关注静态的城市物质空间，而更加关注空间背后的使用者（图3-39）。

传统的城市规划与设计模式也在发生调整，麻省理工学院教授凯文·林奇从城市中的居民感知出发，提出了对于城市空间环境认知的城市意象理论。英国学者亚历山大提出，生活是复合交错的，城市的简单化与同质化只能让生活趋于破碎；美国学者拉普卜特提出适合的环境因素是生活必需的依赖力量。从20世纪城市规划和建筑界几份纲领性文件主题的演变可以清楚地看到这种关注使用者的变化，比如1977年的《马丘比丘宪章》就批评了现代主义那种机械式的城市分区做法，强调要创造一个综合、多功能的环境。

与此同时，一系列有关公众参与的城市环境营造理论与实践逐步兴起，城市之美的营造从专业人员扩展到了社会大众。《明日之城》一书关于这一当代西方城市规划建设思想的变化进行了阐释，并以"自建之城"为这部分内容的章节名。书的作者彼得·霍尔在论述现代城市规划发展历程时，提出另外一条城市规划发展的思想主线，即认为城市的建成形式应当出自城市的市民之手，它于1960年代以及随后的一段时间中成为众多理论家与实践者的指导思想，包括亚历山大等人，后来又形成了1970年代和1980年代波及美国及英国的社区设计运动。彼得·霍尔认为城市规划专业在这一过程中也在变得越来越成熟，专业工作者们也已经从更为复杂的城市环境和具有更为多元价值的不同社区中学习了很多。[1]

另外，在西方当代文化层面有着重要影响的后现代主义文化开始出现。伴随着对于现代主义城市与建筑的批判，文丘里在1966年完成了《建筑的复杂性与矛盾性》一书，希望能以此找回建筑的意义，他更是直接点明自己的观点，认为混杂多元比纯净简洁更为重要。在《向拉斯维加斯学习》一书中，他大力提倡了美国城市拉斯维加斯为代表的新兴城市文化。除了文丘里之外，汤姆·沃尔夫作为新新闻主义的代表人物，出版著作《从包豪斯到我们的豪斯》，对现代艺术和现代主义建筑进行了激烈的批评。另一位代表人物詹克斯则明确提出了后现代主义建筑的观点，1977年他出版《后现代建筑语言》一书。后现代主义的出现与发展对现代之后的城市美学产生了一系列影响，多元的审美趋向使得城市面貌越来越丰富，当然也有人提出后现代主义在给城市带来丰富与多元的同时，也造成了城市的混乱与无序。

除了对于人以及社会要素的重视之外，进入当代，伴随着环境可持续理念与相关实践的持续发展，对于生态环境的尊重保护也更加成为建筑与城市设计中的重要原则。1987年联合国环境与发展委员会发表报告《我们共同的未来》，全面阐述了可持续发展的理念，核心是实现经济、社会和环境之间的协调发展，明确可持续发展的概念是指导各国社会经济方面的总原则。另外，不只是传统的自然环境，当代西方城市发展对于社会文化维度的环境观也越发关注，这也是对于当前全球化发展之下的一种现实考虑。正是在全球化这样的大背景下，针对各地社会文化环境的研究越发加强。

在建设速度逐渐放缓的大背景之下，城市更新是西方城市发展的重要主题，而1990年代以来关于城市更新的普遍话题就是寻求可持续性。与此同时，城市管理者和规划师在寻求重构城市经济、产业升级等问题的解决方案的同时，城市间的竞争成为另外一个话题。《明日之城》一书提出竞争型的城市和可持续的城市这两个主题同时成为未来城市更新的新焦点，城市复兴等主题开始出现，以恢复城市的健康，创造一种新型、紧凑、高效的城市形态。

在技术层面，新世纪以来的各种新技术蓬勃发展，再次推动了城市的建设发展。在信息技术等各种技术的推动下，探索新的时代城市空间创新发展的思想与实践不断出现，人们对于城市空间的感知与审美也在变化。1982年，科幻电影《银翼杀手》上映，电影对未来高度技术化的城市景象进行了大胆想象；1984年，科幻小说家威廉·吉布森出版小说《神经漫游者》，该小说反映了一个技术已侵入日常生活各个方面的社会，他提出"Cyberspace"这一概念，并开创了"赛博朋克"这一流派。

---

1 （英）彼得·霍尔著. 明日之城：1880年以来城市规划与设计的思想史［M］. 第4版. 童明译. 上海：同济大学出版社，2017：378.

在建筑与城市设计教育领域，1985年，尼古拉斯·尼葛洛庞帝在MIT建立了媒体实验室；1988年伯纳德·屈米成为哥伦比亚大学建筑学院的院长；1992年，《比特城市》一书的作者、计算机专家威廉·米切尔成为MIT建筑与城规学院的院长，他在书中对信息化社会影响之下的建筑与城市空间现象进行了描绘。伴随着计算机技术的蓬勃发展以及信息时代的到来，计算机等各种新技术成为人们进行思考与探索城市发展的工具，这些新技术对于人们生活及空间的影响也越来越显著。

有学者总结了西方社会后工业时代城市的发展背景与基本特征，包括原来围绕大型工业中心组织的生产和消费实体间的紧密联系转变为更灵活的生产体系；国际化全球化的影响在不断加深；原有城市中心在衰退，城市蔓延和分中心化逐渐显现，这也是在区域交通网络快速发展产生的影响；社会分裂隔离的不平等和空间分异；城市的结构与形态更为混乱和碎片化，城市化进程各个阶段的痕迹在不断叠加。[1]

在以上这些状况与要素影响作用之下，当代西方城市的设计、建设与审美充分借鉴了科技与人文等其他领域的进展。随着人们对未来自己命运的关注加剧，为了应对能源危机、气候变化、社会发展等宏大命题，可持续、以人为本等理念的影响必将越发深远。当代城市的发展具备着以往时代所没有的优势，当代思潮观念的多元为城市的丰富多样提供了基础，科技手段的快速发展为人们城市生活的便利以及城市新形象的建设提供了支撑。但另一方面，当代西方城市在多元化的同时也在变得无序，科技的发展也并没有能解决社会生活中的种种新问题，在全球化之下城市面貌在逐渐趋同；交通快速化与城市规模的扩大化带来了人本尺度与体验的丧失，越来越标新立异的空间要素使得城市空间在变得布景化，同时也造成了城市空间的碎片化。

作为人们生活的直接载体，城市的发展必须对这些问题要有所应答，城市之美的创造也一直不单单只是形式的审美问题，这也可以看作是人们对人类自身以及所在环境认识不断深化的结果。可以预见的是，顺应这种趋势并借鉴新的观念与方法，未来城市的发展与城市美学的塑造会从更广的背景中开展，不断加强与其他各种学科的交叉和联系。

3.3.2　美学特征与观念

在全球化影响下，不同地区与文化背景下的交流日趋频繁，相互影响越加广泛。与现代主义后期国际化形式的泛滥不同，当代西方城市在注重全球化交流的同时注重各自的地域与文化特色。现代主义一度隔断了历史与传统文化，进而创造出了新的建筑形式；现代之后的人们看到了现代主义所蕴含的危机，提出要重视建筑与城市空间的多义性，对各地域的文化与历史加以重视，并且充分尊重地域文化的

1　（英）马修·卡莫纳，史蒂文·蒂斯迪尔，蒂姆·希斯，泰纳·欧克著. 公共空间与城市空间　城市设计维度 [M]. 马航，张昌娟，刘坤，余磊译. 北京：中国建筑工业出版社，2015：34.

图3-40 新的美学观念与要素不断出现,图为巴黎蓬皮杜艺术中心(左)与太平洋艺术博物馆(右)

差异性。

与此同时,现代之后的西方城市美学更为广泛地涵盖了社会生活的各个方面,城市之美与人们的日常生活之间联系越来越紧密。城市美学从传统的建筑、开敞空间等形式开始走向与生活相关的广义符号系统。时代发展对于城市产生的能动作用也得以充分体现,如传媒的发达使得大众传媒、广告等各种媒介被广泛应用到城市的客体要素中。格罗皮乌斯就曾认为未来艺术的发展方向将反映社会生活,与日常生活点滴相联系,[1]而当代城市美学与生活相结合的步伐可能已远超过他的想象。与社会生活联系趋势导致当代城市美学的实用化与技术化倾向,这在一定程度上为城市美学发展开拓了新领域,增添了城市空间创新的活力。

在科学技术层面,科学领域的新发现对于城市的设计、建造与审美都造成了极大的影响。从现代主义提出的机器美学开始,到后来的高技派建筑,以及生态与节能技术在城市中的运用,再到信息技术的大量使用,新的科学技术对于城市产生的影响从未中断。当前,西方城市建设在追求新科学技术利用方面做了大量工作,在绿色、节能、高技等理念之下,参数化、智能化的手段对新的城市建筑、城市空间营造产生了直接的影响,新的技术甚至直接成为城市美学中的客体对象。

这些变化也影响到了人们的审美观念与标准,当代西方社会有关美的判断标准越来越多元(图3-40)。由于数码时代、图像时代的到来,视觉文化与消费文化的勃兴,当代西方城市美学呈现出了与过往不同的特征。在进入到后工业社会阶段后,西方社会转型促使审美潮流不断更替,审美趋势与思潮不断变化。种种具有当代色彩的哲学思想不断出现,后现代、解构、现象学等新思想流派激发了哲学与建筑学

---

[1] Walter Gropius. "Address to the Students of the Staatliche Bauhaus, Held on the Occasion of the Yearly Exhibition of Student Work in July 1919," in The Bauhaus[M]. ed. Hans M. Wingler. Cambridge: MIT Press, 1986: 36.

图3-41 从泰晤士河对岸看伦敦核心区"伦敦金融城"的天际线,该片区传统与现代高度融合的城市形象是伦敦的代表性城市景观

等相关学科结合的热潮,这些对西方城市美学也产生了极大影响。在客体对象方面,正如之前所说的,城市之美与日常生活越来越紧密,而科学水平的进步以及新技术的不断涌现有力的支持了城市建设技术的发展与客体对象的翻新。在主体思维方面,主观表达越来越突出,审美主体的能动作用也越来越被重视;人们更加重视直观的感官体验,科学技术的进步使这种变化成为可能,基于各种新兴科技的视觉可能性不断扩展,新的视觉体验与花样不断翻新(图3-41、图3-42)。

首先,现代之后种种新的思想流派对西方城市美学产生了极大影响。如后现代主义的兴起就在城市层面意味了一种新的城市美学观,即以拉斯维加斯为代表的所谓"汽车和汽车文化的建筑构成了一种关于动态、符号、结构、形式、实验和一种新城市空间的流行美学"。[1]当代西方美学思想基于对现代工业与科技文明的反思,非理性甚至反理性成为一种新的美学思维方式与价值判断标准。与思维方式的转变相适应,当代城市审美的客体对象范围不断扩大,越来越多的美学范畴开始出现,如解构、游戏、反讽等。总体来讲,后现代思潮所带有的各种先锋和多元的哲学观念、美学理论和艺术流派,使得对其加以清晰描述具有困难。[2]与之前现代主义文化追求确定、明晰与普遍性不同,后现代强调多元、随机与差异性。到了当代,多义代替了单义、含混代替了明晰,这也使得人们的审美意识与价值判断不断变异与重构。在这些多元复杂的价值观影响之下,同时面临着社会现实的种种压力与挑战,城市美学特征也呈现出越来越多元的状况。从积极的角度来看,多元的思潮与观念使得当代西方城市的空间营造从大尺度的几何形式转变到以人的感受为基本出发

---

1 (英)彼得·霍尔著. 明日之城:1880年以来城市规划与设计的思想史[M]. 第4版. 童明译. 上海:同济大学出版社,2017:329.
2 王岳川. 后现代主义文化研究[M]. 北京:北京大学出版社,1992:8.

图3-42 伦敦城市中的种种景观，既充分体现了英国对于历史、技术与城市管理的态度与鲜明的文化特色，又在新旧融合、灵活丰富中体现了多元创新的当代城市美学特征

点，小规模的与人生活贴近的各种场所成为城市美学的重要载体。与此相对应，也有人提出多元的价值观丰富城市面貌的同时也在使得城市变得碎片化，相对连续、统一的秩序感越来越难以实现。

其次，当代的思维与审美中不再强调分离的倾向，而是再次关注到了人工环境与自然、社会、技术等相关要素的连续性，这种新的整体性体现出了与当代生活的整合特征。大量的空间创作开始从生活世界中提取灵感，艺术和生活、设计与日常空间的边界在逐渐消失，这也得益于工业化大发展之下感知力、消费力以及生产力的大幅提升。与此同时，生活与艺术的结合消解了传统审美模式，多维度的身心感知投入创作与欣赏的过程之中。德国哲学家瓦尔特·本雅明曾提出传统艺术具有韵味的审美价值，而到了机械复制时代艺术品的韵味在逐渐丧失，艺术品的膜拜价值转变为展示价值，审美方式转变为无距离的直接反应。[1]这就要求设计创造摆脱以往传统语境中抽象、静态的审美感受，而是强调多维度、多感知方式的全面体验。多维度的整体性带来的也不仅仅只是形式的审美，而是融合了审美、使用、互动、体验等多维度的可能性。

另外，主体的身体感知文化开始全方位主宰和渗透，这使得有关身心的愉悦体验成为新时代的判断标准。西方社会一直以来有着二分式的切入方式，如理性和感

---

[1] （德）瓦尔特·本雅明（Walter Benjamin）著. 机械复制时代的艺术作品[M]. 王才勇译. 杭州：浙江摄影出版社，1993.

性、普遍性和特殊性、话语和形象等，而且在传统的价值观中前者往往比后者要更为重要；而当代西方则在反叛与超越中以后者为基础定义了属于新时代的价值观。从现代到当代的变化可以体现在话语和形象的区别上，话语对应理性、自我和现实，而形象则对应欲望、本我和体验。在话语的体系中，文化对象的形式特征具有重要意义，受众与文化对象之间存在一定的距离；而在形象的体系中，感受将更为直接，受众沉浸其中将自己的体验与文化对象直接对话（图3-43）。于是，主体的身体投入成为当代的趋势，空间的创作与欣赏逐渐从静态的传统模式转化为动态的、富有生命力的可能性探讨。另外以往对于人工建设功能与形式的二元判断也被逐渐消解，当代的城市空间已不再以功能、形式的简单融合为判断标准，而更多强调主体的人与客体的对象间的积极互动。城市空间作为人与世界联系的一个重要接口，成为人们体验世界与生活情境的载体及对象。

这种趋势代表了当代西方文化对传统思维的一种反思，其中高度宣扬了人的身体的重要性，从身体出发成为新的时期展现人的生存与体验的时代宣言。大卫·哈维在《希望的空间》一书中提出在全球化影响下当代文化的无边界和非中心化，而身体在这一趋势下则成为事物的中心。[1]与之相对应，马歇尔·麦克卢汉在关于媒介的理论中则提出传统的视觉社会被触觉社会代替，有关视觉的特性如质量、力量和重量被有关触觉的特质即流动、相互关系和无形的价值等关键词所代替；埃森曼在20世纪90年代初提出，新的时代在抛弃传统的视觉审美方式，传统的主体占据固定位置对于空间进行欣赏的方式已经发生转变，在从反映透视角度的智力活动向纯粹图像式的情感事实转变。[2]空间的不同层面与维度也获得了同等独立的价值，中心化、单一的模式被更多元与更多维度的空间层次所取代，审美成为一个涉及身体全方位感知的多要素立体网络。借助于全新的科技手段，一些城市空间设计创造出了富于幻想的空间体验，用一种声音、景象和运动交织成的全方位环境围绕体验者。城市空间不仅包含了各种艺术形式，而且激发人们感官的参与，通过更为多元与感性的方式形成富有生命力的空间体验。

需要注意的是，在当代西方社会注重技术创新与社会问题解决的趋势影响之下，城市的设计创造过程也体现出了一定的多维度"复杂性"，这种复杂性体现在技术、社会、文化等多个方面。而这种相对系统的思维模式又与具体的身心感知联系在了一起，这就意味着当代西方城市的设计创造不只关心有关环境可持续、社会发展之类的大问题，在以系统的思维与全方位的感知切入问题研究之后，还将大的设计问题分解成了不同的层面进行阐释。这种多维度的切入方式并不排斥对于新技术与科技手段的利用，而是在充分了解各种新学科发展与技术手段基础上，探寻传统城市领域与其他学科如社会学、心理学、计算机科学、视觉艺术等各门学科渗透与

---

1 （美）大卫·哈维著. 希望的空间 [M]. 胡大平译. 南京：南京大学出版社，2006.
2 Peter Eisenman. Visions Unfolding: Architecture in The Age of Electronic Media[J]. Domus. 1993, 734: 17-25.

图3-43 巴黎的拉维莱特公园代表了后现代解构的审美文化,图为拉维莱特公园的平面及多个场景

融合,寻求更多的创新与突破。

总体来看,较之以前的古典及近现代西方城市美学,当代城市无论在客体要素、主体状态还是美的内涵方面都有了新的发展。正如王建国在《城市设计》一书中所总结的,设计者考虑的不再仅仅是城市空间的艺术处理和美学效果,而是以复合评价标准为准绳,综合考虑各种自然、社会、人文要素,最终达到改善城市整体空间环境与景观的目的。[1]因此,在多元要素与思潮影响的趋势之下,伴随着建设规模放缓的现状,当代西方城市建设从多个维度对于具体的建筑与城市环境质量问题进行了探讨,有学者以"回归都市性"总结了当代西方的这些探索,包括新城市主义、后城市主义、日常城市主义、景观都市主义、园林城市等。这些研究虽未明确形成城市的发展方向,但却都在积极探索能形成面向未来以人为本、可持续发展的城市环境,这些多元化的探索也共同凝聚成了一幅关于当代西方城市异质多元的城市美学图景。

思考题

1. 西方近现代之前各个时期代表性城市的美学特征是什么?如何解释这种美学特征变迁背后的机制?
2. 近现代以来试图解决城市规模急速增长的主要城市发展思想理论有哪些,这些思想对于城市空间形态发展的影响是什么?
3. 近年来西方城市美学有哪些新的发展趋势?这些趋势对于我国城市发展有什么影响与启示?

---

1 王建国. 城市设计 [M]. 北京:中国建筑工业出版社,2009:97.

第 4 章
城市之美的影响要素与对象系统

4.1 城市美学客体系统论

4.2 城市之美的影响要素

4.3 城市之美的对象系统

本章学习要点
1. 美学与城市美学研究关于客体对象认识的各自理解；
2. 城市之美形成发展的影响要素；
3. 城市之美的物质客体对象系统。

　　城市之美的构成因素具有十分复杂的内容，城市美学的首要内容是了解掌握城市这一复杂系统中的审美对象。在简要总结中西方城市美学发展历史之后，作为城市美学主体内容的重要部分，这一章就对城市审美对象的系统与构成要素进行介绍。

4.1　城市美学客体系统论

　　在时代不断发展的背景下城市的功能、要素与结构也在日益复杂，文化、环境、社会、技术等方面均会对城市美学产生影响。与此同时，城市中的客体要素极为丰富，包括自然环境、城市格局、开敞空间、建筑与小品雕塑等都可以成为城市美的有机组成部分。因此，城市美学客体系统既包含了物质层面的客体要素，这些要素是城市美学客体系统研究的主要对象，同时我们还应对背后的影响要素系统进行辨析。

4.1.1　美学对象：艺术品与生活空间

　　美学研究中的一项重要内容就是关于各门艺术的研究，而长久以来人们关于美的本质的各种探讨也往往以各种艺术作为对象，艺术品成为美的客体对象的代表（图4-1～图4-3）。与美学主要将艺术品作为研究的客体对象不同，城市是人们生活的载体，城市中存在着各种各样的要素，城市美学的客体对象必然与其他艺术美学的研究对象不同。不仅如此，城市美学客体对象的逐渐明确也是美学自身发展趋势的必然结果。

　　早期的美学研究往往以各门类艺术为研究对象，以此来总结美的本质特征与发展规律，其中包括中国传统的如刘勰的《文心雕龙》、西方的如黑格尔的《美学》和

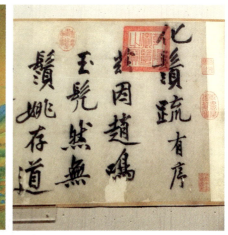

图4-1 中国传统的种种艺术品，图为明代瓷器（左）

图4-2 宋代王希孟画作《千里江山图》局部（中）

图4-3 明代沈周书法《化须疏》局部（右）

丹纳的《艺术哲学》等理论著作。到了近现代，美学对于审美对象的研究也在逐渐发生变化。有学者认为能提高人的生活质量的物质存在、能滋润人的心灵世界的精神产品，无不具有美的特质，同时相关研究也将美学与日常生活联系越来越紧密的趋势作为了城市美学这一学科产生的前提。

在这种观点之外，一直以来有许多人受到传统美学研究的影响，在研究环境之美时对可以被看作是艺术品和不可以被看作艺术品的元素加以区别，如将城市中的建筑区分为更具艺术价值的建筑物和一般性的建筑物。随着美学研究的逐渐深入，人们逐渐认识到不只是传统意义上的艺术品才具有审美价值，不仅如此，与纯美学研究中主体是独立于客体的外在观察者和思考者不同，在城市环境的这种整体审美体验中，主体是与客体环境交织在一起的，客体环境是主体生活的一部分，客体环境的方方面面都会作用于人们的审美。[1]

与此类似，乔恩·兰在《美学理论》中认为，如果一个物品或者一个环境能够在人们之间传递信息，那么它可以被当作是一件艺术品。一些物体被有意地设计来服务于这种目的，另一些物体在开始时并不能算作是一件艺术品，但它们经过时间的积累慢慢地被当作是艺术品。不仅如此，如何确定艺术品的准则在不同时期，对于不同的人群来说是不同的。因此，一座建筑在它被建造的时期也许没有被当作是一件艺术品，但是经历了时代的变迁它就有可能成为一件艺术品，因为这个建筑传递的信息感觉已经改变了，而且评价它的形式模式或者其关联意义的价值观也已经改变了。通过这种论证，城市的建成环境的绝大部分要素在人类体验维度上都有可能被看作是艺术品，同时也都是人们审美的对象。[2]

---

1 （澳）亚历山大·R·卡斯伯特编著. 设计城市-城市设计的批判性导读[M]. 北京：中国建筑工业出版社，2011：301.
2 （澳）亚历山大·R·卡斯伯特编著. 设计城市-城市设计的批判性导读[M]. 北京：中国建筑工业出版社，2011：309-310.

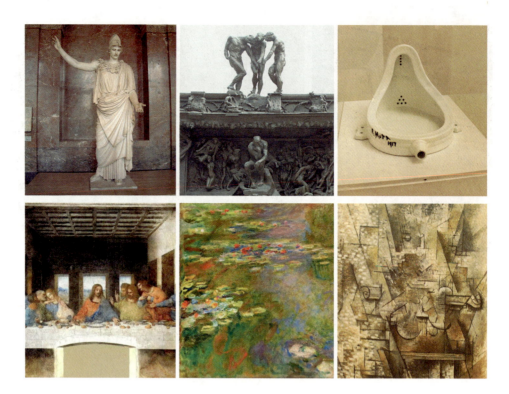

图4-4 艺术形式随着时代发展而变化,西方雕塑作品从古典到现代发生的转变,审美的对象要素在不断扩大。图分别为陈列在卢浮宫中的古典雕塑、罗丹作品"地狱之门"及杜尚作品"泉"

图4-5 西方绘画艺术品从古典到现代发生的转变

实际上,在纯美学的研究范畴内,审美的对象要素也在逐渐扩大。随着时代的快速发展,有人提出当代审美文化出现了审美对象不断扩大的现象,有学者称之为"审美泛化",并认为这种现象其实包含着双重的逆向运动:一是"日常生活审美化",二是"审美日常生活化"(图4-4、图4-5)。前者直接将"审美的态度"引进现实生活;后者则力图去抹掉艺术与日常生活的界限。[1]与此相似,城市空间中的审美生活化与生活审美化无处不在(图4-6)。技术的高速进步促使商业性的大规模制作成为可能;有关日常生活的各种信息与技术甚至成为美学借鉴创作的对象,催生出了更为广义的美学符号,生活方式与技术手段都成为人们的审美对象与创美手段。

不管是因为美学与日常生活越来越联系紧密,还是艺术品的准则在不同时期发生着变化,城市美学的审美对象都与人们的日常生活直接相关。在城市之美的创造与欣赏中会涉及各种要素,需要注重对于多种客体元素的综合利用与整体创造,只有这样才能实现所处城市空间的和谐统一与协调。城市之美为人们将自己的生活空间审美化提供了可能,人们可以从生活中的各种要素中发现美。他们的审美对象不止于城市的建筑等单一物质空间要素本身。城市美是整体的,是多元素的综合构成,这里美的整体是由部分组成,但又并不是简单地叠加各部分,而是将各部分有机结合为一个整体,整体是渗透、融汇在部分之中的。

因此,在城市美学的审美对象中,艺术品与生活空间的边界并不清晰,城市审美的要素对象十分广泛,包含了种种类型和尺度的内容。

---

[1] 刘悦笛. 生活美学 现代性批判与重构审美精神[M]. 合肥:安徽教育出版社,2005.

图4-6 当代的审美对象要素在不断扩大，图为巴黎城市街道景观，传统建筑立面被艺术家用各种生活中常见要素重新装饰，形成了全新的形象特征

4.1.2 城市美系统：多维度、多要素的综合

如前所述，在城市中的各种要素包括与人们日常生活紧密联系的一些事物都能成为审美对象，这也成为城市美学对象系统的思维起点，各种要素都可以成为审美的对象。

城市中的这些审美要素极为丰富，从自然环境到城市格局、城市开敞空间，从建筑再到其他造型艺术形式如雕塑、城市小品等，这些审美要素互相交织、浑然一体，共同构建着城市之美的世界。城市的审美对象包含了从大到小的种种物质客体对象，不仅如此，除了种种物质客体对象外，城市美学的审美对象即城市中的众多要素与人们生活紧密联系，还受到了文化、环境、社会、技术、管理等多方面要素的影响，这些要素也成为影响城市审美客体对象发展的内在要素系统。这些内在要素对城市之美的形成与欣赏产生着各自的作用，会对城市之美的性质与外在表现造成影响。

城市之美构成因素的多元性，导致了城市美学研究对象的复杂性与系统性。历史上众多关于城市空间发展的研究都在提醒要关注城市要素的系统性，正如卡米罗·西特与伊利尔·沙里宁等理论家在研究城市艺术规律时所提出的，城市的规划设计不能只注重城镇二维层面的研究，同时还应该注重其他相关因素。城市之美的构成要素具有十分系统的内容，城市美学的首要内容是明确城市美学系统的对象。现有的大量研究成果为城市美学客体对象的确立提供了基础，众多学者都曾进行过城市审美系统的探讨，这里选取一些有代表性的观点作简要介绍。

吴良镛提出城市的美学不仅着眼于单体建筑和建筑群组的结合，还要着眼于建筑物与自然的结合，而更重要的要着眼于人。他认为研究城市美可以从两个方面来进行探讨：一是广义的，即从城市的社会、文化的角度来理解；二是狭义的，可从形式美的角

图4-7 城市中对象要素的多元与复杂，图为波士顿城市景观

度来欣赏、分析建筑物与建筑群的美，自然环境的美，城市美学的客观标准和客观规律等。他还提出美学与城市科学的结合是城市研究扩大和深入的表现。城市是一个大系统，可以从多方面剖析它，不能离开城市建设系统讲环境建设。城市环境美的创造需要剖析环境美的本质，以及规划建设、设计、施工、管理等多部门的共同探索。[1]

王建国在《城市设计》一书中将城市设计理论的演化分为了三个阶段，分别是第一阶段的"物质形态决定论"，第一代城市设计思想的代表人物有西特、沙里宁等，其后吉伯德、卡伦、芦原义信等继承和发展了这一理论；第二阶段在信奉"物质形态决定论"和包豪斯设计理念的基础上，还在城市建设中遵循了经济和技术的理性准则，他们把城市看作是一架巨大的、高速运转的机器，注重功能和效率，并希望能体现最新科学和技术成果，技术美学观念和价值系统由此而生，代表人物有柯布西耶、培根和克里尔兄弟等，到1950年代末时第二代依据世界社会发展的新特点产生了新的发展，后期开始更为关注包括人和社会关系在内的城市空间环境上，用综合性城市环境来满足人的要求，并考虑了城市的历史文脉和场所类型，其他学科心理学、行为科学和系统论等渗透到城市环境的营造中，主要代表人物有林奇、雅各布斯、"小组10"、拉普卜特、罗西、柯林·罗等。1970年代以来的第三代可以概括为"绿色城市设计"，贯彻整体优先和生态优先，试图创造面向未来可持续发展的理想城市环境，他们除了采用之前的方法技术外，还充分运用各种可能的科学技术，特别是城市生态学和景观建筑学的方法，代表人物有麦克哈格、西蒙兹、霍夫等，这一代更注重城市建设内在的质量。[2]

1　吴良镛. 城市的创造与社会、经济、文化、综合效益的追求［J］. 天津社会科学，1987.4.
2　王建国. 城市设计［M］. 北京：中国建筑工业出版社，2009：97.

王建国总结认为现代城市设计理论已不再局限于传统的空间美学和视觉艺术，而是以"人—社会—环境"作为复合的评价标准，综合考虑各种自然和人文要素，强调包括生态、历史和文化等在内的多维复合空间环境的塑造。[1]其实即使是在第一代的重视物质形态研究的学者，如伊利尔·沙里宁和卡米罗·西特等，他们也认为以往的城镇规划仅注重城镇二维层面的研究，应该还要强调社会环境等因素的重要性。

有学者也正是从这一角度提出城市空间的系统包括两大方面，包括城市形态的"硬件"即物质体型环境，"软件"即精神文化、行为心理、意识特征等。斯皮罗·科斯托夫在《城市的形成》中揭示了城市形态背后的"隐含秩序"，并着重从社会历史和城市地理两个方面研究了城市形态的深层演变机制。他认为城市设计是一门艺术，要服务于人的行为；研究城市的形态与发展过程必须与当时政治、经济和法律联系起来，有时候还要与某个人物相联系。[2]斯皮罗·科斯托夫在另一本著作《城市的组合——历史进程中的城市形态的元素》中对于历史中的城市形态要素进行了分类，包括边界、分区、公共场所、街道等，并从城市历史发展的角度阐释了这些类型要素的演变。

阿里·迈德尼普尔在《城市空间设计：社会·空间过程的调查研究》一书中，对城市空间与城市形态进行了研究，提出要同时考虑城市空间的物质特性、社会特性与象征特性。他对于城市空间进行了更为广泛的界定，认为城市空间不是仅仅指建筑物之间的空间，即区别于有形实体的虚空间，而是涵盖了城市环境中所有建筑、物体与空间，甚至包含了其中的人、事件和相互之间的关系，而他认为这种分析也来自于种种关于城市分析的理论与实践研究。[3]

可以认为，对于城市之美的要素系统有很多不同的观点，每一种学科或每一位学者都在不同的视角与框架下展开对于城市空间形象的研究。与建筑学及城市规划研究的观点相对应，其他一些学科对于城市空间背后的内在机制进行了一定程度的揭示，如地理学的相关研究强调土地使用作为城市形态的基本要素，并对城市空间进行了功能性的解释。

根据以上这些具有代表性的研究可以得出，城市美学客体对象定义的复杂性主要是因为城市环境既是一件物质产品也是一件社会产品（图4-7）。正如建成环境好比"硬件"，而背后的社会发展等要素就是"软件"，它们这内外两方面之间是通过许多方式交互作用的，而城市美学的客体对象就应该包括内与外这两个相互关联的方面。

从物质客体方面说，城市结构肌理可以被看成建成的空间单元的组合，包括不同规模尺度和类型的建筑物、开放空间、街区、片区以及要素组合而成的整个城市结构。这些是建筑学、城乡规划与风景园林等学科重点关注的内容，也是规划、设计、建设管理的重要内容。

---

1 王建国. 城市设计[M]. 北京：中国建筑工业出版社，2009：97.
2 （美）斯皮罗·科斯托夫（Spiro Kostof）著. 城市的形成-历史进程中的城市模式和城市意义[M]. 单皓译. 北京：中国建筑工业出版社，2005.
3 （美）阿里·迈德尼普尔. 城市空间设计：社会·空间发展进程的调查研究[M]. 欧阳文，梁海燕，宋树旭译. 北京：中国建筑工业出版社，2009：1，30-31.

图4-8 城市中存在自然、人工建设与人的活动等种种要素，图为上海城市街道景观

另一方面，城市是人类聚居活动的载体，它们的发展是与整个人类的生产、生活、文化科技活动的发展分不开的。城市的形成和发展是由多种活动过程所组成的，所有这些过程都和城市客体背后的种种要素紧密相关。在这些要素的影响之下，城市美学的审美物质客体又包括了前面提到的从宏观到微观的种种对象（图4-8），因此，城市美学的审美对象系统既包括内在的影响要素与因子系统，也包括种种外在客体对象，二者相互作用，共同形成了城市美学审美的对象系统。

4.2 城市之美的影响要素

所谓城市美的内在影响要素也即广义的相关要素，就是对于城市客体要素产生影响的各种要素。城市与人的生活紧密相关，城市的美涉及的因素众多，各种不同的要素维度都有着自己对于城市之美的影响。有众多研究针对决定城市形态的原则和发展进程进行展开，比如有学者提出城市是大量的居民、他们的建成环境和生活模式的组合，城市中的生活和形态直接和间接地受社会变化力量的影响，包括四类主要因素，即人口影响力、经济影响力、技术变革和文化变更。[1]如果对这些研究加以归纳的话，可以得出几个对于城市形态最为重要的影响因素。

城市的美与文化要素有关，城市的文化是城市长期演变发展过程中逐渐形成的，是城市生活环境、生活方式和生活习俗的总和。文化反映了一个城市的历史传统和社会发展变迁，对于城市空间发展有着深刻的影响。

城市的美与环境要素有关，这里的环境既包括地理、气候、生态等自然环境，同时也包含该区域的地域、民俗等社会人文环境。城市的营造要与周边环境相协调，统一于所处的自然环境中，同时城市的美也是一定意识观念与地域背景的反映，不同地域的城市往往有着不同的风貌体现。

城市的美与社会要素有关，作为社会文化与个人生活的物质载体，城市空间一直与人的主体状态有着密切的联系，其中既有作为个体的创作者与使用者角度，同时也有作为群体而言的社会认知的角度。人们不断涌现的生活需求对于城市空间也产生了新的要求，而不同的社会经济发展水平必然也会导致不同的城市空间状况。

城市的美与技术要素有关，各个时期的科技水平大大影响城市结构形态的变化，不同时代出现的各种技术手段成为支撑新城市空间发展的基本条件。技术的重要性也使各种新的技术本身成为城市审美的一大环节，城市空间所承载技术本身的特征与发展变化在一定程度上也体现出了城市美的技术性特点。

城市的美与管理要素有关，城市的形成与发展都离不开政策管理的影响。在城

---

1 （美）阿里·迈德尼普尔. 城市空间设计：社会·空间发展进程的调查研究[M]. 欧阳文，梁海燕，宋树旭译. 北京：中国建筑工业出版社，2009：1.

市规划建设的各个方面，政策管理都发挥了十分巨大的作用，成为影响城市之美的重要因素。

作为城市之美要素系统的重要组成部分，这些要素是城市之美的内在要素，它们对于城市之美的形成发展产生了重要影响，同时也是城市外在形式的内在内容。

4.2.1 文化维度——历史意义要素

文化是指一个国家或民族的历史、地理、风土人情、传统习俗、生活方式、文学艺术、行为规范、思维方式、价值观念等，也是人类群体共享的一套价值、信仰、世界观和学习遗传的象征体系。城市的物质空间在形成和逐渐发展过程中，受到了文化维度的影响，每种文化背景的人们都在塑造着自身独特的城市文化，而文化维度的影响为城市之美提供了意义来源。

城市的发展经历了漫长的时期，每一代人都为城市的建设做出了自己的贡献。从这一角度出发，有学者提出城市是一个具有内在的、但可见的、时间尺度的社会-空间现象。城市是个"时间的产品"，是"历史的创造物"，是"历史的具体体现"，因而本身也是一个"历史进程"。[1]漫步在世界各个地方的城市里都能够看出城市历史变化的印迹，城市中不同时期的建筑和街道都混杂在一起。即便是较新兴的城市也有内在的历史性，它们的创造是根植于这一区域历史进程和积累之中的，新的城市也将通过自身的发展来形成自己的历史与文化。在漫长的历史发展过程中，人们各种生产和生活活动的积累产生了独特的地方文化，与此同时，这些独特的地方文化又塑造和强化了空间环境，并在空间中形成了象征的意义。

另外，城市的社会形态也是历史文化创造的产物，因为城市以及建造和使用城市的居民都承载着该区域文化的传承。城市是由长期积累的诸多层面组成的，这些文化传统层面的要素不仅形成了物质产品，也形成了一些思想观念和习俗。在城市中生活的人们具有的风俗、日常活动和信仰，实际上都存在着它们的历史根源。

从日常事物中的习俗、文化习惯和城市空间形态、要素及结构的各个方面，文化的影响无处不在，这种影响既是永久性的，也是在不断变化的。每一代人都会在传承既有文化传统的基础上结合当前的一些时代条件进行改造与再发展，这就在时间维度保持了城市风格的多样性。

在确认城市背后文化因素带来的历史意义之后，众多学者对于历史文化与城市形态的关系进行了深入的讨论，这也在提醒人们城市之美在文化传承与建构层面的重要作用。作为另一种人们之间的文化交流形式，建筑与城市也在无声地记录创造它的文化，同阅读书面记载的历史和文学一样，城市的物质载体也可以被人们阅读。

---

[1]（美）阿里·迈德尼普尔. 城市空间设计：社会·空间发展进程的调查研究[M]. 欧阳文，梁海燕，宋树旭译. 北京：中国建筑工业出版社，2009：37.

图4-9 城市中的历史遗产是城市之美的重要要素，图为罗马的圣彼得大教堂

除了长时间段积累形成的传统与潜在规则之外，城市发展历程中不同时代遗留下来各种文化遗存也成为城市之美的重要元素。一些研究不断提醒人们理解和评价历史文化对于城市的重要作用，比如过去遗留下来的历史建筑、街区等要素唤起了人们对历史的回忆以及对于历史文化的珍视，与此同时，可以利用这些建筑与城市历史文化的研究为将来的城市发展提供建议或设计指导。有学者提出城市形态的塑造应依据心理的、行为的、文化的及其他准则，城市环境包括社会、文化和物质诸方面要素，城市物质环境的变化与其他人文领域之间的变化（如社会、心理、宗教、习俗等）存在关联性。具体来说，有研究针对世界各地城市聚落形态进行了比较，并在分析后提出城市形体环境的本质在于空间的组织方式，而不是表层的形状、材料等物质方面，而文化、心理、礼仪、宗教信仰和生活方式在其中扮演了重要角色。空间组织具有一定的秩序结构和模式，它们都与文化系统有关，不同的文化背景会产生不同的文化结构，进而形成不同的城市环境，自然也会形成不一样的城市之美。

以上这些研究都在强调历史文化对于城市之美的重要作用，这也表明城市的建造成形需要很长时间，城市之美必须考虑这种历史演化以及逐渐形成的文化因素（图4-9、图4-10）。

进入当代社会以来，人们对于文化维度的重要作用也越发关注。正是在全球化这样的大背景下，针对各地社会文化环境的研究越发加强。在全球化影响下，不同地区与文化背景下的交流日趋频繁，相互影响越加广泛。另一方面，虽然各种思潮的传播与影响越来越全球化，但越来越多的人意识到保持各自地域与民族文化固有特色的重要性。城

图4-10 城市中的历史遗产是城市之美的重要因素，图为罗马的各种历史建筑与开放空间

市环境是人类活动的载体，同时也是文化的有机组成部分，城市美学与文化研究密不可分。城市美学的发展要在当今文化建构的大背景之下考察，城市之美的创造要能有益于文化特色的表达与建构。

4.2.2 环境维度——环境文脉要素

城市的营造与环境要素紧密相关，这里的环境既包括地理、气候、生态等自然环境，同时也包含该区域的地域、民俗等社会人文环境，其中涉及的要素众多。有学者就提出，城市环境是群落栖居的特定地理环境的一部分，综合了多层次的社会相互作用，创造出独特的地方文化，并在复杂的城市背景的发展中形成。城市建设所涉及的环境概念必须从更宽泛的角度来考虑，具体来说可以包括四个关联的组成部分：地理环境即土地、土地结构及其发展过程，生命环境即占据环境的生命有机体，社会环境即人与人之间的关系，文化环境即社会行为准则和社会事务。进一步概括的话，与环境相关的要素可以包括地理和生命要素即土地、微气候、自然环境、地质、土地形态、地形特征、环境灾害以及粮食和水资源等；社会和文化要素即建设的最初目的、历史过程中目的的变化和对环境的干涉、土地所有形式、居住文化、邻里之间的关系以及在环境变化中的适应能力等。[1]

---

[1]（英）马修·卡莫纳，史蒂文·蒂斯迪尔，蒂姆·希斯，泰纳·欧克著. 公共空间与城市空间 城市设计维度[M]. 马航，张昌娟，刘坤，余磊译. 北京：中国建筑工业出版社，2015：55-57.

图4-11 自然环境对于城市建设有着重要影响，图为有着山城之称的重庆城市景观，独特的山地环境为重庆赋予了与其他平原城市全然不同的空间特征，形成了立体多样的山城美学特征

图4-12 苏州城中的水道景观，密布城市空间中的水系为苏州增添了独特的水乡城市特质

不管是地理环境、生命环境、社会环境与文化环境的分类，还是地理与生命要素和社会与文化要素的分类，都是从广义的角度对于环境维度进行的阐释。由于在其他小节中我们会对文化及社会维度要素的重要作用进行介绍，其中也涉及关于社会和文化环境的内容，本节就重点从自然环境的角度进行阐述。

自然的物质环境是城市空间的主要组成部分，也是人工建成环境形成的首要条件，城市空间特征的逐渐形成就是人类行为和自然的物质空间互相作用的结果。在第2章中我们结合中国传统城市的发展介绍了自然环境对于城市建设的重要性，其实自然环境对城市建设的重要作用在全世界各地的城市中都体现得极为明显。而在人类发展的历史维度来看，不管是在早期以农耕为主的社会阶段的城市建设，还是在后来工业时代较为新兴的城市中，地形地貌、气候、水源等要素对于城市选址布局等方面的影响一直存在。不管是山地、平原或沿河等不同地理条件，以及炎热、潮湿或寒冷的气候条件，城市的外在表现形式根据所处的自然环境条件的不同而具有极大的差异（图4-11、图4-12）。

有众多学者对于自然环境对城市空间建设的重要性以及如何依循自然环境进行设计建设展开了研究，中国传统城市建设在这方面有着丰富的理论与实践，我们在第2章已进行了一些介绍。在西方现代城市规划设计研究中，伊安·麦克哈格是关于城市建设与自然环境结合研究的代表人物之一，他在1970年代提出了"设计结合自然"的思想，认为要将城市与自然两者相结合，只有这样城市才不会窒息人类灵性。城市与自然，两者虽然不同，但互相依赖，两者同时能提高人类生存的条件和意义。另一位学者迈克尔·霍夫认为用生态学的视角去重新发掘我们日常生活场所的内在品质和特性是十分重要的，提出应建立一个城市与自然有机结合的整体概念。

自然环境是城市形成的首要条件，城市之美的塑造离不开与自然环境的融合。另一方面，城市的自然环境是城市空间的有机组成部分，城市中的水岸、绿地等要素也是城市景观形态的重要元素。

进入当代社会，从环境出发这一原则在当代更加引发了人们的重视。随着人们对于世界认识的深入，环境这一概念便有了更为广泛而细腻的内涵。在科学技术的进步以及思想认识的深入推动之下，原先作为远方客体存在的环境开始成为与主体交融的整体系统，这个环境的大系统容纳了主体与客体、自然与人工等因素，人与环境被联系在了一起，共同形成了一个复杂联系的系统。因此，环境指涉的对象在日益扩大，其中包含的内容从自然的环境拓展到整个人类生存的环境，包括自然、地域等内容。当然，自然环境一直以来都是城市营造中最为关注的环境要素，伴随着对于人类所处自然环境的持续关注，环境可持续理念已逐渐深入人心，对于自然资源的关注保护以及自然环境的可持续发展也更加成为城市发展中的重要原则。

在对于环境要素的关注日益加剧之下，关于城市美的思维与欣赏涉及的环境对象在日益扩大，这种从环境出发的整体思维观对于城市的营造提出了更高的要求，需要从更为广泛的环境角度出发，为城市与自然及地域环境的联系，空间客体与使用审美主体的融合提供更多的可能性。

总之，城市之美的建设不仅要着重人工环境的建设，还要着重自然环境的保护与融入。在科技大发展与全球化影响之下，全世界各地的生活有着相似化的趋势，不仅如此，越来越多的城市面貌也在逐渐趋同。正是在这样的背景之下，更要注重对于城市所在环境的研究，要从环境出发，同时结合对于当地文化的深入研究，这样才能创造出各个城市不同的特色之美。

4.2.3 社会维度——功能需求要素

城市的逐渐变化一直与社会生活需求紧密联系。作为社会生活的直接载体，城市空间与社会密不可分。社会生活的发生依托于真实的空间环境，空间环境既是社会进程和生活的媒介，同时也是社会作用的一种结果。有学者认为社会关系可以通过空间来形成，物质环境必然会促进或阻碍人类的各种活动与社会行为。在美学研究之中，美的形式与背后的内容需要结合起来看，特别是对于承载人们生活水平的城市空间，社会生活在一定程度上塑造和影响了城市空间，而城市空间的审美也离不开将社会生活的内容相结合，这两者的结合与联系才能形成城市之美（图4-13）。

《明日之城》一书在论述现代城市规划发展历程时，提出现代城市规划的起源在于解决当时城市扩展与人口大量涌入所导致的城市数百万贫民的生活问题，也就是说现代城市发展的种种探索就是人类为了应对19世纪社会转型，为了创造一个能解决各种社会问题的全新秩序。

为了更好地说明城市空间与人、空间与社会之间的互动关系，就需要将其置于当时社会背景之下。一些思想家的当代空间理论均涉及了城市中空间与社会互动的内容，自20世纪中期以来，西方一些思想家以空间为立足点关注到了西方社会的快速变化以及其中的种种问题，并通过多学科领域的交叉对于城市空间问题

图4-13 城市是社会生活的载体，承载了多种社会活动，图为上海街头景象

图4-14 城市空间为人们的各种活动提供可能,图为广州珠江边绿化活动空间(左)

图4-15 城市空间要与人们的社会生活相结合,图为巴黎蓬皮杜艺术中心前广场,广场通过半下沉空间处理将建筑与城市有机联系,同时为人们提供了良好的休憩活动场所(右)

进行研究。这方面研究包括亨利·列斐伏尔的《空间的生产》(The Production of Space)、爱德华·索亚的《后大都市》,大卫·哈维的《资本的限度》《希望的空间》《巴黎城记》等。法国哲学家、社会学家亨利·列斐伏尔在《空间的生产》之中,辩证地看待了空间和社会的关系,他引用"空间的生产"概念对空间进行了新的阐释。"空间的生产"的基本含义是:社会空间是一种特殊的社会产品,每一种特定的社会都生产属于自己的特定空间模式。这些研究从更为广泛的角度说明了社会生活机制与城市空间之间的联系。

与这些从政治经济学或社会学视角看待社会与空间互动的研究类似,建筑学或城乡规划学在现代以来也在逐渐将视角从单纯的物质空间角度进行拓展,越来越关注到空间背后人的生活与体验。早期现代主义一句流行的格言就是"形式追随功能",即希望使环境的美观性服从于功能需要。持这一观点的人们认为当时的城市问题是城市越加拥挤、环境破坏严重、秩序越来越混乱。在分析和比较同时代城市功能之后,城市的居住、工作等基本功能被逐渐明确。后来的《雅典宪章》就强调城市功能分区,指出当时城市的现状不能适合广大居民的基本需要,城市目的是解决居住、工作、游憩和交通等四大城市功能的正常进行。自现代主义以来,大规模城市建设导致的空间品质问题越来越凸显,越来越多的人开始关注城市空间背后人的需求的多样性和完整性。

1961年,简·雅各布斯出版了著名的《美国大城市的死与生》一书,书中分析了城市组织的基本元素以及它们在城市生活中的作用,她认为城市中最基本的原则是"对于一种相互交错、互相关联的多样性的需要,这样的多样性从经济和社会角度都能不断产生相互支持的特性。"[1]之前现代主义的规划模式缺少弹性和选择性,在简·雅各布斯看来,勒·柯布西耶和霍华德的思想都无法形成多样化的大城市生活,霍华德的"田园城市"把城市问题简单化了,针对的是封闭的小城镇而却难以解决多样性的现代大都市问

---

[1] (加)简·雅各布斯(Jan Jacobs)著. 美国大城市的死与生[M]. 金衡山译. 南京:译林出版社,2005:13.

题；勒·柯布西耶的一系列设想完全忽略了城市空间背后各种要素的深层关联。简·雅各布斯认为城市问题是一个有序的复杂问题，城市中"过程是本质的东西"，同时要考虑产生这些过程的要素，并指出城市需要多样性，同样这才形成城市的活力。[1]

因此，城市的美被一些学者认为是一种社会与空间互动的发展进程。城市的形成与发展植根于政治、经济和社会发展进程中，城市的美还要在社会与空间相整合的关系中加以理解（图4-14、图4-15）。从这个视角，城市的空间要素要和社会要素一起进行研究，从而深入理解和塑造城市这一复杂发展过程及其产物的美。[2]

吴良镛指出城市美学有着更为广泛的内容，不但要着眼于建筑物以及建筑物与自然的结合，而更重要的是要着眼于人。这样，城市美学就是既见物又见人的美学。从人的需要出发去考察城市环境的审美价值，把人的活动结合到城市的审美现象之中，并把它看作是城市美不可缺少的组成因素，这就体现了对环境与人在审美创造中相互作用的认识。另外他还提出，建筑与城市设计师习惯于从体型环境美探讨问题，要克服这种专业的局限性，就要探求美的社会价值，认识社会美的重要性。城市之美首先蕴藏在人及整个社会的内在素质之中，它与生活是密不可分的，创造城市美的最终目的最重要的还是为了生活在其中的人。不仅如此，城市之美很大程度上也来自于其中的人，人们在其中的生活是城市之美的重要内容。另外，正如之前介绍当代西方城市美学中所说的，城市之美也不仅仅是来自于专业工作者，城市居民也在城市之美的建设中发挥了重要作用。城市的建设要能尊重并让这些城市中的广大使用者，发挥他们对于生活的深刻理解与创造力，以此创造出更美好宜居的城市空间。

进入当代以来，城市美学更为广泛地涵盖了社会生活的各个方面，特别在当代社会发展的语境之下，城市空间的美与人们的日常生活之间联系越来越紧密。《公共空间与城市空间》一书系统论述了社会维度对于当代公共空间与城市空间的重要性以及如何更好地为人进行设计，在第6章社会维度这一章中，作者首先从人与空间的角度出发，论述了人与物质环境的作用机制，进而从公共领域、邻里、安全与防卫、可达性与隔离等方面对社会维度与城市空间的相互影响进行阐释。作者在该章的最后一节平等的环境中，从残障与老龄化、机动车、年轻人的隔离、文化差异与公共空间、性别角度以及包容性设计等方面对于如何形成更为平等、更以人为本的城市空间进行了论述，提出包容性设计的目标应将人放在设计中心，承认多元化和差异，好的城市空间要尽量满足更多的使用者需求，为人们提供选择性与灵活性。[3]

总体来看，城市形态的社会与物质层面的关系是动态的。物质空间环境是由不

---

1 （加）简·雅各布斯（Jan Jacobs）著. 美国大城市的死与生[M]. 金衡山译. 南京：译林出版社，2005：440.
2 阿里·迈德尼普尔编著. 城市空间设计 社会·空间发展进程的调查研究[M]. 欧阳文，梁海燕，宋树旭译. 北京：中国建筑工业出版社，2009：1.
3 （英）马修·卡莫纳，史蒂文·蒂斯迪尔，蒂姆·希斯，泰纳·欧克著. 公共空间与城市空间 城市设计维度[M]. 马航，张昌娟，刘坤，余磊译. 北京：中国建筑工业出版社，2015：149.

同的社会过程产生和决定的。同时，城市空间的形态一旦形成，也能够影响社会生活的方方面面。另一方面，越来越多的人开始意识到城市建设的核心目的是为人服务，是人们的生产生活的各种活动支撑了城市的发展，城市的魅力也很大程度上来自于社会人群所带来的各种活力。因此，城市之美的营造必须以社会需求的实现为基础，要以为人们创建宜居美好的环境为基本目标，丰富的社会需求与人们的多样活动能为城市之美提供充实的内容，这也是当代美学发展美与善相联系、审美与生活相融合的必然要求。

4.2.4 技术维度——科学技术要素

城市的美与科学技术息息相关，科学技术的发展不仅直接为人类提供了能满足实用需要的现代社会物质生活，同时极大地支撑了城市空间的发展。城市不能只停留在设计图纸上，它必须要能被实施建造，不同时代出现的各种技术手段成为支撑新城市空间发展的基本条件。城市空间的营造必须遵从建造的技术条件，城市各种实体要素如建筑、构筑物的美需要符合技术规范；而另一方面，技术的重要性也使各种新的技术本身成为城市审美的一大环节，城市空间所承载技术本身的特征与发展变化在一定程度上也体现出了城市美的技术性特点。

图4-16 建设技术的变革极大影响了现代的城市形象，图为城市立交桥

城市是空间性的，城市的发展离不开物质性和现实性，而其中技术是基本的驱动力，每一次的重大技术变革都对城市的生活与外在形式产生深远的影响，不同时代的技术手段在城市的发展与城市美的创造中都起了极大作用，对于城市空间的设计、建造与审美都造成了影响。特别是进入现代社会以来，在从传统向现代转型的城市发展过程中，技术的变革起到了基础性的作用，同时也深刻影响了城市的基本面貌。19世纪的英国工业革命引发大规模生产方式，进而触发了前所未有的城市化进程，极大的改变了社会结构和城市形态。源自美国的现代交通和企业组织模式，将大量人口及就业疏解到了开阔的乡村地区并新建了卫星新城，缓解了当时中心城区的拥挤（图4-16）。另外建造技术以及设备性能的提升，为解决城市内部拥挤和环境问题提供了条件，从而使得城市可以通过更高密度的方式来进行建设（图4-17）。而在具体的要素如建筑层面，从现代主义的机器美学到后来的高技派，以及生态与节能技术、新的信息技术等，新的科学技术对于建筑设计建造产生的影响也从未中断。这些技术方面的变革都极大地影响了现代城市的基本面貌，同时技术的变迁也集中反映了城市之美随时代变化的特征。

图4-17 建设技术的变革极大影响了现代的城市形象，图为上海浦东的林立高楼（左）

在美学研究中，很长一段时间以来人们将美的获得建立在对自然规律的认识基础上，其中掌握一定的科学技术就成为认识与获得美的工具。西方古典艺术家强调要努力探寻与掌握自然规律，在他们看来，美是与科学技术联系在一起的。约翰·彭尼索恩曾提出，希腊人认为不但艺术和数学是一个统一体，而且正是艺术引

领着数学研究,就像近代欧洲自然科学刺激着数学研究一样。[1]当时的艺术与科学是一体的,艺术家与自然科学家的身份有时也是合二为一的。这种认识也影响了建筑与城市设计的发展,对相关学科科学特性的强调也成为西方建筑与城市文化中的一大特点。

进入当代以来,以新的建造技术、数字技术、绿色技术等为代表的新技术手段已深刻地影响了城市发展与城市之美的形成,新的技术自身成为艺术与审美的一个重要部分(图4-18)。因此,当代城市美的创造与欣赏必然涉及最新的技术方法与手段。全新的科学技术作为重要的工具手段为人们探求新的城市空间奠定了基础,设计师与建造者们纷纷努力将各种新技术运用到城市的设计与建设中,探索新的、与时代发展相适应的空间形式。在当代新的科技手段创造出了全新的材料、工艺与元素,这也给人们在城市中带来了全新体验。正如有科学家所提出的,科学的美具有自身的特质与价值,科学之美是一种客观的美、无我的美。当代城市中的新科技也有了自身独特的价值与内涵,科技的发展使得城市中各种要素建造科技自身的审美价值不断增加。

图4-18 科技手段带来的新体验,图为纽约城市街道景观

不过需要注意的是,纯科学之美是不因人的因素发生转变,与这种美的无我性与客观性相比,城市中的科技要素产生的美与人息息相关,并不能完全脱离人的因素。另一方面,这种科技之美又与艺术美的主观性不同,城市之美背后的科技是离不开各种客观因素的。因此,影响城市之美的科技要素是一种主客观的统一体,是一种将手段和目的融为一体的产物。由科技作用的城市之美产生于客观对象与技术手段,但又服务于主体对象,并因人的使用和关照才得以具有审美价值。

科技既是构筑人与环境关系的基本载体与工具,同时也成为创新人们生活方式与体验的手段。也正是从这个角度出发,新的科技不仅是人认识与构建世界的工具,而且科技本身也成为未来人们的一种存在状态,这些也成为当代城市中科技要素之美的重要特征。如何使科技展现出自身的特性同时构成与人的生活使用的完美互动关系,真正促进城市空间的快速发展,成为未来城市发展中的一个重要问题。因此,人们需要努力探索通过新的科技思维与技术手段实现人文精神。在这一过程中,要确立好人与城市的关系,充分发挥科技在实现人们美好生活环境构建中的积极作用,从而尽可能展现与挖掘城市中的科技之美。

不仅如此,在新科学技术不断发展的趋势之下,城市空间发展对于跨学科交流与借鉴越来越重视。当代城市空间设计与建造在充分借鉴其他学科发展成果基础上,又进行了渗透融合。20世纪以来大量新的科学发现以及计算机技术的蓬勃发展,都让人们看到了科学研究对于美的研究的启发性。城市之美同样受到科学研究发展的影响,各领域的新发现、观念与方法,都极大地影响了当代城市美学,城市

---

[1] 转引自(英)理查德·帕多万(Richard Padovan)著. 比例-科学·哲学·建筑[M]. 周玉鹏,刘耀辉译. 北京:中国建筑工业出版社,2005:79.

空间的发展与欣赏得以与各学科新发现进行对接，设计与建设手段日趋科学化和现代化。可以预见的是，伴随着科技的快速进步，未来的城市发展与新技术手段的融合将变得越来越紧密，科技也将持续对城市美学产生重要的影响。

4.2.5 管理维度——政策管理要素

城市物质空间的发展过程受到了众多因素的影响，其中很重要的一个因素就是政策管理。古往今来的绝大多数城市的规划设计与建设都或多或少与政策管理相关，在城市的选址、布局、分区乃至具体地块的建设等方面，政策管理因素都在城市的发展中留下了印记。

在不同时代的中外城市发展过程中，政治因素都曾留下深深的印记。在古代城市的形成过程中，政治权力发挥了极大的作用，芒福德在《城市发展史》一书中提出世俗权力与宗教神权的结合是城市起源的重要因素，而这种结合既导致了城市作为社会组织形式的起源，同时也塑造了城市的面貌，其中两者的空间对应物宫殿与圣祠也成为了当时城市中的重要建筑。这种对于城市面貌的直接影响在后来的封建社会同样明显，阶层之间的差异在城市空间的布局与具体建筑环境的建设中有着直接的体现，这明显也是受到了当时政治要素的干预影响。

进入近现代工业社会，虽然政治管理体制发生了很大变化，但政策管理对于城市空间发展与外在形态的影响仍然十分明显，如美国大批新兴城市均是按照当时官方规定的格网体系为建设蓝本，这就形成了这些城市发展的基本骨架。而19世纪以来，关于城市建设立法的重要性越来越被人关注。英国就先后制定了《住房与城市规划法案》《城乡规划法案》等，这些政策法规对于城市的规划建设起到了十分重要的限定作用。美国也制定了一系列城市建设管理的法规，比如美国城市建设推行的区划法，试图通过控制沿街建筑高度来保证街道必需的阳光、采光和通风标准。尽管区划法并没有直接对城市风貌或建筑形态进行控制或引导，但客观上对城市风貌的形成起到了重要的影响作用，甚至在一定程度上决定了20世纪大量美国城市的基本建成环境。以纽约为例，关于城市天际面的控制形成了曼哈顿诸多高层建筑普遍的"结婚蛋糕"形态（图4-19）。

伴随着社会的快速发展，城市建设的复杂度不断提升，城市空间的发展牵涉的因素也越来越多。城市建设决策及其实施也逐渐成为一项综合复杂的、同时牵动许多群体利益和要求的工作，城市管理者、设计者与社会公众都在其中发挥着各自的作用，而各个城市的政府作为管理部门则在其中发挥着决定性的作用。正如王建国在《城市设计》中所提出的，在有公众参与和各相关决策集团共同作用的设计决策过程中，设计者为了处理好人际关系和利益分配问题，往往不得不借助于更高层次的仲裁机构——这通常是当地的政府，并以此来对参与决策的各方委托人加以控制。于是，城市规划建设难免带上政治色彩，城市建设许多决策终究要在政治舞台上作出，乃至被接纳成为公共政策。因此，从某种程度上说，城市建设决策过程本

图4-19 纽约城市高楼形态的形成与城市规划管理政策密切相关

身就是一个"政治过程"。[1]又比如设计师乔纳森·巴奈特在《开放的都市设计程序》一书中所提出的,城市的设计起始于一连串决策的过程,城市的形态绝不是偶然的,这些外在形态的形成过程也绝不是无意的行为,城市的设计也不是为未来的城市先幻想出一个形态而做的设计,而是一系列决策的产物。[2]

吴良镛在《广义建筑学》的"政法论"一章中对于政策管理的重要作用进行了论述:"在国家、城市、农村各个范围内,对重大的基本建设,必须要有完整的、明确的、形成体系的政策作指导;否则,分散和盲目的建设就会造成浪费,甚至互相矛盾的发展,在全局上造成不良后果。当建设数量不大时,这些问题尚不明显,而在当前百业俱兴,建设齐头并进的情况下,其为害就十分突出。""关系到城镇发展的重大政策,例如城镇的发展政策,住宅的发展政策,土地政策等,国家和地方更要花大力进行研究。城市建设是科学,其中许多基本政策在国际上存在共同性,各国都在从事研究并试验。"[3]总之,城市的政策管理对于城市之美有着极为重要的作用,是一个城市美学特征形成的重要因素,将直接关系到城市空间的建设秩序。在城市的建设发展中必须要有完整的、明确的、形成体系的政策作指导,相关的政策管理影响着城市形象特别是城市整体感的形成。

4.3 城市之美的对象系统

文化、环境、社会、技术与管理这几个要素既是城市之美的内在影响要素,是

---

1 王建国. 城市设计[M]. 北京:中国建筑工业出版社,2009:16.
2 乔纳森·巴奈特著. 开放的都市设计程序[M]. 舒达恩译. 尚林出版社,1978:5.
3 吴良镛. 广义建筑学[M]. 北京:清华大学出版社,1989:90.

图4-20 城市中物质对象的多元与系统，图为上海城市鸟瞰

城市之美的"软件"，同时也是城市美的物质客体之美的内容所在。与这些影响要素相对应，城市之美还有着各种各样的物质客体对象（图4-20、图4-21）。

在城市规划、城市设计等相关领域的研究中，都有着对于城市空间客体系统的分类方式。伊利尔·沙里宁在《城市——它的发展·衰败与未来》中分析了中世纪城镇的状况，在此基础上他认为大到城市，小到艺术品，都是体形环境的一部分，都要讲求体形秩序。弗雷德里克·吉伯德在《市镇设计》中阐明了怎样把城市中的各种要素组成适于人居住和工作的美的环境，认为城市设计是区别于城市规划的，其重点是解决城市空间与建筑的视觉形象问题，而城市中能看到的一切物体都是城市设计的素材，这些素材与空间、运动、时间等要素有密切的关系。

以上相关研究都在说明城市中物质对象的多元性与系统性问题，而在对于这些对象的具体研究中，城市设计领域著名学者凯文·林奇在《城市意象》一书中通过对波士顿等城市做的大量调查研究，将城市中的要素归纳为道路、边界、区域、节点和标志物五大组成因素。欧洲学者罗布·克里尔的《城市空间》一书专门关注城市空间形态研究，他认为城市空间总体上可分为城市广场、城市街道及其二者的交汇空间三大类，由这几类可派生出多种空间形式。戈登·卡伦在《简明城镇景观设计》中从序列场景、场所、内涵、功能性的传统要素等方面分析了城镇景观之美，认为城市的内涵与魅力主要在于构成城市空间的基本元素如建筑、树木、流水、交通等形成的趣味性和戏剧性。王建国在《城市设计》一书中将城市空间要素和景观构成分为了土地利用、空间格局、道路交通、开放空间、建筑形态与城市色彩。除了这些研究之外，还有一些研究提出城市形态的物质要素包括土地使用功能、建筑

图4-21 上海城市中的各种景观，包括极具现代气息的高楼、开阔的滨水空间、历史建筑与丰富的城市天际线、尺度宜人的里弄式建筑与生活性街道空间等种种各具特色的城市要素

形态和建筑组群、交通流线和停车场、开放空间、人行道、活动设施及标识等。

可以看出，对于城市物质空间客体的分类研究虽然有着不同的切入方式，但总体上是希望能在不同层面不同尺度上定义出城市的空间要素系统。依据以上的这些研究，城市美学物质客体的系统可以分为以下四个主要层次。首先是城市的整体结构与模式要素，其次是中观的城市开敞空间要素，再次是城市建筑要素，最后是其他要素。需要指出的是，涉及城市美的物质客体对象要素十分丰富，对于这些要素的提取梳理与分类的工作也十分艰巨。而目前现有研究对于这些要素的分类标准存在一定的差异，同时多年以来形成的大量相关理论和实践研究中针对具体某个要素或某个要素系统（如街道、广场等）的研究也极为丰富。因此，本书对城市美学物质客体的基本要素进行了梳理和总结，重点在于提出一种相对系统的城市客体要素构成与组织分类体系，形成具备一定推广和应用价值的要素框架，为后续针对性的理论研究和实践提供一定的参考。本节对具体要素的内容并不详述，同时也并不对每项要素的审美标准进行介绍。

除了依据现有的研究之外，这些要素的提取梳理还必须具有如下特征。首先这些要素必须具有能直接感知的形象性。这些要素是城市之美的主要物质载体，要素及相互之间的组合直接构成了城市的物质或空间主体内容。文化、社会等非空间的要素就不在其中，而与城市之美弱相关或间接相关的要素如交通组织、市政设施等也暂不作深入探讨。另外一个原则就是要素的可操作性，这些要素可以在城市设计与创造过程中作为设计控制和城市形象管理的客体，具备技术层面的可操作性。作为城市美学目标和原则的落脚点和实施城市建设及城市设计的抓手，这些要素对于城市之美的形成起到了桥梁和媒介的作用。

图4-22 不同城市的空间结构，图为空中俯瞰巴黎城市空间结构（上左）

图4-23 波士顿查尔斯河两岸城市空间形成的空间结构（上中）

图4-24 纽约城市街道形成的空间结构（上右）

图4-25 大片水面对城市空间结构的影响，图为苏州金鸡湖周边城市空间（下左）

图4-26 城市轴线、高低密度分区对城市空间结构的影响，图为广州珠江新城空间（下中）

图4-27 各种城市街道与片区组成的整体城市空间，图为台北夜景（下右）

4.3.1 整体空间结构

结构关系对于复杂事物的组织有着重要作用，结构主义领域的学者曾指出结构是一种关系的组合，事物各成分之间的作用取决于它们对于整体的关系，取决于各事物之间的联系。城市之美的客体要素多种多样，各种要素之间相互联系、相互制约，它们之间的联系形成一定的整体结构状态与肌理模式，城市中各种构成要素之间的关系组合就形成了城市的整体空间结构（图4-22~图4-27）。

城市规划与城市设计等领域针对城市的空间结构要素进行了研究，其中包括对各时期不同城市空间结构特征进行的归纳，如迈克尔·多宾斯在《城市设计与人》中总结了三种西方城市设计传统的物质空间模型，分别是有机传统、形式主义传统与现代主义传统。其中有机模式倾向于反映自然界的特点如地形、水域和方位等，作为一种自然增长的模式，有机传统模式可以反映弯曲及树状的不连贯街道组织特征；形式主义模式与方格网最为接近，突出了结构的灵活性和通达性，同时也反映了物质和社会的秩序；现代主义模式则将抽象的有效性需求和现代建设发展实践的迫切要求结合，通过大街区实现机动车和步行系统及独立的功能活动区域。这三种模式也反映了西方城市空间结构演变发展的特征，这方面相关内容本书第3章已有所涉及，另外在第2章中我们也曾对中国传统城市空间结构的相关内容进行了介绍。除了从历史发展角度对于不同城市空间结构特征进行概括之外，另有学者对于城市空间结构的定义与内容进

图4-28 城市的形成发展与周边的自然环境密切相关，城市需要围绕所在自然地形地貌进行建设（上）

图4-29 与水系等自然环境紧密结合也形成了城市空间的特色，图为中外不同城市与水系相结合而具有的美学特征（下）

行了分析，如《公共空间与城市空间》一书中就提出基本网络和公共空间网络可以被看作是一种生成性的框架和结构，许多设计师比喻为一个"骨架"。

在综合这些相关研究内容基础上，同时结合之前提出的要素建构原则，本节对城市整体空间结构要素进行一定的总结与归纳。整体空间结构是包括由城市周边地形地貌特色与城市的组织模式、城市风貌分区以及各自片区的特色与肌理等要素构成的城市整体形态格局，城市的整体空间结构与肌理模式是城市之美的宏观骨架与基础。

（1）自然环境特征

城市所在区域的自然环境特征会赋予城市基本的特征，城市的形成发展也往往与周边的自然环境风貌密切相关（图4-28、图4-29）。城市经常围绕其所在的自然特征而形成，围绕滨水区、海港、河流交汇处或者群山之中的天然盆地等自然地形地貌进行建设。在此过程中，许多城市结合所在的自然环境特征达到城市与自然的整体性与风貌特色，例如滨海城市、山城、水城等，海岸线、山川、河湖水系等自然要素也使得每个城市具有了独特的形态模式。不仅如此，自然环境还会影响到城市的逐渐演变发展，这对城市内部宜人空间的产生和对作为一个整体的城市结构都很重要。自然环境作为一个可利用的景观要素往往是城市优质发展的关键，也给一些与自然紧密结合的类型城市结构的发展提供了特色，例如阿姆斯特丹和威尼斯中的河道是这些城市之美不可或缺的部分，与城市共同发展。因此，自然环境特征成为城市整体空间结构的

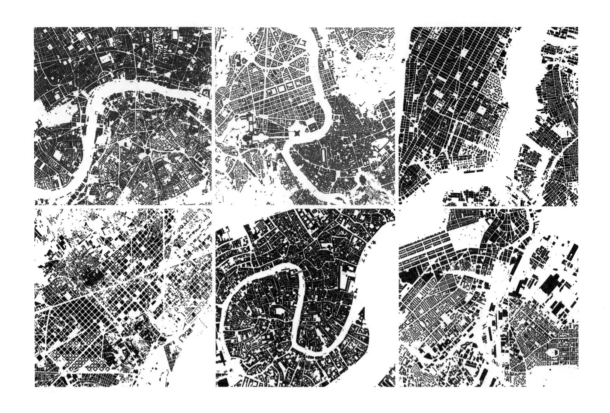

图4-30 不同城市的城市格局与结构，自然水系、轴线、道路、重要节点等要素构成了城市的基本格局

第一层要素，城市之美的形成必须要关注城市自然环境所产生的各种特性。

（2）城市格局与结构

城市格局与结构是城市的整体空间逻辑关系，目前关于城市空间格局的具体定义也十分复杂。在这些定义基础上，王建国提出城市空间格局可以看作是城市物质空间构成的集中体现，是城市发展到特定阶段，反映特定社会文化背景、表现城市特色风貌的城市物质空间形态的总体反映。[1]在这种总体反映之中，与城市格局相对应的总体结构对于城市整体性与秩序感的形成起着重要的作用。

工业化城市出现之前，城市有着明确的边界，城墙起到了空间限定作用，在原有的自然环境与城市建设之间确立了分界线，而城墙之内的空间同样具有相对明确的肌理与组织模式。可以认为当时的城市格局与结构是相对清晰的，例如中国传统都城形成的通过中轴线组织的山水城格局。近现代以来，伴随着人口与产业的急剧增长，城市的边界不断被突破，城市也变得越来越复杂，在快速交通的带动下向外发展，这就使城市呈现出了极为复杂的整体形态特征，城市物质空间形态的总体反映也需要伴随这种生长不断进行梳理（图4-30）。在人的实际感知层面，一个城市特有的总体空间结构，包括平面上轴线、大道和城市级节点等构成的骨架结构赋予了

1　王建国. 城市设计 [M]. 北京：中国建筑工业出版社，2009：131.

城市形象宏观层面的独特性与识别性，这些要素也成为城市之美的内在逻辑基础。

图4-31 城市中的不同分区，各片区对人们认知城市有着不同的影响

（3）城市分区

在城市大的格局之下，城市还包括很多形象不同的片区。城市片区介于城区和单个居住区、商务区等功能区域之间，是相对独立的、具有特定范围和多种功能的区域。片区既可以由自然物分隔，也可以由行政界限划分。

如前所述，工业化城市之前的传统城市往往有着明确的边界，城市空间也会具有相对清晰的城市格局，而近现代以来城市规模不断加大，城市空间也变得越来越复杂，城市的各个片区也在不断成形发展（图4-31）。从工业区、居住区、商业区、文教区，到中央商务区、中央行政区、城市中心区、历史文化街区等，现代城市的发展离不开这些承载不同功能、具有特定范围的分区，而且这些不同分区对于城市中人们认知城市产生了极大影响。凯文·林奇在《城市意象》中提出了五个要素，其中边界与区域都与城市分区有关。边界在他看来是不考虑作为路线来使用的线性元素。它们既可以是两个易于识别的地区的接缝，也可以成为两个易辨识的地区之间的屏障，非常繁忙的道路、铁路线、通道和运河可以形成边界地带。而区域则是观察者可以步行进入的区域，是城市巨大的组成元素的中间层级，区域通常具有一组可辨识的特征。

可以认为，城市片区是认知城市的主要结构元素，它们是居民识别城市的基础。有学者提出，城市片区是城市设计的一个主要元素，与之相对应有学者认为城市片区

图4-32 城市中不同分区的各种肌理，图为波士顿城市各片区肌理

的划定与深入研究是未来城市规划与设计的当务之急。[1]总体来看，城市分区以及各片区特色是人们识别认知城市的主要结构要素，同时也是城市设计研究的重要对象。

（4）片区肌理

在城市分区确立之后，各片区的空间肌理就成为人们认知城市的重要客体要素。所谓片区肌理就是城市在一定历史时期内形成的可识别的独特空间组织形态，包括街道、院落、建筑群及其他环境要素的肌理等。之前提及了有机模式、形式主义模式与现代主义模式等城市设计传统模式，这些模式实际上也在一定程度上对应了不同城市片区空间的肌理模式。城市片区的肌理对于人们认知片区，形成对于该区域的整体印象十分重要，城市设计师与研究者也将这一要素看作是规划设计城市空间之美的重要对象（图4-32）。

当然不同的片区有着不同的特色与肌理，在《市镇设计》一书中，作者对于城市中的具体片区空间特色与肌理进行了描述，比如城市中心区的设计应具有独特、连续的景观系统，并形成相对明确的功能分区关系。其中城市广场以及购物中心等大型的城市公共场所和建筑群又是城市中心的重点地段。而对于邻里的片区特色与

---

1 （英）克利夫·芒福汀著. 绿色尺度[M]. 陈贞，高文艳译. 北京：中国建筑工业出版社，2004：129.

图4-33 城市中由建筑群体组合形成的天际线，反映了城市建筑群的组织，具有良好秩序又不失变化的天际线能有效提升城市的形象魅力

肌理，作者提出邻里由居住和相应的社会服务设施组成，公共服务设施如学校所能维持的服务范围是确定邻里规模和密度的关键因素，邻里的整体结构结合自然条件，有流畅的曲线型道路、连贯的步行系统，并对低层住宅、公寓式住宅和特殊地形条件下的住宅规划组合以及邻里中心的分布模式进行了讨论。因此，作为城市结构的基本组成部分，片区特色与肌理对于城市的整体性有着重要的意义。

（5）天际线

随着城市尺度的逐渐加大，城市天际线越来越成为反映城市空间发展总体状况的重要因素。西方传统城市中天际线常常由大教堂、市政厅等统领，现代大都市的重要天际线则由CBD地区的高层商务办公楼集合形成。所谓天际线是指以天空为背景，由城市建筑物及其他物质环境要素投影形成的城市轮廓线或剪影，通常由城市的地形环境、自然植被、建筑物及高耸构筑物等的最高边界线组成。城市天际线反映了城市建筑群体高度的分区和整体控制，对于城市形象的形成和重点区域的突出具有重要意义（图4-33）。

斯皮罗·科斯托夫在《城市的形成》一书中专门用一节"城市天际线"分析了城市天际线的重要性，并认为天际线是城市的标签，反映着城市的面貌特征，是人们认识和感受城市的一种途径。同时他概括了与天际线相关的一些原理，包括高度、形式、途径、色彩与灯光等。天际线是城市总体形象的一种概括，近年来大量城市也逐渐形成了自身具有特色的天际线，成为城市的标志和象征，优美具有良好

图4-34　上海城市各具特色的街道空间，包括城市重要片区外滩的街道、浦东办公楼群间街道及一般性具有生活气息的普通街道，各类街道空间感受各不相同，形成了城市开敞空间的整体美学气质

秩序的天际线能更好地帮助人们认知城市，同时提升城市的形象魅力。

4.3.2　城市开敞空间

一直以来，街道、广场、公园与绿化景观等开敞空间被认为是城市空间中极为重要的要素，它们既是人们进行城市公共活动的主要载体，并且对于城市之美起到了至关重要的作用。与此同时，城市开敞空间也一直都是城市规划、城市设计等领域关注的焦点，相关的理论研究与实践也十分丰富，本节就针对街道、广场、绿地公园、滨水空间、环境艺术与小品这几个方面进行介绍。

（1）街道

街道在城市中发挥着巨大的作用，而城市街道的美学景观则是由街道两侧的建筑物、绿化、市政与交通设施、建筑小品、广告、装饰以及地面铺装等共同组成的街道景观与面貌。

历史上大量学者都对于街道在城市生活与城市美学中的作用进行了阐述。罗

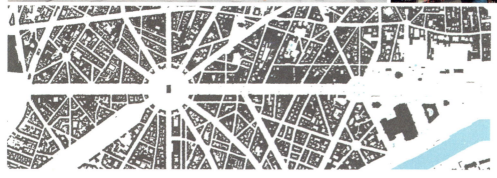

图4-35 巴黎城市各具特色的街道空间，包括城市重点街道香榭丽舍大道、城市中心片区街道及蒙马特高地的集市性街道

布·克里尔的《城市空间》界定了城市空间的概念，认为城市空间总体上可分为城市广场、城市街道及其二者的交汇空间三大类，他提出城市街道是公众流动和散步的空间，街道空间的形式与其两侧建筑断面的不同组合密切相关。雅各布斯认为城市中街道担负着特别重要的任务，是城市中最富有活力的器官，也是最主要的公共场所。而且街道也是城市中主要的视觉感受的发生器，街道是她分析评判城市空间和环境的主要切入点（图4-34、图4-35）。

除了人的公共活动与感知外，街道还承载了城市的主要交通职能，而历史上交通系统类型的改变比如从马车时代到汽车时代既影响了街道自身的形态，甚至还大大影响了城市整体的发展。

有学者就对这一问题进行了论述，认为交通系统的技术发展促进城市形成不同的类型。例如中世纪城镇弯曲延伸的小径是真正的唯一可经由步行来通过的。相对而言，巴黎华丽的中央大道似乎更加适合坐在马车背后欣赏，而像美国休斯敦那样的城市则更适合通过城市高速公路来穿行。每个交通模式引发了不同规模的城市形式，3~4层楼高的中世纪城镇的小巷更适合步行、马车和手推车，7~8层楼高的巴

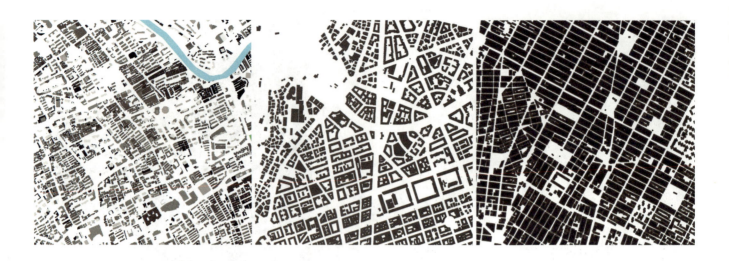

图4-36 街道在城市中发挥着重要作用，承载了交通、公共活动、空间组织等多种职能

黎公寓街区则适合步行者、马车，现代城市摩天大楼街区则适合机动车。在摩天大楼的情形中，汽车飞速驶过，让人感觉到一些摩天大楼好像被延伸了，依然形成了连续的建筑界面的视觉印象。[1]

这也成为当今的一个重要话题，就是如何在保持交通体系的方便快捷基础上同时能营造出宜人舒适的街道景观。除了这些重要职能之外，街道既是人们感受城市场所空间之美的具体对象，同时街道也在一定程度上具有城市空间结构组织的作用。街道串联了城市的不同片区，具有轴线、景观视廊等职能，因此街道也成为承载城市结构之美的重要因素（图4-36）。

（2）广场

城市广场是为满足多种社会需要建设的具有一定功能、主题和规模的开放型城市户外公共活动空间。广场通常被建筑群、山水地形等所围合，是由多种软、硬质景观构成的活动场所。

罗布·克里尔在《城市空间》提出城市广场的功能是带有文化特征的活动场所，从形态学的角度，城市广场是由方形、圆形和三角形等三种基本原型经过相应的角度、比例和尺寸几个相关要素的变换产生的结果。街道空间的形式与其两侧建筑断面的不同组合密切相关，而城市广场与街道交汇处的空间形态总体上有封闭和开放两种基本原型。

根据广场在城市中承担的职能不同，可以将广场分为商业广场、交通广场、市民广场、纪念性广场与生活广场等类型，这些广场作为承载人们活动的重要公共场所，在体现城市空间活力之美方面发挥着重要作用（图4-37~图4-39）。

---

[1] （英）玛丽昂·罗伯茨，克拉拉·格里德编著. 走向城市设计[M]. 马航，陈馨如译. 北京：中国建筑工业出版社，2009：8.

图4-37 不同城市各具特色的广场空间，图为北京天安门广场（上）

图4-38 威尼斯圣马可广场（左下）

图4-39 巴黎卢浮宫广场（右下）

（3）绿地公园

城市绿地是以栽植树木花草为主要内容的土地，是城镇和居民点用地中的重要组成部分。如果进行细分的话，城市绿地主要可包括城市行政管辖区范围内的公园绿地、附属绿地、防护绿地、园林生产绿地、道路绿地、郊区风景区公园等。同时城市中的公园种类也很多，如从等级、规模以及与城市空间的结合来看，就可以分为综合公园、专类公园、社区公园与带状公园等类型，而其中的专类型又可以分为植物园、湿地公园、体育公园等。一直以来，绿地公园对于城市的形象有着极大的影响，而在人们越来越重视环境质量与生活品质的背景下，各类型的绿地公园也成为体现城市绿色、宜居之美的重要元素（图4-40）。

（4）滨水空间

城市水系指由城市范围内的河流、湖泊、湿地及其他形式的水体所构成的水域系统，这些水体为城市增添了独特的魅力，城市滨水空间也是城市之美的重要组成要素。巴黎的塞纳河、伦敦的泰晤士河、上海的黄浦江以及杭州的西湖等案例都在充分说明滨水空间的重要性，这些水系都已成为这些知名城市的重要名片。除了水面景观带来的自然感受之外，城市水系的滨水带以及沿岸的城市景观也在城市之美

图4-40　不同城市的绿地公园，图分别为上海人民广场公园及纽约中央公园

图4-41　不同城市的滨水空间，图分别为上海外滩滨水空间及巴黎塞纳河临巴黎圣母院滨水空间

的塑造中发挥着巨大作用，为滨水空间的美学感受与宜人品质提供基础（图4-41）。

（5）环境艺术与小品设施

上述这些城市开敞空间中还存在大量的环境艺术与小品设施，如沿道路布置的各类服务性设施，包括休憩设施、康体设施、绿化设施、公用电话、公交站点、指示牌、照明设施、应急设施等。还包括城市雕塑与小品，即在城市公园、街心、公共建筑前及具有纪念意义的场所中，根据不同场地特点设计和布置的各种公共雕塑作品与小品，这些相对微观的要素共同体现了城市空间的环境风貌，对城市之美的整体塑造与具体感受起到了很大的作用（图4-42）。

4.3.3　城市建筑

建筑是人们赖以生活、工作的基本物质载体，同时也是组成城市空间的基础单元。建筑有着自身的美学特征，城市之美也离不开建筑这一重要因素，城市空间的主体就是由建筑与开敞空间所构成，同时城市整体环境中建筑的设计创造又还必须充分考虑周边的环境。城市建筑作为单独一类城市要素来看的话，又可以分为不同类型的建筑，建筑物的形式与空间都应与建筑承载的功能、服务对象以及建筑所要传达的含义相匹配，同时从人们感知角度还可以将建筑分为群体、单体、细部这几个层面。

图4-42 城市中的各种环境艺术与小品

（1）建筑类型

适应不同职能的需要，城市中存在着不同的类型，如居住建筑、办公建筑、商业建筑、公共服务建筑等。不同建筑类型有着不同的外在表现形式，同时对于城市整体形象的影响也有差异。

如果选取城市中主要的几类建筑进行分析的话，我们可以得到不同类型建筑的主要定义特征以及对于城市的不同作用。如居住建筑是供家庭日常居住使用的建筑物，建筑形象特征与居住使用功能基本要求及舒适度密切相关，从与风貌相关度出发可以根据层数分为低层住宅、多层住宅、中高层住宅与高层住宅，也可以根据公共交通方式分为单元式住宅、塔式住宅与通廊式住宅。居住建筑是城市中大量存在的一般性建筑，是城市整体形象与基本肌理形成的基础要素。再比如办公建筑同样是城市中大量存在的公共建筑，其中既有标志性建筑也有一般性建筑，办公建筑又可划分为政务办公建筑、总部办公建筑、商务办公建筑、混合办公建筑等不同类型。居住建筑与办公建筑有着各自的特征，与这两类不一样的城市公共管理与服务类建筑则是城市中的重要公共建筑，其中一些类型如体育、交通、文化建筑等可以成为城市整体形象中的亮点建筑，极具公共性和标志性。

不同类型建筑既有着各自的美学特征可以成为人们欣赏的对象，同时又在城市之美的整体性中发挥着不同的作用。比如城市中的建筑根据形象重要性的不同往往可以分为标志性建筑和一般性建筑，这种划分就与城市建筑的类型密切相关，只有结合类型进行建筑创作，才能保证城市形象的秩序性、整体性和高品质。

尼古拉斯·佩夫斯纳曾对建筑的重要性加以区分，认为"几乎所有可供人走动的封闭空间都可以被称作建筑物；而建筑学这个词只能用在外观设计上具有美感的建筑物上。"不仅如此，"一个自行车棚就是一个建筑物，而林肯纪念堂则是一件建筑艺术品"。[1] 这种过分关注极具艺术价值的纪念性建筑等地标建筑的观点实际上并不利于城市整体之美的营造。在我们探索对城市的理解过程中，只是重点关注和研究标志性建筑物或建筑艺术作品是不够的。事实上，不同类型建筑都在城市之美中贡献了自己的作用，而如果仅仅关注少量地标建筑而忽略了大量一般性建筑的美学品质，城市之美

---

1 转引自（美）阿里·迈达尼普尔著. 城市空间设计：社会·空间过程的调查研究［M］. 欧阳文，梁海燕，宋树旭译. 北京：中国建筑工业出版社，2009：39.

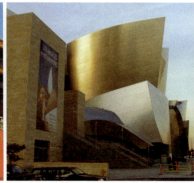

图4-43 古今中外各种具有标志性的建筑

图4-44 现代城市中提供日常居住、办公与商业功能的建筑

也将无从谈起。因此，城市的整体营造离不开每一类型建筑，我们需要把所有类型建筑都看成是城市整体建成环境的重要组成部分（图4-43、图4-44）。

（2）建筑群体

建筑群体是控制建筑组群整体感的重要因素，对塑造城市街道等公共空间以及城市街坊单元内的整体建筑风貌有基本的影响。同时，良好的建筑群体组织还可以实现城市街道、广场、绿地公园周边等公共空间处建筑界面的整体协调，保持上述城市空间建筑界面的连续与完整（图4-45~图4-47）。具体说来，建筑群体可包括布局、界面、场所等具体要素。

- 布局：建筑在场地中的位置安排，彼此之间的组合关系，及其所形成的整体空间质感（图4-48）。
- 界面：建筑与外部空间的交界面（图4-49）。
- 场所：建筑、自然与活动等多要素构成的有意义的整体城市空间环境，建筑多种要素对于场所感的形成具有重要影响（图4-50）。

（3）建筑单体

建筑单体是控制单体建筑形象特征的重要因素，对塑造城市内不同类型单体建

图4-45 由多栋现代高层建筑组成的建筑群体　　图4-46 由较为传统的小体量建筑组成的建筑群体　　图4-47 建筑群体要素：布局、界面与场所

图4-48 建筑群体要素：布局，图为波士顿某街区建筑群体布局

图4-49 建筑群体要素：界面，图为威尼斯沿水面形成的建筑群体界面

图4-50 建筑群体要素：场所，图为伦敦圣马丁学院建筑群体入口处形成的场所

筑风貌有基本的影响作用（图4-51）。建筑单体具体可包括体量、造型、立面、屋顶、色彩等要素。

- 体量：建筑形体大小与尺度（图4-52）。
- 造型：与建筑内在功能、使用、建造等紧密结合的外部形态塑造（图4-52）。

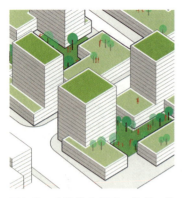
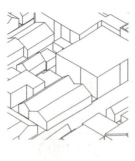

图4-51 建筑单体要素：体量、造型、立面、色彩与屋顶

图4-52 建筑单体要素：体量与造型，图为上海由不同体量与造型组成的建筑群体

图4-53 建筑单体要素：立面，图为威尼斯某水边多栋建筑组合，反映了不同建筑具有的立面处理

图4-54 建筑单体要素：屋顶，各个建筑具有自身的屋顶处理

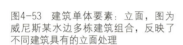

图4-55 建筑单体要素：色彩，各个建筑具有的不同色彩

- 立面：立面的划分、构图、虚实、风格等（图4-53）。
- 屋顶：屋顶的形态、尺度，以及所形成的第五立面（图4-54）。
- 色彩：建筑物的色彩体系（图4-55）。

（4）建筑细部

建筑细部是控制建筑微观形象的重要因素，对塑造建筑风貌的基本品质有着重要的影响作用（图4-56）。具体可包括材质、细部、底层与入口、附属物及其他等要素。

04 城市之美的影响要素与对象系统

图4-57 建筑细部要素：材质，不同建筑的各种材质

图4-56 建筑细部要素：材质、细部、底层与入口、附属物及其他

图4-58 建筑细部要素：细部，不同建筑的各种细部处理

图4-59 建筑细部要素：底层与入口，二座建筑底层与入口的不同处理

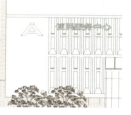

图4-60 建筑细部要素：附属物及其他，广告位、空调室外机等建筑附属物

- 材质：建筑物采用的能影响人感受的材质（图4-57）。
- 细部：建筑物的局部构件，包括其外观细节与构造工艺（图4-58）。
- 底层与入口：建筑物底层的近人空间与交接外界城市空间的节点（图4-59）。
- 附属物及其他：包括立体绿化、空调室外机、屋顶设备（如冷却塔、水箱、烟囱、电梯机房、出屋面楼梯）、灯箱、建筑标识、广告牌等附属物，以及围墙围栏、消防设施、人防设施、通风井、物流快递、共享设施、公共吸烟区、公共停车场地等配套设施（图4-60）。

图4-61 其他要素：城市色彩，各个城市都有着自身的色彩体系

4.3.4 其他要素

除了城市空间结构、城市开敞空间、城市建筑之外，城市中还有一些要素也在城市之美的塑造中发挥着重要作用。

（1）城市色彩

城市色彩是城市中所有物质环境能被感知的外部色彩的总和。包括土地、植被等自然环境色彩和建筑物、广告、交通工具等人工色彩。在工业化时代之前的传统城市建设中，一个城市会具有自己的主色彩体系，而伴随着城市规模的不断扩大，一个城市的色彩体系会变得十分丰富。这些城市色彩就来自于自然环境与人工建设的组合，同时城市的色彩又受到自然地域特征、社会文化、城市性质规模、政策管理等方面的影响。另外，城市中具体空间色彩又来自于之前各种要素，自然、建筑、小品等各种要素色彩的良好组合才能形成统一而又具有变化的城市色彩（图4-61）。

（2）城市夜景

随着社会的不断发展，新的城市类型要素作为科技和社会变革的结果在不断涌现。近年来越来越多的城市在注重城市夜景的打造，城市夜景也越来越成为城市整体之美的重要因素。城市夜间的景观形象是城市整体形象的一部分，美好城市夜景不仅能为人们在夜晚的活动提供良好的环境品质，繁荣城市经济丰富市民的夜生活，而且对营造夜晚的文化氛围、树立城市形象品牌具有重要作用（图4-62）。

（3）城市地下空间

城市的发展建设越来越立体化，除了向高空立体发展，城市地下空间的开发建设也成为未来城市发展的重要元素。而且当前不少城市地下空间容易被人忽视，结合未来城市形象的整体建设，城市地下空间也将为城市之美与品质提升发挥作用。

图4-62 城市夜景，城市夜间的形象也是城市之美的重要组成部分

图4-63 城市基础设施与构筑物

（4）城市基础设施与构筑物

除了以上提到的种种要素之外，还有一大要素就是城市中的高架道路等基础设施以及电视塔等构筑物要素。这类要素在城市中大量存在，但之所以将这类要素归为其他要素，是因为这些要素中有大量要么并不具备能直接感知的形象性，要么就是因为它们的功能属性过强不具备在城市设计创造技术层面的操作性。这里提出这类要素是因为它们确实对城市的整体形象产生了很大影响，我们要更为关注其中能对城市之美造成直接影响、且可能对其进行优化调整的那些要素（图4-63）。

思考题

1．绘画、雕塑等艺术形式与城市审美客体对象的差异是什么？
2．文化、环境、社会、技术与管理等要素对于城市之美的影响如何体现？请选取几个城市作为案例对于上述要素产生的影响进行比较分析。
3．依据书中所列不同层次尺度的物质客体对象系统对你所在的城市进行实地调研分析，并尝试归纳这些要素的基本特征。

第 5 章
城市审美的认知方式

5.1 城市美学主体认知论
5.2 人的基本感知
5.3 环境视觉认知
5.4 城市的整体化认知

本章学习要点
1. 关于城市环境的基本审美认知方式与机制；
2. 人的基本感知以及各种感知方式在环境审美中的作用；
3. 视觉认知的基础理论与机制；
4. 城市认知的相关理论与机制。

上一章从美学客体的角度介绍了城市美学对象的系统论，关于城市的审美是通过人对于对象系统的感知实现的，同时也是认识、评价与理解的产物。而人们究竟如何对这些对象进行审美，包括人感知到的是什么信息，而在城市环境中的感知方式究竟有哪些，如何感知进而怎样进一步理解处理感知收集的信息，这些问题就关系到城市美学的审美认知方式。本章试图从城市美学的审美认知论的角度，对于人们对城市认知审美的方式机制展开介绍。

5.1 城市美学主体认知论

马克思曾提出"人以一种全面的方式，也就是说，作为一个完整的人，占有自己全面的本质。人同世界的任何一种人的关系——视觉、听觉、味觉、触觉、思维、直观、感觉、愿望、活动、爱，总之，他的个体的一切器官……通过自己的对象性关系，用通过自己同对象的关系而占有对象。"[1] 城市中对象的多样复合为人们用"全面的方式"来感知提供了可能。而伴随着社会的发展，人们与客体的关系也越加丰富，对于艺术形式的审美认知也不只是传统的博物馆式审美（图5-1）。城市对于人们而言，不只是生活与工作的场所，不仅能实现生理的需要，同时也是精神需要的依托。而正是城市的对象的复杂、功用的综合，也带来了人们对于它审美认知方式的多样性。

---
1 马克思，恩格斯著. 马克思恩格斯全集 第42卷 [M]. 中共中央马克思恩格斯列宁斯大林著作编译局译. 北京：人民出版社，1979: 124.

图5-1 人们对于传统艺术品的审美，艺术的审美通过博物馆陈列与一定距离"静观"来完成

5.1.1 美学认知：理性与经验

在美学研究中，《西方美学通史》在论述西方美学发展的历程中将美学的演变发展分为了理性主义和经验主义两条主线。[1]在哲学史上，理性主义与经验主义一般用来指17世纪两个对立的哲学流派与思潮，即英国经验派与大陆理性派。《西方美学通史》借用这两个术语来描述西方美学史上从古希腊至19世纪以来的两种不同的理论倾向，一种偏重于逻辑、理性的演绎，另一种则相对重视感性经验的作用，而理性与经验这两条差异化的发展线索也可以看作是主体认知审美的两种基本方式。

古希腊的两位哲学家柏拉图和亚里士多德，分别代表了西方美学认知审美中理性和经验这两大方向。柏拉图的美学思想以理念（理性）本体为基础，他认为事物的美来源于理念。而亚里士多德则具有经验主义的观点和方法，更关注现实的、感官能够把握到的经验事物的美，他把审美同人的感官感受与经验联系起来，提出美的事物要能在人的感官接受能力范围之内："一个美的事物——一个活东西或一个由某些部分组成之物——不但它的各部分应有一定的安排，而且它的体积也应有一定的大小；因为美要依靠体积与安排，一个非常小的活东西不能美，因为我们的观察处于不可感知的时间内，以致模糊不清；一个非常大的活东西，例如一个一千里长的活东西，也不能美，因为不能一览而尽，看不出它的整一性。"[2]这一论述就把美感与人的直接感受联系了起来，这也就与美感来自于理念的认知形成了对比。

---

1 蒋孔阳，朱立元主编，范明生著. 西方美学通史第1卷古希腊罗马美学[M]. 上海：上海文艺出版社，1999：11-58.
2 （古希腊）亚理斯多德著.（罗马）贺拉斯著. 诗学[M]. 罗念生译. 杨周翰译. 北京：人民文学出版社，1962：25-26.

图5-2 当代艺术品的形式在变得越来越多元，对于艺术的欣赏模式也随之发生着变化

正是在理性与经验这两大主线认知方式之下，自古希腊开始西方关于审美认知的讨论一直在延续。直到17世纪，西方美学分为两大派即大陆理性主义和英国经验主义，这正好是理性认知与经验认知两个方向在新阶段的延续和发展。大陆理性主义是由笛卡尔开创的，以人的理性作为认识世界的出发点。英国经验主义从培根开始，经霍布斯、洛克、休谟、博克等人的发展而达到高峰，他们强调了感觉经验在认知审美中的重要作用。经历了18世纪德国启蒙主义美学后，德国古典美学对之前理性主义和经验主义两大主流进行了综合，努力调和感性与理性、主观与客观、内容与形式等被经验主义和理性主义割裂的方面。

在19世纪西方美学的发展过程中，理性主义与经验主义两条主线呈现出了更为复杂的发展态势。实证主义及以费希纳为代表的实验美学尝试运用心理实验的方法来解释审美过程，提出以自下而上的重视感性经验的实验美学来取代自上而下的传统理性主义美学。于是理性与经验的对立自此开始发生变化，原先的经验主义发展为实证主义，强调自下而上并逐步接受建立在经验基础上的科学理性；而原先的理性主义则开始出现分化，非理性主义的思潮逐步出现。而20世纪的西方美学已经不能简单地用经验主义和理性主义两条主线来加以概括，而是被概括为人本主义与科学主义两大思潮。如果说传统把理性理解为人先天具有的认识、判断事物能力的话，20世纪则把理性理解为用逻辑的方法把握、认识对象的科学态度。而以表现主义、现象学、解释学等为代表的人本主义主潮则否定逻辑理性，主张把非逻辑的直觉的体验作为美学的基点。[1]

与这种变化相对应，人们对于认知审美的认识也在发生着变化（图5-2、图5-3）。在第3章中我们曾对当代西方美学中的一些观念变化进行了简要介绍，总体来看，在各

---

[1] 蒋孔阳，朱立元主编．范明生著．西方美学通史第1卷古希腊罗马美学[M]．上海：上海文艺出版社，1999：42-58．

图5-3 当代艺术审美开始注重人的互动性与全方位感知

种思潮的影响之下,感性经验甚至反理性成为一种新的审美态度与价值判断标准,而审美的客体对象范围不断扩大,越来越多的美学范畴开始出现。与此同时,生活与艺术的结合使得传统对于艺术品欣赏的距离静观模式的消解,人们在强调全方位的感知对于认知审美的重要性。瓦尔特·本雅明曾经提出对于传统艺术品的观照是一种有距离的专注的欣赏,而新时代的艺术欣赏中主体与对象的距离消失了。另外,机械复制技术把传统艺术的个人品味方式,转化为集体或公共的大众互动,即一种"群体性的共时接受"模式。[1]以本雅明为代表的思想家认为技术的进步意味着艺术生产水平的提高,这会引起创作者、作品与受众之间的关系的转变,同时也必将会带来新的审美方式与体验。与此同时,主体的身体感知也在变得越来越重要,这也代表了当代西方审美文化对人本的强调,审美成为一个涉及身体全方位感知的系统。

与西方美学发展在探讨认知审美机制时从理性与经验视角展开相对应,中国传统美学中对于认知审美机制有着自身的认识。在第2章中我们简要介绍了中国传统美学思想对于审美过程机制的描述,如其中包括了"神游""澄怀""目想""心虑""妙悟"等状态。总体来看,中国传统注重整体性地感知,将多种审美心理态势加以联系,融合客体对象与审美主体的形与神、意与象、情与景等要素,实现主观感性与客观理性、心与物相交融,整体多角度地进行审美。这些特征既是中国传统文化的一部分,同时也对于现在人们更好地去理解认知审美过程提供了重要参考。一些美学家在探讨中国传统审美文化及其现代意义的同时,从中西比较的角度指出了中国传统对审美机制认知的独特性与启发性,也有一些研究指出中国传统的这些思想认识与当代人本主义思潮的潜在联系。[2]

在有关环境审美心理的研究中,与美学中理性与经验两大主线方式划分类似,

---

1 (德)瓦尔特·本雅明(Walter Benjamin)著. 发达资本主义时代的抒情诗人[M]. 王才勇译. 南京:江苏人民出版社,2005.125-162.
2 参见潘知常. 中西比较美学论稿[M]. 南昌:百花洲文艺出版社,2000.

图5-4 城市内容的多元性为人们的认知审美提供了更多可能性，图为纽约城市空间

也有学者从这两方面切入来建构环境认知审美的研究系统。乔恩·兰将有关环境审美的方式分为了思辨美学与经验美学这两大部分，思辨美学即通过心理学理论以及内省式分析来探讨环境的审美认知，而经验美学则更依赖基于相关性分析的科技手段来分析环境美学体验。

不管是从理性思辨的角度，还是从经验实证的角度去探究主体认知审美心理，他们都希望研究环境审美认知态度与感知判断形成的过程，而这两大主线所形成的诸多思潮也成为切入研究城市认知审美方式的参照。

5.1.2 城市美认知：理性、经验与全方位感知的整合

如前所述，西方美学史对于人们的审美认知划分为了不同的切入方式，在理性与经验这两大主线之下，不同时期对于认知审美的方式存在着多样的不同解读，而这些不同的方式还是限于美学研究的范畴之中。传统的理性被认为是人先天具有的认识、判断事物、整理感性经验的能力，而20世纪以来理性则被认为是用逻辑的方法把握、认识对象的科学态度，同时经验主义同科学理性相结合展开了对于人们认知审美过程与经验的研究。人们开始利用科学技术发展带来的成果，对人类心理和审美现象进行探究，将科学分析的方法与认知过程研究相结合，这些研究对于20世纪城市环境的认知审美研究产生了很大影响。

进入20世纪以来，随着城市复杂度的提升以及人们对于城市环境研究的深入，很多专门针对城市环境认知审美的研究开始出现。除了传统思辨式的基于个人内在理性来概括认知审美过程以外，关于审美机制的研究更多地围绕人的经验认知展

图5-5 城市内容的多元性为人们的认知审美提供了更多可能性，图为纽约城市中的街道、建筑、广场等空间

开，希望以此来建立主客观之间的联系机制。在有关经验审美机制与环境设计互动理论的研究中，研究者试图建立对审美认知判断的实验性研究，希望以此建立由不同环境所产生的人的反应机制，总结出相对科学的认知理论。目前这些认知评价理论既有基于基本视觉或其他感知的研究，也有试图整合理性与经验等更为多元的认知审美方式的研究，这些为城市环境的审美认知方式的总结提供了参考。

另外，正如第4章所提出的，城市中的审美对象系统具有多维度多要素的特点，与之相对应，对于城市的审美自然是针对这些要素的综合性认知集合。即使是人们对于城市中的某一特定对象的审美认知，实际上也是包含了从基本的身体感知再到心理认知的一套综合性认知反应过程。这种综合性的认知反应过程就使人产生了对于城市的美学体验，其中融合了从理性到经验的种种可能的主体认知方式。人们能够从城市环境中产生审美体验，既需要生理感知上的舒适感以及视觉方面的认知，同时还包括这一系列对象在人们心理上形成的深层联系。因此对于城市的审美认知需要建立更为综合与多元的认知模式来理解（图5-4、图5-5）。

对于环境美的认知审美的基本方式是视听快感，除此之外，人们对美的感受还包括身体全方位的感知、人的心理活动以及理性知觉。一些研究框架就提出，美学体验由感觉、形式和关联性评价组成。也就是说，假设一个环境能产生令人愉快的感觉体验和形式结构，并且如果它有令人愉快的符号或意义关联时，它能使人产生审美体验。首先，这意味着不同的感官刺激即光、颜色、声音、气味以及触觉等基本感知信息是令人愉快的；其次，形式因素即形态、肌理、亮度和色彩等组成的环境模式是令人愉快的；另外，这也意味着由这些模式激发的关联性也是令人愉快的。[1] 以上三个方面可以被看作是环境认知审美方式的三个主要维度，这一分析框架是对于环境的基本认知审美，而针对城市的综合性认知审美方式也可以包含这三个层面的内容。

首先，城市的认知审美是关于人基本的感觉体验。身体的基本感觉是人对环境反应以及认知审美形成的重要基础。但目前关于认知审美研究的焦点是关于视觉感知的，对于视觉之外的身体与心理感受对审美的影响机制解析还并不系统，更多的是关于某一特定类型空间物理性质如空气品质、光学、声学品质的研究，但不可否认，这些基本的身体与心理感受会对于审美造成影响。

其次，城市的认知审美是关于视觉的形式审美。从视觉出发对于艺术形式的认知审美一直是美学中的中心话题，而在城市环境认知审美的过程中，视觉同样是极为重要的要素，这并不是否定人们在评价环境中声音、触觉和嗅觉体验的作用。不过可以确定的是，对于城市环境的审美，视觉是获取城市空间客体信息的最基本手段。

再次，城市的认知审美是关于城市空间整体与相关意义的获得。而城市环境是一个复杂的巨系统，城市的认知审美不可避免地要对城市的整体环境与各种要素进行感知和审美。另外形式背后的意义感知与理解一直是伴随着美学审美的一个重要问题，人们需要能理解给人带来愉悦的环境的深层意义。

之所以强调城市认知审美方式的多层面，一方面是对应于人的认知体验方式的综合性，同时也是在强调城市这一审美对象的复杂性。审美认知的方式是离不开具体对象的，正如第4章所述，城市的审美对象不只是艺术品，而是人们的城市生活空间与大千世界，对象的综合与复杂也必然会形成一系列的认知审美方式。在第4章介绍审美对象系统时曾经引用了王建国在《城市设计》一书中对于城市设计理论演化阶段的划分，从第一代的物质形态到第二代的技术美学观念、对于人和社会关系的关注，以及综合性城市环境的关注，再到第三代的对于城市环境内在质量的关注，伴随着这种城市空间研究代际的发展，城市审美认知的对象也在日益扩大，与此同时人们对于城市认知审美的方式也愈加综合。

总体来看，城市美感的形成是理性、经验与全方位感知等方式的整合，结合上面对于人的审美方式的不同层面以及城市设计研究不同阶段的划分，下面三节就分别从三个方面来展开对于认知审美方式的介绍。

5.2 人的基本感知

人的基本感知是人对环境反应以及认知审美的基础，其中既包括视觉、听觉、

---

[1] （澳）亚历山大·R·卡斯伯特编著. 设计城市-城市设计的批判性导读 [M]. 韩冬青，王正，韩晓峰，钟华颖译. 北京：中国建筑工业出版社，2011：308.

嗅觉、味觉、触觉等基本感觉，也包括人脑对作用于感觉器官事物的知觉反应。在环境认知审美中，包括视听觉在内的人的基本感知能发挥十分重要的作用（图5-6）。

图5-6 城市内容的多元性需要人们视觉、听觉、嗅觉等各种感知来形成对于城市的认知审美

5.2.1 感觉与知觉

人们对于外界环境的感知通常可以区分为收集和转译环境刺激的两个过程，即感觉和知觉，这两者并不分离。感觉是人对外在世界的基本认识活动，是人们的感觉系统对环境刺激的反应，例如感官系统对声音或光线的反应，人的重要感觉包括视觉、听觉、嗅觉和触觉等。人们通过自身的感觉可以了解客观事物的形状、尺度、颜色、质感等基本属性，也能够了解自身的基本状况，如饥饿、疼痛等。因此，感觉是联系人与外部的基本联系方式，也是意识观念形成的重要依据。与感觉相对应，在通过感觉获得事物的各种基本属性之后，知觉是对作用于感觉器官事物整体属性的反应。知觉关注的不只是简单的观看或形成基本的感觉，知觉还涉及对环境信息更复杂的处理或理解。

（1）感觉

感觉是人对直接作用于感觉器官的客观事物的个别属性的反应，人的不同感觉器官会形成不同的感觉，一般最受重视的感觉是视觉和听觉，其次是嗅觉、味觉、触觉，其实除了这五感之外，人的感觉还有动觉、平衡觉等其他丰富的感觉形式。

感觉是对人们当前直接接触到的客观事物的直接反映，而不是过去的或间接的事物。其次，感觉反映的是客观事物的个别属性，而不是事物的整体属性。另外，感觉是客观内容和主观形式的统一体，感觉以客观事物为源泉，以主观解释为方式和结果，是客观事物的主观映象也是主客观联系的重要渠道。人们的感觉有着种种特性，包括感觉阈限、感觉适应、感觉对比以及感觉的相互加强或削弱等。

· 感觉阈限

并非任何强度的刺激会引起人的感觉，例如距离过远人们会看不到，声音过于

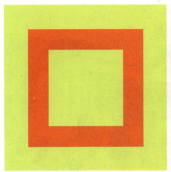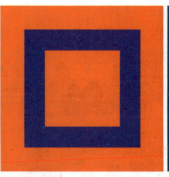

图5-7 在不同颜色背景中的相同色块能给人不同的颜色感觉

微弱人们也会听不到，只有在人的感知范围内的才能引起人的感觉。那些刚刚能引起感觉的最小刺激强度称为绝对感觉阈限。另外，在人们对刺激物形成感觉时，较小的变化刺激量并不一定能被人们觉察。例如，只有1只烛光时再多加1只烛光会引起人的注意，但如果在100支烛光上加上1支烛光则我们不一定能觉察出光强的变化。差别感觉必须要建立在一定量的刺激变化。能觉察的刺激物的最小差异量称为差别感觉阈限，与之相应的感受性称为差别感受性。

- 感觉适应

感觉适应是指刺激物持续作用于同一感受器而使感受性发生变化的现象。嗅觉、触觉、视觉、听觉、味觉等都会在适应后出现感受性提升或降低的现象。"入芝兰之室，久而不闻其香；入鲍鱼之肆，久而不闻其臭"，这是嗅觉方面体现出的感受性降低的情况。在听觉方面，人会在一定范围内表现出对噪声的适应。例如，进入噪声巨大的环境，人们刚开始时会感到嘈杂烦躁，经过一段时间后会对于声音的强度逐渐适应。[1]

- 感觉对比

感觉对比是指不同性质的感觉刺激同时作用使人们的感受发生变化的现象，这种现象广泛存在于视觉、味觉等感觉之中。例如处于深色背景中的事物会显得更白更亮；再比如颜色在周围颜色影响下会向其背景颜色的补色方面变化。灰色正方形在红色的背景上由于感觉对比的影响会显得带有绿色，在绿色的背景上便显得带有红色（图5-7）。

- 相互加强或削弱

现实生活中，人们对于环境的认知常常是多种感觉同时进行的。某种感觉产生时可能会对其他感觉造成影响。感觉的相互作用在现实生活以及环境认知中具有重要的作用。比如感觉中的联觉现象，这是指一种感觉引起另一种感觉的现象，例如色彩与温度联觉和视听联觉等，联觉在人们的生活中具有广泛应用价值。色彩的联觉在环境感知中经常被提及，红、橙、黄等颜色由于会引起人的温暖感觉被称为暖色，绿、蓝、青等颜色由于会引起人的寒冷感觉被称为冷色。另外，色彩还具有轻重感与动静感。深色感觉重，浅色感觉轻，暗淡色感觉重，明亮色感觉轻；暖色使人兴奋，为动感色彩；冷色使

---

[1] 梁宁建主编. 心理学导论[M]. 上海：上海教育出版社，2011：120.

人沉静,为静感色彩。明快浅淡的色彩使人轻松,灰暗浓重的色彩使人抑郁。[1]

除了以上现象以外,感觉的相互作用与影响还包括感觉补偿等其他方面内容。总之,人的感觉系统是一个整体,各种感觉既有着各自的职能,同时又是相互联系的,它们对客观世界进行全面的反应。

(2)注意

与人感知周围环境相关的心理认知活动还包括心理学中所提出的注意,所谓注意是心理活动对一定对象的指向和集中。人周围的环境具有各种各样的要素,人在一定时间内不可能感知到所有对象,而只会针对其中一些对象进行关注,这些对象就成为注意的中心。因此,注意具有指向性与集中性的特点,指向性即是指人是有选择地指向特定的对象,以保证认知的精确性和完整性。[2]

与环境认知审美有关的要素包括刺激物的客观特性如强度、新异性、对比、运动变化等,注意的广度以及个人主观状态等方面。首先,新颖的、与众不同的事物很容易成为注意的对象,千篇一律、单调重复的事物很难吸引和维持人的注意;与之相对应,某一事物在强度、尺度、形状、颜色等方面与周围环境具有显著差异,这样的事物就容易引起注意。其次,注意是有范围的,即人在同一时间内能清楚地把握对象的数量。另外,个人的主观状态如兴趣、需要、情绪、知识经验、期待和健康状况都影响着人对客观事物的注意与否。[3]

(3)知觉与认知

人通过感觉器官感知了事物的个别属性,并在此基础上通过各种感觉的协同以及大脑中根据事物的各种属性加以整合,以此形成该事物的完整映象。知觉就是人脑对当前直接作用于感觉器官的事物的整体属性的反应。

知觉的产生以人的各种基本感觉为基础,但另一方面,知觉并不是个别感觉信息的简单总和,感觉与知觉既有区别也有联系。感觉是对物体个别属性的反应,知觉是对物体整体的反应,两者的反应对象不同。其次,感觉与知觉的产生过程也不同,同时两者赖以产生的因素不同,感觉的产生条件是一定强度的客观刺激物和感觉器官,知觉的产生主要依赖主体的知识经验。另外,感觉与知觉也存在着联系,感觉是知觉的前提和条件,二者都是对直接作用于感觉器官的客观事物的反应,二者密不可分共同形成了对客观事物的认识。[4]

人的知觉过程具有理解性与选择性等特征,也就是指在知觉过程中,人往往会

---

1 梁宁建主编. 心理学导论[M]. 上海:上海教育出版社,2011:121.
2 郑宗军主编. 普通心理学[M]. 济南:山东人民出版社,2014:49.
3 郑宗军主编. 普通心理学[M]. 济南:山东人民出版社,2014:53.
4 梁宁建主编. 心理学导论[M]. 上海:上海教育出版社,2011:163-164.

图5-8 人们知觉的选择性,是老妪还是少妇的图像识别

根据自己已有的知识经验对客观事物进行解释与组织加工。同一个知觉对象,不同的人由此形成的知觉经验也会存在差异。[1]个人的知识、经验、兴趣或环境的暗示都会促使人的知觉具有某种倾向性。知觉的这种特性对于人们的判断特别是对某种性质不明确对象的判断有着重要影响。人们对于同一个对象可能会有不同的认知结果,每个人都会结合自己的知识储备、经验积累等来判断对象,并会基于最初的认知定势来组织加强这种定势。这在人们对于环境的认知中可以有助于形成快速的基本的快速判断,但同时有时一些知觉定势也可能会引起认知上的错觉(图5-8)。

有学者归纳了有关知觉认知的四个起作用的方面,首先是认识性的,即包括思考、组织和保留信息等来帮助人们理解环境;其次是情感性的,即人们的情绪,它可以影响人们对环境的认知;再次是解释性的,即包含源自环境的意义和联想,人们往往将自己的记忆作为与新刺激的环境信息进行比较的出发点;最后是判断性的,包含了价值和偏爱以及对好坏的判断。不同于简单的生物过程,知觉的形成还与社会和文化有关,尽管每个人的直观感知可能相似,但人们怎样过滤、反应、组织和评价这些感知却会因社会文化环境不同。[2]

5.2.2 基本感知与环境

人在环境中通过自己的感觉器官可以形成基本的感知,在环境审美中影响最大的就是视觉感知。除了视觉感知之外,人还通过听觉、嗅觉、触觉等其他多种感觉来体验环境,不同感觉之间相互作用共同影响着人们对环境的认知评价。

(1)视觉

视觉在人对环境的感知中具有重要的地位,也是人们审美认知形成的重要环节。大量因素会影响人们对于环境的视觉感受,如环境的基本状况包括当时光线的亮度、对比度,环境中包含的要素特征色彩、形状、质地等,同时主体对于环境的熟悉程度以及主体自身的状态也都会影响人对环境的视觉感受。另外,人的运动速度也会极大地影响人们对于周围环境的视觉感受,动态连续的感知环境方式也会形成对于环境更为整体的认知。由于视觉在环境认知审美中的重要性,下一节还会对于环境的视觉认知的相关理论做详细介绍,这里主要从生理机制的角度简要介绍视觉在环境体验中的作用。

研究发现,视网膜由中央凹、黄斑和周围视觉组成,它们各自具有不同的视觉功能并使人以各不相同却又相互协同的方式观察周围环境。以负责精细感知的中央凹为例,中央凹是位于视网膜中央的小凹,具有辨别物体精细形态的能力。当人观看对象时,中央凹视觉一般沿点划式轨迹进行扫描,停顿即注视的时间又与人的兴

---

1 梁宁建主编. 心理学导论[M]. 上海:上海教育出版社,2011:169.
2 (英)马修·卡莫纳,史蒂文·蒂斯迪尔,蒂姆·希斯,泰纳·欧克著. 公共空间与城市空间 城市设计维度. 马航,张昌娟,刘坤,余磊译. 北京:中国建筑工业出版社,2015:124.

趣呈正相关：对一点的注视时间越长，越易引起人的兴趣。因此过于匀质的景观由于缺乏停顿点会容易引起视觉疲劳，如一望无际、色彩单一的海洋或沙漠，又比如缺少变化、规模巨大的建筑群等。有学者指出，同是大海，礁石激起的浪花就远比万顷碧波耐看；同为湖光山色，杭州西湖具有更曲折的岸形，湖中的小岛等丰富中景等要素更能引起人的视觉兴趣（图5-9、图5-10）。[1]

图5-9 杭州西湖中的丰富中景要素能引起人们的视觉兴趣（左）

图5-10 （宋）范宽《溪山行旅图》，画作中远景、中景与近景融合交织，形成立体并具有纵深感的视觉趣味（右）

（2）其他感觉

人们可以利用听觉作为联系交往和观察环境的手段，当声音过大形成噪声时显然会影响人们对于环境的感知，但有益与适度的声音却会更加提升人们对于环境的审美感受。声环境的营造在城市空间中能增加环境审美的积极因素，如鸟鸣声、童声、水流声、踏过秋天落叶的声音等。和视觉感知到的各种丰富要素可以被组织成一幅画面一样，环境具有的各种声音也可以很好地形成合力，环境中积极美好的声音可以掩盖诸如交通噪声之类的不和谐音。

丹麦学者拉斯姆森在《建筑体验》一书的第十章以"聆听建筑"为题对于听觉在建筑环境感知中的重要性进行了论述，他在文中提出人们可以听见建筑所反射的声音，这些声音使人们得到关于建筑形体和材料的印象。而不同形体的房间和不同材料，有不同的声音反射。他认为人们感受到所见事物的一个整体形象，其中听觉能发挥很重要的作用，他还以古典教堂为例来说明教堂空间的特色也来自于内部空间独特的声音体验。[2]

事实上，人们不只能"聆听建筑"，还能聆听城市环境。不同的城市环境有着不

---

1 林玉莲，胡正凡编著．环境心理学［M］．北京：中国建筑工业出版社，2000：12-13．
2 （丹麦）S.E.拉斯姆森著．建筑体验［M］．刘亚芬译．北京：中国建筑工业出版社，1990：212．

同的声音特质，这些声音都成为人们感知特定城市环境的重要依据。无论是商业区的人声嘈杂还是绿化公园的虫鸣鸟语，都能明确地传达出不同环境的各自特征。场所的特定声音可以成为环境认知的重要部分，甚至还能唤起有关特定地点的记忆和联想，如清代张潮在《幽梦影》中论及了万籁之声："春听鸟声，夏听蝉声，秋听虫声，冬听雪声；白昼听棋声，月下听箫声；山中听松声，水际听欸乃声，方不虚此生耳。"同时他提及各种声音对于环境认知的意义："闻鹅声如在白门，闻橹声如在三吴，闻滩声如在浙江，闻羸马项下铃铎声，如在长安道上。"[1] 一些景点的命名也与听觉有关，如西湖的"南屏晚钟""柳浪闻莺"等。特定的声音如钟声、叫卖声、广场音乐等能加深人对于场所的认知，同时也能形成一些关于不同环境的特殊体验。

除了听觉以外，嗅觉也能加深人对环境的体验，比如在城市公园中的花卉植物的气味，是人们关于城市自然要素的重要体验；或是在城市商业区街市上的小吃、食品等各种气味，也是人们关于城市活力感与生活气息不可缺少的认知。不同的气味还能唤起人对特定场所的认知体验，能成为人们关于场所环境认知、识别以及审美的手段。

与听觉、嗅觉相类似，人们的其他感觉也为环境认知审美发挥了作用，比如触觉一直以来就是人们感受环境的重要方式，我们关于城市空间物质品质的体验在很多时候来源于触觉带来的感受。不同的环境要素与材质如草地、石路、砖墙、木道等除了视觉上的差异之外，也有着截然不同的触感体验，进而能与其他感觉一起帮助人形成对于环境的整体感知。进入当代社会以来，有众多学者在强调触觉的重要性，而在建筑设计等设计领域，也有着众多理论家与设计师在呼吁要关注触觉在环境塑造中所具有的价值。

除了听觉、嗅觉、触觉之外，还有学者在环境心理学的研究中提出动觉、温度和气流等方面感知的重要性。动觉是对身体运动及其位置状态的感觉，身体位置、运动方向、速度大小和支撑面性质的改变都造成动觉改变。在环境中人对温度和气流也很敏感，在城市中凉风拂面和热浪袭人会造成完全不同的体验，其中热觉对人的舒适感和拥挤感影响尤其明显。[2] 所有的这些感觉与视觉一起帮助人们形成对外在世界的感知，可以认为视觉画面的变化只是人们对于环境感官体验的开始，除了视觉之外，光影变换、冷热交替、喧闹与安静、空间中的气味，以及地面的触觉特性等方面都很重要（图5-11）。

（3）不同感觉的相互影响

这些视觉之外的各种感知方式对于环境体验都有着重要的作用，不仅如此，各种感觉之间还会产生相互影响（图5-12）。

不好的感觉体验会削弱对于环境的认知审美，比如视觉以外的其他感觉信息常会削弱或破坏视觉体验，城市空间中的雾霾、恶臭的气味或极大的噪声等感知会让

---

1 （清）张潮著. 幽梦影 [M]. 罗刚, 张铁弓译注. 北京：中央文献出版社，2001：147-148.
2 林玉莲, 胡正凡编著. 环境心理学 [M]. 北京：中国建筑工业出版社，2000：9-10.

人难以产生良好的审美体验。因此，环境认知体验并不等于以视觉为主的多种感觉的简单加权，某一种感觉体验达不到好的标准有可能会造成整体感受的大幅度下降，从而无法形成良好的审美体验。

与这种感觉之间的削弱效应相对应，各种感觉之间也可以相互加强形成合力。当涉及对于环境的多种感觉体验时，尤其当多种感觉都提供相似意义联系并没有负面感受时，关于环境的体验的认知会更加深刻并能形成良好的整体感知。这时这些环境提供的多种感觉会相互加强而不是削弱。例如西方的教堂建筑美的塑造要体现上天的象征意义，建筑的外形与内在空间本身自然是重要的，但在视觉形式之外的感觉要素也被融入了进来，共同综合构成了教堂建筑美的神圣性。包括唱诗班的音乐、蜡烛的气味等各种感觉信息相互加强，增加了教堂建筑的神圣感。

除了相互削弱或相互加强外，有学者提出对于环境的感知还存在不同感觉相互补偿或替代的现象。人的某种感觉能力会由于生理或心理原因而降低，比如在环境中视觉信息不太引起人兴趣时，其他感觉获得的信息就可能发挥主要作用。例如，一条街道的视觉形象可能并无特色，但沿街商铺尤其是餐饮空间散发的食品味道，富有地域气息的叫卖声却会给人们留下很深的影响。另有研究表明，各种感觉的重要性会根据环境尺度的不同形成差异性，除了视觉之外，听觉、触觉、嗅觉等感觉的作用会在不同尺度环境中发生变化。因此，在视觉形象充分发挥作用之外，还要根据不同的环境，注重不同感觉对于人们环境认知与审美的重要作用，形成丰富多样和易识别的环境，从各种感知的整合入手提升人对环境的体验。

图5-11 城市中的各种信息需要人们各种感知进行认知（左）

图5-12 探讨视觉之外其他感知对于空间审美重要性的著作《肌肤之目——建筑与感官》（右）

（4）基本感知的重要性

人的基本感知对于环境的认知审美十分重要，可以认为，不仅是视觉，听觉、触觉等基本感知都在环境的认知与审美中承担着重要的作用，同时也是美感形成的基础条件。

图5-13 人的各种活动、空间的各种变化等信息会对人们认知城市产生影响

有研究认为只有偏离常规时，即当感觉变得让人愉悦或者不愉悦时人们才开始关心感觉。其实当人们在某种环境下获得了愉快的感觉，如阳光灿烂时穿越光影斑驳的地块，或站在海滩边风吹在脸上并且呼吸到新鲜的空气，这些基本的感觉都会影响人们对于环境的认识，人们也因此会更加感受到环境的美。

早在1940年代末期，普林斯顿大学召开了名为"为现代人建筑"的研讨会，会上有学者提出，感知是建立在主体的体验和价值观上的，并号召对于"纯形式"这一抽象逻辑进行在思考，并强调主观天性对于环境感知的重要性。[1]正是基于这样的思考，一些坚持"新人文主义"的学者开始强调关注人的需求的多样性和完整性。

而伴随着现代主义城市的大规模建设，出现了大量集中在不同环境如何影响人们的观念和行为等空间与人互动机制的研究。从20世纪50年代开始在日常物理环境和心理过程的相关性方面也开始了一些开创性研究，其中多数研究集中在不同环境如何影响人们的观念和行为，且特别关注了建筑物理环境影响人的行为和感受的作用机制。当时战后大量新建建筑与城市空间为社会提供了基本的居住与服务职能，研究者就针对这类空间环境状况（如极端温度、湿度、拥挤）对于人的行为和感受展开了研究。而自20世纪60年代末开始，随着人们对环境问题的不断关注，对于物质环境质量的评价以及解析人类行为与物质环境相互关系的研究逐渐成形。[2]

进入当代以来，越来越多的人开始关注基本感知对于审美的重要性。一些学者提出新的时代在抛弃传统的视觉审美方式，新的审美方式更加强调人们的主体感知，这种相对感性的审美方式也在对于现代主义式的空间审美方式进行着解构，身

---

1 Sigfried Giedion. Mechanization takes command: a contribution to anonymous history[M]. New York: Oxford University Press, 1948: 714-23.
2 Linda Steg, Agnes E. van den Berg, Judith I. M. de Groot. Environmental Psychology: An Introduction[M]. Wiley-Blackwell, 2012: 3-4.

体的全方位感知甚至超过了单纯视觉的审美。在城市的认知审美中，身体的全方位感知同样发挥着巨大的作用。视觉只是关于城市认知审美体验中的一部分，除了视觉体验之外，人们还需要通过自己全部的感官去体验，比如城市环境中声音、气味和质感同样重要，城市景观喷泉的水声或街市的叫卖声、店铺食物的气味、阳光下街头的热量等各种感知体验都会影响人们对于城市的印象（图5-13）。

（5）具身认知

对于身体全方位感知的重视在当代重要的思潮现象学中有着明显的体现。现象学要解决的一个长期问题是西方一直以来的精神与物理、身与心相分裂的认知问题，这种割裂也导致了两种相对立的认识与理解世界的方式。这两种方式与之前提到的理性与经验的区分密切相关，一种是经验主义式的由被动主体对外在世界的感觉形成认知的方式，另一种则是理智主义式的将预设的主观认知投射到被动世界而形成认知的方式。[1]

相比于上述两种二元分割的认知方式，现象学思想家海德格尔强调通过个人的经验展开对世界的理解，人们应该尝试重新建立与存在的联系。事物必须要在存在中显现，这就必然与日常生活经验的复杂性相对应。另外，海德格尔提出了"事物"与"对象"的区别。他认为在西方哲学的对象概念中，个人都被作为一个独立的观察员而存在，人们往往从一个理智的与世界相分离的位置来观察周围世界，这种超然的观察者身份会从更抽象的层面思考问题，而将事物认识为对象减少了存在的重要性。[2]海德格尔认为人是一个在世界中存在的活动者，人们需要通过自身存在的活动来认知世界。而现代社会的人们普遍依赖于视觉观察和抽象概念的认知方法，这就容易将环境视为客体的对象，实际上对于空间进行数学测量只是一种基本的工具与方法，人类的感情应该在空间的创造中占据更重要的地位。[3]

现象学的另一代表人物梅洛-庞蒂则基于他对身体的知觉现象学分析，提出知觉作为整个身体参与的行为，是我们对世界体验和理解的核心。梅洛-庞蒂认识到知识是由身体的认知体验开始，而通过不断发展的身体技能和行为模式人们才可能去探索和发现这个世界。在梅洛-庞蒂看来，身体是知觉的主体："当我们在以这种方式重新与身体和世界建立联系时，我们将重新发现我们自己，因为如果我们用我们的身体感知，那么身体就是一个自然的我和知觉的主体。"[4]可以认为，主体对周围世界的认知是从身体接触的过程开始的，这种感知甚至早于用智力对事物进行各种概念划分之前。

---

1 （法）莫里斯·梅洛-庞蒂（Maurice Merleau-Ponty）著. 知觉现象学[M]. 姜志辉译. 北京：商务印书馆，2001：35-60.
2 （德）马丁·海德格尔. 海德格尔选集（下）[M]. 北京：生活·读书·新知三联书店，1996：1167-1169.
3 Adam Sharr. Heidegger for Architects[M]. New York: Routledge, 2007: 58.
4 （法）莫里斯·梅洛-庞蒂（Maurice Merleau-Ponty）著. 知觉现象学[M]. 姜志辉译. 北京：商务印书馆，2001：265.

图5-14 霍尔设计的博物馆空间在不同角度所形成的动态效果

不管是海德格尔的存在主义现象学,还是梅洛-庞蒂的知觉现象学,都为主体认知的具身化提供了理论基础。所谓具身认知就是指身体在认知中发挥着关键作用,身体的基本感知被作为各种形式认知活动的基础,这一思想被一些研究者联系到了其他相关研究之中,包括认知科学、人工智能和神经科学等领域。[1]对人们而言,具身认知思想提供了对于经常被认为是无意识审美感知的一种解读,身体感知可以作为人们认知体验世界的一个框架。在这种具身认知的现象学语境下,对于空间的认知理解也开始有了全新的可能性。不同于传统意义上的物质空间,具身化的空间不只是位置或视觉形象的空间性,而是身体体验的空间性。

具身化体验空间的方式也意味着身体认知的全方位和整体性,使用者可以用自己的身体感官去感受空间的品质与特色,这种方式必然是多种认知方式综合体验的结果。因此,不光是传统意义上的视觉体验,触觉等多方位体验都成为空间认知的新的可能方式。芬兰建筑师尤哈尼·帕拉斯玛在即将进入21世纪时出版著作《肌肤之目——感官与建筑》,他在书中就提出人们应当关注视觉之外的其他感官。[2]

除了身体的多种方式认知之外,对于身体体验的强调带来了对于行动过程的关注。行动是认知的必要条件,而认知也可以看作是身体行动的结果。著名建筑师斯蒂文·霍尔也经常引用梅洛-庞蒂的论述来说明运动的体验是他设计中的关键因素:"在身体穿过

---

1 Gibbs, R. W. Embodiment and Cognitive Science[M]. Cambridge: Cambridge University Press, 2005.
2 Juhani Pallasmaa. The Eyes of the Skin: Architecture and the Senses, 2nd Edition[M]. Chichester: John Wiley & Sons, 2005.

图5-15 中国传统园林留园中各种不同的景观，人在其中游走会产生多样的美学体验

空间所形成的重叠透视时，身体的运动是我们和建筑之间的基本联系……如果没有穿越空间的体验我们的判断将不完整，身体的变向和扭转关乎着长或短的视角，还有上下的运动，开与闭或明与暗的几何节奏，这些都是建筑空间的核心。"[1]（图5-14）

不管是全方位的身体感知方式，还是对于主体行动的关注，具身认知在提醒人们需要通过自身的体验与经验去探索环境的可能性。这种认知依托于身体全方位的感知方式，而无论何种方式都是通过直接的体验而不是通过抽象观测进行的。在直接的身体认知基础上，人们可以与周围的环境互动，同时根据他们自身独特的经验进行创造性的解读。

现象学的具身认知思想在强调人们运用个体经验并直接面对事物本身去认知环境的意识，同时它还提供了一种将意识与事物、主观与客观世界两者相联系的思维方法。事实上，这些重视身体感知的思想与中国传统文化中的一些论述如"心物""意境""妙悟"等有着或多或少的联系，中国传统就在讲个体主观体悟之中所形成的独特审美体验（图5-15）。这无疑对于未来城市审美理论研究具有重要的意义，可以启发我们对于不同感知方式重要性的再认识。

5.3 环境视觉认知

美感的基本前提是视听快感，视觉也是人们认知审美的中心话题，对于城市环

---

1 Steven Holl. Parallax[M]. Basel, Boston and New York: Princeton Architectural Press, 2000: 26.

境的认知审美也长期是以视觉的和谐作为基本条件。

一直以来，人们对视觉的重视有着悠久的传统，视觉也在审美活动中起着极为重要的作用。与之相类似，视觉在城市环境的审美认知中同样发挥着重要作用，日本学者芦原义信认为空间的感知与人的各种感官均有关系，但通常主要还是依据人的视觉来确定的。

在对于视觉认知审美的研究中，在传统以理性来概括视觉认知经验的基础上，20世纪以来已经有许多针对不同人群主观认知的实验性研究，其中很多是关于线、体块、形式、秩序及色彩感知的视觉机制研究。在乔恩·兰看来，还没有一种统一的理论或者是普遍接受的认知机制研究可以形成。他将美学认知划分为思辨美学与经验美学，这种划分方式也可以看作是对理性主义与经验主义的回应。其中思辨美学像早期的心理学研究一样非常依赖于个体的内省式分析，即人们自己相信什么是美的或令人愉快的，包括解释学、现象学、存在主义等思想。这些哲学式的研究并没有呈现出人们是如何体验环境的。他认为还有一些人利用心理学理论以及内省式分析，来建构出美学体验本质的模型。[1] 经验式的视觉认知则包括信息理论方法、符号论方法等。这些关于视觉认知的基础研究与理论仍然是城市环境认知审美机制的基础，下面就结合几种视觉认知理论以及它们对于城市环境认知的影响来进行介绍。

5.3.1 信息认知

有关视觉信息论审美认知是把环境的审美当作是一系列视觉信息的解读。这种认知是信息论和现代美学结合的产物，它继承了19世纪后半期德国心理学家费希纳所开创的实验美学的方向，把信息量同对人的审美感知的测量结合起来，并通过信息把审美主体和客体联系起来进行考察。信息论美学从美是信息的传递出发，把美的感知看作为信息的获取过程，法国学者莫尔斯是这一领域的代表人物。

信息论美学认为美是信息的传递，欣赏者是信息的接受者，因此美的创造或欣赏要注重能发送出新颖或独创的信息量。从另一个角度来说，美感的形成必须要传递出一定的信息量，这样才能为观赏者所接受，因此信息的可理解性与独创性就构成了一对辩证的关系。美就是用约定俗成的颜色、符号等各种信息去表达某种概念或事物，当接收者了解了这些基本信息元素以及它们的编码过程，就能准确地理解信息以及背后的相关意义。

信息论美学试图用实验方法来解析审美过程，就是先把美分解为一系列能加以辨识与计算的基本符号，再通过对众多受众进行审美信息的测定，最终确定信息的新颖度、可理解度等指标。

---

1 （澳）亚历山大·R·卡斯伯特编著. 设计城市-城市设计的批判性导读 [M]. 韩冬青，王正，韩晓峰，钟华颖译. 北京：中国建筑工业出版社，2011：302.

图5-16 城市中有着各种各样的视觉信息，对于城市基本信息的认知是认知审美的重要前提

在信息论美学看来，建筑、景观等环境都是元素的合成物，每个元素传递一种信息。而信息的愉悦性和它的结构程度相关联。莫尔斯认为信息越有秩序，它将会更加可被理解而且令人愉快。另有学者提出信息认知形成美感的过程可以通过感觉、形式和关联性价值的三重框架来实现。人们从环境中通过视觉等感觉系统来接受信息，在接收到种种信息的基础上，信息的结构形成了形式价值，而建成环境的结构在复杂性上是不同的。莫尔斯区分出两类复杂性，第一种是关于状态的描述即"建成环境由……组成"，而第二种是关于过程描述"建成环境是为了……"。除了结构之外，信息所传递的内容同样重要，信息的内容与结构组成了人们美感形成的基础。[1]

信息认知论对城市的认知审美过程提供了一种解读，城市中的各种要素都在传递各种信息，感知到这些信息量是城市认知审美的基础（图5-16）。从另一个角度来看的话，城市环境要让人感知到相关的信息传达就必须满足视觉感知的基本规律，比如视觉距离与信息获取之间就存在着基本的关系。人通过视觉来获得环境的信息存在着感知范围，人们通过研究发现站在距一个物体空间最小尺度的一定比例之外，人们就无法区别出该物体，由视觉感知力的限制制约着城市不同尺度要素信息的表达。根据以前学者的研究，人短时间掌握一个建筑物的整体意象需要获得其立面的整个构图信息，这就要求与建筑之间的距离保持两倍的建筑高度。这个距离会使得建筑顶部及观众间的连线与地平面成27°角。[2] 当观看尺度较小时视觉所能观察

---

1 （澳）亚历山大·R·卡斯伯特编著. 设计城市-城市设计的批判性导读[M]. 韩冬青，王正，韩晓峰，钟华颖译. 北京：中国建筑工业出版社，2011：305.
2 （英）克利夫·芒福汀，泰纳·欧克，史蒂文·蒂斯迪尔著；美化与装饰[M]. 韩冬青，李东，屠苏南译. 北京：中国建筑工业出版社，2004：13.

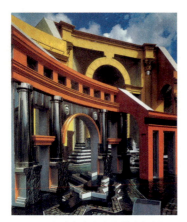

图5-17 新奥尔良市意大利喷泉广场，对西方古典建筑符号要素的拼贴使用

到的信息与大尺度时显然不一样，不仅如此，人的运动状态等多种因素都会影响视觉信息的获得。总之，从信息认知的角度出发，环境视觉认知就是要感受到环境要素所传达的各种信息，进而才能准确地理解环境要素以及它们背后的内涵意义。

5.3.2 符号认知

20世纪受语言学影响，从语言符号的角度来解读艺术活动的理论思潮逐渐成形。20世纪初，索绪尔提出了符号学学说，并定义了符号的能指与所指，能指是指符号的形象，所指则是指符号所代表的意义。美国学者莫里斯也将符号学分成了三个部分，即符用学、符构学和符义学。卡希尔则从文化象征的角度来看待符号，文化是符号的形式，人类活动本质上是一种符号或象征的活动。苏珊·朗格在这一方面进一步发展，将符号分为了自然符号与人工符号，其中的人工符号又可分为理智符号和情感符号。

在近现代西方的符号美学中，这些学者提出了符号具有象征意义进而能成为审美对象的思想，认为特定的符号形式会蕴含一些公共的文化性质，通过符号可以建构起既具有个人情怀又带有集体记忆、富有情感的象征体系，并因此实现艺术创造，同时可以将艺术理解为人类情感符号形式的创造。[1]

从符号角度切入环境视觉的探讨在现代主义前期就已开始，这些思潮在当代也得到了延续，受语言学影响，人们从文本本身出发，对形式背后的结构与逻辑进行研究，有关空间形式的符号学研究开始出现并蓬勃发展。

图5-18 文丘里对大型标志与小型建筑以及作为标志符号建筑的图示

符号认知在启发人们城市就像是一种语言系统，可以从语言学类比中去寻找各种城市要素符号的逻辑与意义。从语言角度探索城市空间符号的意义，也是希望能实现提取出环境的代表形式。符号可以被看作人们视觉认知世界的一种手段，它可以把历史、活动、情绪等转化为实体的符号。这一维度更关注指示物形象与意义之间的关系，希望去探索城市中要素语言的规律与机制，以此去重新构建城市的意义（图5-17）。

城市中符号无处不在，这些符号被解释和理解为社会功能、文化和意义系统。正如各种语言中的话语具有各自背景下约定的意义，非言语符号的意义同样产生于社会和文化传统。阅读一处环境涉及的符号可以理解它对人们有如何不同的意味，进而理解符号意义如何被诠释和生产（图5-18、图5-19）。

对于符号认知的重要性在文丘里的《向拉斯维加斯学习》一书中体现得最为明显。他在书中对于拉斯维加斯城市中要素的符号化特征进行了描述，认为符号化的建筑与城市街景标识物构成了城市后现代的视觉特征，空间中的符号先于空间中的形式，城市空间中的各种符号就是人们视觉信息的交流系统。在城市空间的系统之中，建筑物等要素通过各种直接有力的视觉符号来传递背后的意义内容（图5-20）。

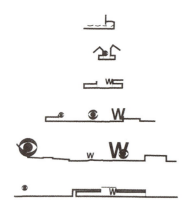

图5-19 文丘里对符号标志在不同类型城市空间中作用的比较分析

---

1 （美）朗格（Langer,S.K.）著．情感与形式[M]．刘大基等译．北京：中国社会科学出版社，1986．

图5-20 拉斯维加斯城市中的各种符号要素

总之，与更偏科学性的信息认知不同，符号认知在提醒人们视觉感知到的环境要素的内在意义，正如符号学提出者索绪尔认为存在于模式和意义之间的关联性关系是符号固有的特质。因此，对环境符号的视觉认知同自然和建成环境的文化意义系统相关。一直以来，对环境符号的认知理论已经在对于建筑等人工环境建设的思考上产生了深远的影响，并且为建筑与城市的后现代主义理论提供了理论基础。[1]

5.3.3 格式塔认知

从心理学角度来阐释视觉认知规律的代表是格式塔理论。格式塔心理学于20世纪初发源于德国，从整体性原则出发并通过艺术与视知觉的系列研究，格式塔心理学提出了诸如"图底关系""隧道效应""力的结构"等一系列视觉认知原则。这些原则的共同点是将视觉对象作为格式塔（德文Gestalt），从强调整体出发在主体对于客体的认知中探讨对象的整体结构。格式塔认知既不像从语言学出发对文本进行分析，也不像原型批评那样强调人们在文化和文学艺术中的积淀及其先验形式，而是通过心理学实验来揭示和验证主客体之间的关系。

格式塔认知的出发点是"形"，"格式塔"是德文Gestalt的译音，英文往往译成form或shape，但实际上它们都不是很符合格式塔的确切含义。为了将形式与形状的意思区分，中文一般把格式塔称作"完形"，这个词比较接近格式塔的原意，因为是

---

[1] （澳）亚历山大·R·卡斯伯特编著. 设计城市-城市设计的批判性导读[M]. 韩冬青，王正，韩晓峰，钟华颖译. 北京：中国建筑工业出版社，2011：306.

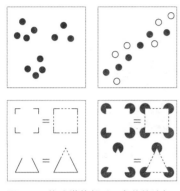

图5-21 格式塔的邻近、完整等认知原理，上两幅显示邻近成组与成一系列的图形规律，下两幅显示人对完整形的认知倾向

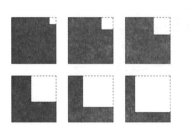

图5-22 常规完形认知原理，随着缺失形的逐渐加大，上三幅人们会倾向于是缺了一小块的方形，下三幅则开始被认知为L形

图5-23 完整与简化认知原理，这些图形的解析等式显示人们视觉认知的基本倾向（右）

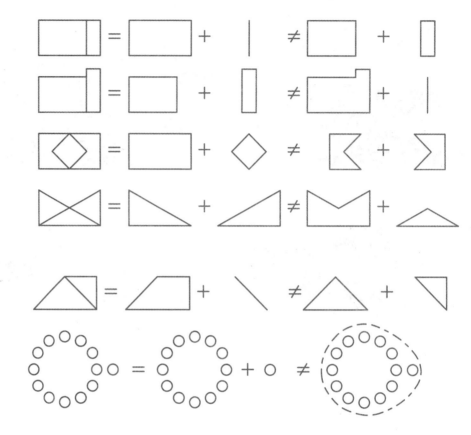

从视觉之形出发强调它的整体性。但另一方面，格式塔并不只是强调客体形式本身性质的完整，而是关注经过人的视知觉活动组织而成、联系主客体的经验整体。

格式塔理论认为，人的视觉认知最基本特征是意识经验中显现出来的结构性或整体性，也就是格式塔。人们对眼前的事物或现象总是尽量知觉为一个整体，而不是针对每个事物进行感知。在此基础上，格式塔总结了若干视觉认知组织形成整体的原则。

第一是图形和背景的原则，即在一个视野内，有些形象比较突出和鲜明会构成图形；而有些形象对图形起烘托作用则构成背景。第二是邻近性的原则，即在时间或空间上相接近的各部分倾向于一起被感知，靠近的目标形成一个组。第三是类似性原则，即类似的各部分有被感知成一群的倾向。第四是封闭性原则，即知觉对不完满的对象有一种使其完满的倾向。第五是格式塔趋向，即在许多条件下，人们有尽可能把感知对象认知为一个完好的形状或模式的趋向（图5-21~图5-23）。

除了这些原则之外，格式塔心理学还提出了心物同形原理、形基原理和简化律等基本的定律和原理。所谓心物同形原理就是经验形式与刺激形式或对象的对应。图底原理就是认知的图形会在背景上突出出来，图形突出并具有明确的轮廓（图5-24）。简化律就是视觉认知有一种简化倾向，每一个心理活动领域都趋向于一种最简单、最平衡和最规则的组织状态。

图5-24 图底认知原理，黑白图底反转关系对于人们感知图形的重要性（右上）

图5-25 建筑与室外空间组成的城市空间图底关系（左上）

图5-26 整体城市空间的图底关系（下）

在视觉上对简单有规律形状的偏爱等一系列发现之外，图底关系的格式塔规律对关心城市环境认知的人具有重要意义，因为城市中的人们必须在混乱的背景中不断确定主要的空间信息。而一直以来的城市设计工作正是基于传统的图底反转关系，即将通常当作图形的建筑物变成背景，而当作背景的周围空间变成图形。吉阿姆巴提斯塔·诺利在编制1748年罗马规划时使用的绘画技术就是这种图底反转的技术。20世纪80年代康乃尔大学的柯林·罗等人在城市设计与研究中也推荐使用这种图底的城市环境视觉认知方式。因此，格式塔认知理论为城市环境的视觉认知以及城市设计工作提供了坚实的基础（图5-25、图5-26）。

5.3.4 视觉思维认知

除了从视觉信息、视觉符号和视觉格式塔认知角度之外，还有学者提出视觉认知包含着更为丰富的内容，即视觉认知与人的思维之间存在密切联系的关系。其中最有代表性的学者是阿恩海姆，他一直在运用格式塔心理学的理论和方法来研究艺术心理学问题，并进一步探究了视知觉的理性功能。20世纪50年代阿恩海姆出版了《艺术与视知觉》一书，他认为视觉形象远远不只是对感性材料的机械复制，而是对现实的一种创造性的领悟，这种领悟蕴藏着丰富的想象力与创新力。因为人的心智

图5-27 巴黎城市空间中新旧两个以门为主题的形象引起人们的无限联想

活动是作为一个整体而发生作用的,并在书中明确提出:"一切的知觉过程都包括思考,一切的推理过程都包括直觉,一切的观察过程都包括创新。"[1]

后来阿恩海姆又出版了题为《视觉思维——审美直觉心理学》的专著,在这部著作中他提出了视知觉的思维功能,同时视觉形成的意象是创造性思维活动不可或缺的内容。格式塔理论侧重于探讨形式与视知觉的关系,通过解析视觉的简化和组织功能来揭示视觉形式整体性认知的规律,而视觉思维理论则试图通过揭示视知觉的理性本质来融合感性与理性、感知与思维。阿恩海姆认为艺术活动也是理性活动的一种形式,其中知觉与思维交织为一体,视知觉理解周围环境的机制与思维心理学的作用机制是相同的;与之相对应,创造性思维活动都是通过视觉意象进行的。[2]

阿恩海姆提出了视觉思维的概念,即视觉是理性的一种思维活动。在他看来,视觉是主动性很强的感觉形式,视知觉本身已经具备了思维功能,具备了认识能力和理解能力。他认为所谓认识无非是指积极地探索选择、对本质的把握等,而这一切又都涉及着对外物之形态的简化和组织(抽象、分析、综合、补足、纠正、比较、结合分离、在背景中突出某物),这一切都是在视知觉中发生的。视觉涉及对某个问题的当场解决,如当场判断出深度、把事物的不完全部分补足等等。不仅如此,人的视觉思维是自上而下的(或者说是先有普遍后有个别,先有整体后有部分)。以"眼动"为例,每一次"眼动"都是人的本能性反应同有意识反应调和后的产物,这种主观能动性还能产生一连串其他有机性极强的活动,如挑起疑问、创造性融合、

---

[1] (美)鲁道夫·阿恩海姆(RudolfArnheim)著. 艺术与视知觉:新编[M]. 孟沛欣译. 长沙:湖南美术出版社,2008:13.
[2] (美)鲁道夫·阿恩海姆(Rudolf Arnhim)著. 视觉思维:审美直觉心理学[M]. 滕守尧译. 成都:四川人民出版社,1998:43.

找到某些有希望的线索、一种可靠的解决方式的突然出现等。[1]

其次，阿恩海姆提出思维都要通过视觉意象才能进行，而意象也是知觉思维的结果。在他看来，人们看到一种形象就有了抽象活动，而每当人们思考一个问题时，都有某种具体形象作为出发点或基础。阿恩海姆试图表明任何思维尤其是创造性思维都是通过意象进行的，只不过这种意象是通过知觉的选择作用生成的意象。当思维者集中注意于事物之最关键部位，把其无关紧要的部位舍弃时，就会见到一种表面上不清晰、不具体甚至模模糊糊的意象。[2]视觉的意象不是对外界对象的简单复制，而是对这些对象总体特征的主动把握（图5-27）。另外，阿恩海姆对审美的过程进行了全新的阐释，认为视觉感知本身就能带来强烈的审美情感体验。

阿恩海姆对于视知觉、想象、审美以及创造性都作了论述，试图重新建立视觉和思维的有机整体，并认为视觉通过对客体或境况的意象，可以形成相对普遍性的认识由此形成最高概念化的基础。[3]

阿恩海姆将视知觉与思维相联系的这一观点也可以得到现代心理学的印证，有学者在视觉心理学的相关研究中表达了对于这一观点的支持。[4]这一解读将视觉审美体验视为视知觉与思维、个体感性经验与普遍一般性规则的统一体，换句话说，视觉的认知审美就是一个客体与身心直接感应的过程，也是一个视觉感知引起思维活动联动的过程。这一点与我国传统审美文化中的主体认知的妙悟、感应说等有相通之处，这也无疑为环境认知审美的研究开辟了新的视角。

5.4 城市的整体化认知

视觉审美认知是关于城市环境审美认知的基础，但上述提及的视觉审美认知往往针对的是单一或静态的环境要素。受20世纪以来经验主义式的启发，在对人的主体认知展开深入研究之后，在城市研究领域的学者也针对城市环境的综合性情况展开了认知过程的深入研究，这些认知理论可以看作是对于城市的整体化认知。这些认知方式机制在将人对于城市的综合与整体化感知相结合，为城市的认知审美提供了更为深入的解析。

5.4.1 动态认知

不管是基本的感知还是环境的视觉认知，基本还是相对静态或片段的对于城市

---

1 （美）鲁道夫·阿恩海姆（Rudolf Arnhim）著. 视觉思维：审美直觉心理学［M］. 滕守尧译. 成都：四川人民出版社，1998：34-35.
2 （美）鲁道夫·阿恩海姆（Rudolf Arnhim）著. 视觉思维：审美直觉心理学［M］. 滕守尧译. 成都：四川人民出版社，1998：36.
3 史风华. 阿恩海姆美学思想研究［M］. 济南：山东大学出版社，2006：260.
4 （英）格列高里（Gregory,R.L.）著. 视觉心理学［M］. 彭聃龄，杨旻译. 北京：北京师范大学出版社，1986.

图5-28 戈登·卡伦在书中对于城镇中连续景观做的图解，描绘了人在城市空间中按顺序出现的各个场景

环境的认知，而城市空间的认知审美离不开连续动态的要素。当代的一些理论家就反对把美学体验看作是脱离日常生活的东西，认为美学体验来自人们的日常生活与多种环境的时空关联，因此需要关注人们感觉的连续性与整体性。在詹姆斯·J·吉布森的心理学研究以及相关领域学者关于环境审美的一系列著作中，都在强调人们的运动在对环境的感觉和评价中的重要作用。城市中的空间不是一个静态的画面，人们在空间中移动获得动态体验才能获得完整的对于城市的审美，城市也在以某种动态、不断浮现变化的场景被体验。

早在现代主义初期，西格弗里德·吉迪恩提出的"空间-时间"理念和马列维奇运动中的视觉思想就在强调人们应该注意到视觉认知审美的连续动态性，这为描述和分析城市环境提供了新的见解。当时的研究者们开始尝试通过一系列场景速写绘图来表示对这一问题的关注，构建了绘画技术和经验连续记录之间的关系，并以此强调认知尽可能接近城市环境多场景现实的重要性。这些研究提出了人们在城市中进行连续体验与观察的必要性，并通过各种技术如连续的场景图纸绘制来描述城市空间中分散和多视觉的认知可能性。

这方面最有代表性的研究者是戈登·卡伦，他反对基于形式主义的、抽象的、静态的城市理论，而是强调人们对于特定场所的具体体验和感受。在《简明城镇景观设计》一书中，卡伦从序列场景、场所、内涵等方面图文并茂地分析了建筑群体等城市空间要素组合的连续景观艺术，他在用这些分析表明理解空间不仅是静态的观看，而且是通过动态的运动来实现连续的感受。因此，城镇景观不是一种静态情景，而是一种空间意识的连续系统，而序列场景就是揭示这种现象的一条途径。在典型案例的剖析中，卡伦运用一系列极富阐释力的透视草图生动形象地验证了这种序列场景分析方法（图5-28）。

卡伦认为当人们以恒定的速度通过城镇空间时，城镇的景观总以一系列各种各样的方式出现，这可以被称为序列场景。序列场景的意义在于可以巧妙处理城镇中各种因素以激发人的情感，使城镇在更深层次意义上可以被识别。从视觉角度出发可将城镇划分为现有的景观和浮现的景观。这是一连串偶然事件的随机组合，所引发的含义也是随机的，这种联系是一种相互关系的艺术，人们可以利用该工具将城镇按他们的设想编成一出连贯完整的戏剧作品，而整个操作过程就是将无序的因素组织成能够引发情感的场景。

卡伦重点探讨了对环境的个人情感反应。因为我们领会环境大多是通过视觉进行的，所以我们也是由视觉感官获取的这些反应。他接着又介绍了他的序列场景观察法：一个观察者行走在一定的环境里，记录下他在运动中现有场景和随着他位置的移动而不断变换形成的场景。我们对自己身处在环境中的位置以及基本状况都会做出一定的反应，对这些反应的理解会对我们观察到的场景进行补充。我们对环境情感反应的另一方面就是对一个场所所涵盖内容的认识，即认识城市空间构成中所具有的色彩、肌理、尺度、风格、特征、个性和惟一性。人们可以依靠这些原则来感知和创造环境，卡伦认为这样就能实现把城市打造成一出连续的戏剧，创造出匀称、平衡、尽善尽美并且风格一致的城市空间。[1]

该领域其他相关研究者，包括吉奥吉·凯佩斯和伯克利加州大学的菲利普·西尔，他们强调使用"建筑和城市空间视觉表达的研究"，其中空间—时间序列是非常重要的，这些研究对于城市认知和理解产生了深刻的影响。博塞尔曼曾描述了一个丰富和多样的步行经历，展示了对时间变化和空间感知如何与实际不同。他在多个城市中评定了相同距离步行的美学体验，提出人们以和视觉及空间体验相关的"有节奏的间隔"测量他们的步行。"一段充满各种有趣体验的时间在经历时似乎非常短暂，但当我们回顾时则显得漫长……一段没有任何体验的时间在经历时显得十分漫长，但在回顾时则很短暂。"[2]

与这种时空相联系动态认知城市空间的研究相对应，如何快速有效记录一组场景预示着以后城市认知研究的一个焦点，即用尽量客观的方式来系统、灵活地描述城市中遇到的不同事情。另外，在前面环境视觉认知中我们介绍了格式塔认知，格式塔概念的特点在于单一而静态的环境效果，同其他空间产生的效果相独立。每个空间效果代表一个状态、一个瞬间，它可能随观察者的不同观察点而异，但是不取决于对空间内连续运动的传播效果。也有学者从这一角度称基于动态认知方式的城市环境认知为动态格式塔认知，每个静态效果称为一个位置或瞬间，它的组合就是一个关于城市认知的动态序列。

---

1 （英）戈登·卡伦著. 简明城镇景观设计[M]. 王珏译. 北京：中国建筑工业出版社，2009.
2 （英）马修·卡莫纳，史蒂文·蒂斯迪尔，蒂姆·希斯，泰纳·欧克著. 公共空间与城市空间 城市设计维度[M]. 马航，张昌娟，刘坤，余磊译. 北京：中国建筑工业出版社，2015：197.

图5-29 人的运动速度对于外在环境的感知产生着影响，人在快速行进过程中更容易感知巨大醒目的事物

动态认知不仅是指动态的获得对于城市的认知，同时也意味着不同运动速度城市认知的各自影响与特点。在前文我们就曾提及在城市交通运动方式的变化对于认知审美的影响，交通技术发展在影响人们出行方式的同时引发了不同规模的城市形式，成为引发城市形态不断变化的重要因素。不仅如此，运动速度的不同也必然意味着不同的认知体验，这也在一定程度上促成了城市空间的演变。例如人在中世纪城镇弯曲小径上行走的动态体验是与当时精致的城市景观相匹配的，而汽车等现代快速交通方式形成的体验则与大尺度、重复的空间体验相对应。

人的运动速度对于外在环境的感知产生着影响，速度较快时环境的细节以及复杂内容容易被忽视，而简洁抽象、尺度规模较大的事物更易被感知。与之相对应，当人的运动速度放慢时，由于体验时间加长，过于简洁、缺乏细节的环境信息会让人觉得缺少趣味，从审美的角度人们更倾向包含更多信息、更为丰富的环境（图5-29、图5-30）。

传统的城市空间尺度较为有限，当时人们的运动速度也有限，感知到的信息更为丰富，这与尺度较小、注重细部的传统建筑处理是匹配的。进入汽车时代，人们在快速的汽车或其他交通方式中，能感受到的是空间关系、立面轮廓等相对简略的信息，体形简单、轮廓分明同时不断出现的事物让快速行进的人印象更深刻。正如拉斯维加斯城市中富有特色的标志物与广告牌一样，在汽车等快速交通方式中，人们更容易感知巨大而醒目的事物。因此，不同速度的动态认知对于城市形态有着不同的要求，这从另一方面在提醒我们当代的设计者要重视不同动态之下的城市认知审美，要能关注城市空间状况与各种运动系统的匹配度。有一些学者对于运动方式与城市形态的关联进行了研究，认为现代城市中的快速运动和巨大的尺度同样可以被城市空间组织在一起，必须为现代城市的各种运动方式和运动速度找到合适的形态。

当代城市容纳了速度不同的各种交通方式，人们通过它们形成了不同的认知感受。这也为城市空间的设计建设提出了更高的要求，要能充分将各种交通方式进行协调，既不能只考虑车行等快速交通方式而导致城市尺度越来越大，而另一方面，在注重步行方式营造具有丰富细节人性尺度空间的同时，也要注重较大范围城市空

图5-30 人在慢速行进过程中可把握体验更丰富信息内容的环境

间的整体和连续，营造具有时代感与新节奏的城市感受。

5.4.2 意象认知

除了动态认知研究以外，大量研究试图通过对城市空间的主要特点进行提取，希望可以将空间的各种要素进行抽象归纳。查尔斯·摩尔在《身体、记忆与建筑》一书提出了人们的居住空间可以归纳为场所、路径、模式和边界[1]，而诺伯格·舒尔兹则将空间的基本构成要素概括为中心即场所，强调的是近接关系；方向即路径，强调的是连续关系；区域即领域，强调的是闭合关系。[2]

这些对于空间特征概括的概念分类与戈登·卡伦的研究形成了对比。卡伦运用动态的连续视觉，试图来阐释城市要素相叠加的多样性和微妙性，而这种对特色的概括则是试图将城市空间环境归纳为一些相对抽象的主要特征要素。

与上述这些概括城市主要特征的尝试相对应，在相关研究中影响最大的无疑是凯文·林奇的《城市意象》一书了。林奇认为城市是一种尺度巨大的空间结构，他提出："一座城市，无论景象多么普通都可以给人带来欢乐。城市如同建筑，是一种空间的结构，只是尺度更巨大，需要用更长的时间过程去感知。城市设计可以说是一种时间的艺术，然而它与别的时间艺术，比如已掌握的音乐规律完全不同。"[3]

林奇提出城市是由成千上万不同阶层、不同性格的人们共同感知的事物，城市中的移动元素尤其是人类及其活动，与静止的物质元素是同样重要的。人们对城市的理解并不是固定不变的，而是与其他一些相关事物混杂在一起，同时人们每一个感官都会产生反应，综合之后就成为印象。林奇据此提出了城市意象的概念，就是

---

1 （美）肯特·C·布鲁姆（Kent C. Bloomer），查尔斯·W·摩尔（Charles W. Moore）著. 身体，记忆与建筑 建筑设计的基本原则和基本原理 [M]. 成朝晖译. 杭州：中国美术学院出版社，2008：93.
2 （挪威）诺伯格·舒尔兹（Norberg-Schulz,C.）著. 存在空间建筑 [M]. 尹培桐译. 北京：中国建筑工业出版社，1990：21-38.
3 （美）凯文·林奇著. 城市意象 [M]. 方益萍，何晓军译. 北京：华夏出版社，2001：1.

图5-31　波士顿城市中的种种城市意象要素，其中包含了城市的道路、边界、区域、节点和标志物

从人对于城市的感受出发形成的城市意象。

林奇进而提出了可读性的概念，他通过研究城市市民心目中的城市意象，分析美国城市的视觉品质，特别是针对可读性即容易认知城市各部分并形成一个凝聚形态的特性。一个可读的城市，它的街区、标志物或是道路应该容易认明，进而组成一个完整的形态。这项研究试图忽略个体差异，而更关注于公众意象即大多数城市居民心中拥有的共同印象（图5-31）。

林奇认为环境意象由三部分组成：个性、结构和意蕴。意象首先必备的是事物的个性，即其与周围事物的可区别性以及个体的可识别性，这种个性具有独立存在的、唯一的意义。其次，这个意象必须包括物体与观察者以及物体与物体之间的空间或形态上的关联。最后，这个物体必须为观察者提供实用的或是情感上的意蕴，这种意蕴也是一种关系，但完全不同于空间或形态的关系。[1]林奇在城市中让受训的观察者对地区进行系统的徒步实地考察，在地图上绘出存在的各种元素以及它们的可见性、意象的强弱、相互的联系和中断等因素，并且标明对形成潜在的意象结构特别成功或十分不利的地方。同时选取一小组的城市居民进行较长时间的访问，获取他们对物质环境的自身意象（图5-32、图5-33）。通过以上的研究，林奇得出了城市意象的五种元素——道路、边界、区域、节点和标志物（图5-34）。

道路是观察者运动的路线，包括机动车道、小径、铁路、人行道等。它们是人们观察城市、形成城市心理认知的基本方式，同时也是人们心理认知地图中最强烈

1　（美）凯文·林奇著. 城市意象[M]. 方益萍，何晓军译. 北京：华夏出版社，2001：6.

图5-32 《城市意象》中通过市民认知调查对波士顿的城市意象做的分析（右）

图5-33 波士顿的城市空间肌理（左）

的组织元素。标志物通常是一个确定的、简单的有形物体，例如一个教堂尖顶、一座塔楼、一个穹顶或一段斜坡，人们往往把它们当作参照物。边界既可以是两个易于识别的地区的接缝，也可以成为两个易辨识的地区之间的屏障，例如非常繁忙的道路、铁路线、通道和运河等要素。区域是城市的中间层级，区域通常具有一组可辨识的特征，区域可能与它的用途和建筑风格相关。节点是人们可进入的一个地点，它提供了事件的发生地，带来了集中性或者活动性的可能。[1]

在现实中，这些元素类型都不会孤立存在，元素之间有规律地互相交融穿插。因此城市的整体环境并不是一个简单综合的意象，而是由相互重叠、相互关联的一系列意象所组成。也正是从这个角度，林奇认为意象可以根据涉及的范围尺度进行分层，如可以分为街道层面、社区层面、城市层面乃至大都市区域层面等多个层级，而在一个大而复杂的环境中这种分层的方法十分必要。

与之前一些研究者试图通过自身的经验来概括人们对于城市的整体认知特征不同，林奇关注到了城市空间背后的广大使用者，从这些居民感知调查研究出发，提出了对于城市空间环境认知的城市意象理论。正如林奇所说的，城市不但是成千上万不同阶层、不同性格的人们在共同感知的事物，而且也是众多建造者由于各种原因不断建设改造的产物。只有从这些生活在城市中的大量个体出发，才有可能更为深刻地理解城市空间。这一基于人本视角来看待城市整体化认知的思想，也成为新

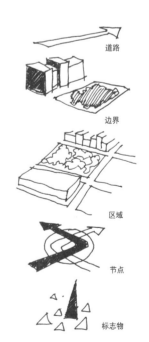

图5-34 林奇在《城市意象》一书中对五种意象要素做的图示分析

---

1 （美）凯文·林奇著. 城市意象[M]. 方益萍，何晓军译. 北京：华夏出版社，2001：35-36.

图5-35 巴黎城市中的各种广场空间肌理图示，空间各不相同但却在边界形式、道路组织、建筑关系等方面具有一定的规则和模式，如语言一般在通过基本语汇来进行表达

时期城市设计与实施的重要依据与指导思想。

5.4.3 类型认知

  动态认知在提醒人们城市空间的连续性，卡伦通过自己艺术家式的精彩绘图来表现城市动态空间的魅力；城市意象认知则在提醒城市的认知离不开城市中每个人的感知以及由此形成的公众意象，林奇通过自己相对科学式的大规模调查研究来更为真实地反映城市中主客体之间的联系。与这两种切入方式相对应，还有一些研究者从语言学角度出发，试图通过相对理性与抽象的方式来展现城市的整体化认知。

  语言学对西方现代美学产生了很大影响，现代之后的思想家们对语言问题的关注是空前的。1960年代，美国哲学家理查德·罗蒂明确提出"语言学转向"观点，"我们如何表述我们所知晓的世界的本质"成为哲学的新主题[1]，于是以语言学为载体的新思潮迅速蔓延到了各个思想领域。语言维度的研究以揭示抽象的语言规则为目的，将人们从观念出发的传统方法转向了一种新的思维方式。在城市研究领域，从

---

1 Richard M. Rorty, ed., The Linguistic Turn: Recent Essays in Philosophical Method[M]. Chicago: University of Chicago Press, 1967.

与当代语言学的借鉴和关联出发，对于建筑与城市语言的特征与模式进行归纳，其中特别体现在与结构主义思想的关联之上（图5-35）。

建筑与城市设计理论界对城市空间与语言的相似性问题关注也由来已久。这些理论家认为，建筑以及城市与语言相类似，正如不同文化形成的语言是独特的，不同语境的建筑与城市空间语言也不相同、具有特殊性。彼得·科林斯认为，在18世纪到19世纪，以语言来比拟建筑是一个有益的向导，能实现与时代和谐并相互协调的良好建筑物。[1]而进入现代，从语言角度切入建筑与城市空间形式美探讨在现代主义前期就已开始，如形式主义、构成主义等思潮。这些思潮在后来也得到了延续，受语言学转向的影响，一些理论家对空间背后的结构与逻辑进行研究。

这一思想体现出了强烈的结构主义色彩，结构主义是20世纪西方哲学的重要潮流，认为深层的稳定结构是决定事物属性的基础。结构是一个包容着各种关系的总体，这些关系由可以变化的元素构成，深层的结构与变化的要素共同构成了结构的整体。当时多个新兴学科如语言学、心理学、符号学、人类学等都不同程度地接受并使用了结构主义的理论与方法。在语言学研究中，索绪尔提出语言是一个完整的体系或系统，而构成这一系统的元素是各自独立又相互制约的实体。也就是说，结构主义强调的是事物的整体性，希望能找寻现象背后的逻辑关系与深层结构。

结构主义语言学思潮对西方建筑与城市设计理论产生了较大影响，在20世纪后半段以来的建筑与城市理论探索中，出现了大量与结构主义以及语言学有关的概念定义，如"类型学""句法""结构"等。同一时期也出现了大量以语言为题的建筑与城市理论方面的研究著作，在1977年这一年就出版了三部相关的理论经典之作，包括克里斯托弗·亚历山大的《建筑模式语言》、查尔斯·詹克斯的《后现代建筑语言》以及布鲁诺·赛维的《现代建筑语言》。需要说明的是，这些著作实际切入点各有不同，如果从城市认知的角度进行城市和语言关系探索的话，就不能不提到其中最为知名的代表人物罗西与他的类型学思想。

阿尔多·罗西在1966年出版《城市建筑学》，他提出了类似性城市的思想，关注城市空间普遍、永恒的建设方式和基本规则。罗西指出区域和主要元素是构成城市的要素，居住街区是典型的区域，公共建筑和纪念物是主要元素。罗西将不能再缩减的元素类型视为城市和建筑的元素类型，提出城市是一种拥有结构的建筑，通过一种永恒的组织原则来呈现。他特别强调诸如记忆和纪念性等城市主题，并由此提出人们应该将城市整体而非独立的单体建筑作为认知城市空间的出发点。

罗西试图从建筑与城市内在的特质出发，在城市空间自身的形式类型中寻求创造形式的源泉。类型这种结构化的认知思维方式将城市客体对象分解为各个组成部分，

---

1 （英）柯林斯著. 现代建筑设计思想的演变[M]. 英若聪译. 北京：中国建筑工业出版社，2003：176-177.

图5-36 罗西关于城市类型的"类似性城市"图示

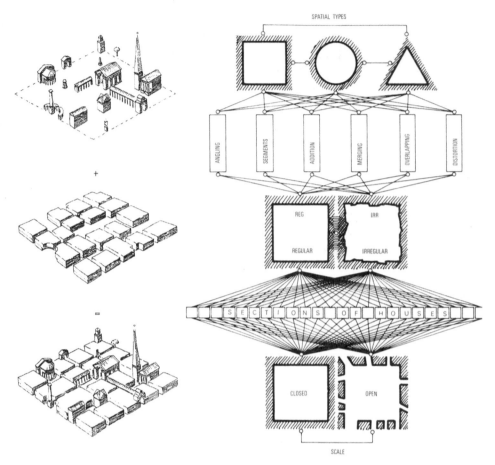

图5-37 克里尔兄弟关于城市空间基本要素以及广场空间类型的分析

然后重新组合以形成新的整体。罗西所提出的类型是从城市发展轨迹和传统的传承中提取而来，由于经过长时间的发展，因此具有很好的适应性。同时类型也是一种设计观念与设计方法，它提醒人们关注自身生存的环境，从环境与文化中提取设计语言，寻求自身语境中的合适空间语言表达（图5-36）。当然，类型也只是建筑与城市深层结构认知的一种解读，同时也是城市空间变换与发展的一种可能媒介。除了罗西之外，克里尔兄弟等人发展出了基于形态而非功能指向的类型学理论。

在《城市空间》一书中，罗布·克里尔指出城市空间的两个基本要素就是街道和广场，同时强调了能够被识别的城市空间是几何特征和美学品质清晰可读的，而欧洲城市广场形态可归纳为在空间原型如方形、圆形、三角形等基础上的改动或调整。里昂·克里尔则从城市街区与街道广场的形态组织关系、街道广场与建筑是否具有明确的形式类型区分了城市空间的基本类型（图5-37）。

以类型认知为代表的这些研究，都倾向形成自己最本质的底层认知逻辑，当然这些所谓的结构主义认知方式又因为每个研究者各自的角度而有着鲜明的个人特质。而对于构成建筑与城市整体结构体系的关注，强调了在了解基本元素的基础上对元素相互关系挖掘的重要性（图5-38）。这一思想采用了结构主义的切入视角与研

图5-38 欧洲城市中不断出现的各种建筑要素类型，其中也包含了柱廊、拱窗等建筑语汇要素类型，城市空间正是由这些不断出现的各种类型建筑及语汇所构成

究方法，讲究对整体的强调，认为通过对元素及其相互关系的深入挖掘才能解释整体。他们认为只有抽象和综合提取出结构，才能使得特殊情况和掩盖本质的那些现象消失，也才能够弄清外在表现完全不同的形式之间的深刻联系，进而解析城市多元形式之后深刻的统一性。

这些尝试是希望通过挖掘与建构内在结构说明城市自身的逻辑规律，同时还要能将这一结构清晰化并成为可以转换或生成的一套基本法则。这些理论家与设计师试图挖掘城市空间现象背后的深层机制，他们用结构主义语言学思想来重新阐释城市的逻辑与审美，正如语言后面有一套标准与系统，城市空间背后也存在着一套标准。这些研究者希望寻求城市要素语言的基本结构与组合原则，以此理性地限定空间组合的可能性，这种执着于深层机制的探索确实为城市空间本体认知的挖掘提供了有益的启示，同时也为城市认知自身逻辑的梳理与建构提供了一种可能。

5.4.4 场所认知

之前的几种认知理论都在强调对于城市进行整体化的认知，如类型认知就是在从结构与逻辑的角度来实现城市空间整体逻辑的架构，其中强调的是较为理性的整体性认知思维方式。除了这些强调对城市空间整体的认知之外，随着时代的发展以及新思潮的出现，城市所包含内容的复杂性意味着对于城市之美的认知需要突破单纯的空间视角，要从人的活动、人的全方位感知等方面来进行理解。

第4章我们就社会维度对城市空间的影响进行了介绍，如简·雅各布斯等人提出的城市中多样性与活力等要素的重要性。实际上自现代主义运动以来，人们就对于现代城市空间中出现的大尺度、视觉化、公共空间缺乏或片段化等问题进行了反思，认为城市的空间要素要和社会要素联系起来，从人的需要出发去考察城市环境的审美价值，以此才能更好地深入理解和塑造城市之美。

图5-39 城市中的各种场所,由水面、街道、广场、建筑等物质要素与各种人的活动所组成

雅各布斯曾在《美国大城市的死与生》中将城市空间中所发生的生活魅力比作为舞蹈:"表面上,老城市看来缺乏秩序,其实在其背后有一种神奇的秩序在维持着街道的安全和城市的自由。这是一种复杂的秩序。……这种秩序充满着运动和变化,尽管这是生活,不是艺术,我们或许可以发挥想象力,称之为城市的艺术形态,将它比拟为舞蹈——不是那种简单、准确的舞蹈,每个人都在同一时刻起脚,转身,弯腰,而是一种复杂的芭蕾,每个舞蹈演员在整体中都表现出自己的独特风格,但又互相映衬,组成一个秩序井然,相互和谐的整体。一个让人赏心悦目的城市人行道'芭蕾'每个地方都不相同,从不重复自己,在任何一个地方总会有新的即兴表演出现。"[1]

雅各布斯所提出的城市艺术形态充满运动和变化,其中城市空间是物质载体,而人的活动则是空间中发生的内容,两者构成了和谐的整体。现代主义以来有众多研究都从这一角度出发,将空间与活动相联系以场所为主题提出了整体化认知城市空间的新视角(图5-39)。

《公共空间与城市空间-城市设计维度》一书中提出城市设计有两大思想传统,一是视觉艺术传统即强调视觉形式,更关注城市建筑与空间;二是社会使用传统,即关注公众使用及城市环境体验,更关注城市中的人与活动;在这两者的融合基础上,即形成了第三种传统即场所塑造。作者进而在书中对于场所的相关内容进行了梳理,比如场所是从生活经验中提炼出来的意义中心,通过意义的渗透城市空间可以成为场所;场所的三个基本要素包括物理环境、行为和意义,强调人在其中的归属感以及与场地的情感联系;场所认知就是关于城市整体的认知,甚至场所体验还与时间要素有关,通过一次短暂的访问可能可以感受到场所的视觉质量,但不能完

---

[1] (加)简·雅各布斯(Jan Jacobs)著. 美国大城市的死与生[M]. 金衡山译. 南京:译林出版社,2005:52.

整理解场所的全部意义，比如在不同季节场地的空气气味、回响的声音等信息。[1]

实际上现代之后众多新思潮与新理论都涉及了场所认知的内容，这些对于整体全面的认知具体城市环境产生了重要影响。在这些思潮理论中很有代表性的就是现象学思想，现象学作为20世纪哲学的主要流派之一，在许多领域都有着重要的影响。在之前的基本感知一节我们已经结合具身认知思想对于现象学进行了简要介绍，这里将从场所认知的角度对现象学的相关思想进行阐述。

西方古典思想一直在追求确定性的本质，概念先于现象，规律决定特殊。进入20世纪以来，在当代哲学特别是现象学思想的语境里，由个体的具体体验形成的认识不是由抽象的概念或规律所能决定的。正是基于这些认识，现象学试图研究人类的经验以及事物如何在这样的经验中向我们呈现，[2]同时开始重新探讨人的存在以及与外在世界的联系。1962年两部重要的现象学作品马丁·海德格尔的《存在与时间》和梅洛-庞蒂的《知觉现象学》被翻译成英语，自20世纪60年代后海德格尔与梅洛-庞蒂也是现象学领域内对建筑与城市设计产生重要影响的代表人物。

在之前我们讲到了与现象学极为相关的具身认知思想，即强调身体认知的全方位和整体性，使用者通过自己的身体感官以多种认知方式综合体验感受空间。除了具身认知思想之外，现象学还在启发人们通过多方位感知挖掘环境背后的整体意义。受现象学思想启发，一些设计师与理论家开始挖掘环境场所的意义。在现象学的研究框架中，人通过自己的存在与世界联系在了一起，而现象学的基本课题就是作为显现、作为"现象"的世界。[3]胡塞尔提出了"生活世界"这一概念，海德格尔则对于人的存在和世界之间的关系进行了论述，而梅洛-庞蒂提出的复杂概念世界的"肉身"也试图表明身体与世界之间具有潜在的连续性。这些思想为当代人们去深入思考人与环境的关系提供了新的视角。

以海德格尔关于世界的论述为例，他认为世界并不是熟悉或陌生之物的简单聚合，"世界也并非由我们的表象加在这些给定事物总和之上的一个单纯想象的框架"。[4]人在世界之中必须要通过与周边事物的联系才能展示自己的存在，而在世界中就意味着人们居住在特定的环境之中。因此，海德格尔认为空间和场所之间是有区别的，即空间是通过数理关系加以确认，而"场所"则是通过人类的经验才能得

---

1 （英）马修·卡莫纳，史蒂文·蒂斯迪尔，蒂姆·希斯，泰纳·欧克著. 公共空间与城市空间 城市设计维度 [M]. 马航，张昌娟，刘坤，余磊译. 北京：中国建筑工业出版社，2015：7, 133-135.
2 （美）罗伯特·索科拉夫斯基著. 现象学导论 [M]. 高秉江，张建华译. 武汉：武汉大学出版社，2009：2.
3 （德）埃德蒙德·胡塞尔著，（德）克劳斯·黑尔德编. 生活世界现象学 [M]. 倪梁康，张廷国译. 上海：上海译文出版社，2005：3.
4 （德）海德格尔著. 人，诗意地安居：海德格尔语要 [M]. 郜元宝译. 桂林：广西师范大学出版社，2000：82.

图5-40 城市中的各种场所，苏州历史建筑前的步行街传统水街场所，包含了主体、客体、活动、历史等内容

以实现，他认为我们更应该强调场所而非空间。[1]通过与世界相联系的思想，场所的建构主要存在于心灵的归属而不仅是物质的简单建造与选址依据，其中需要依赖于每个人的个体意识、身体状况和想象。[2]海德格尔以桥梁为例来说明场所的营造，他认为横跨在水面上的桥梁不只将两岸连起来，而且将周围的各种要素聚集为有意义的环境："桥梁飞架于溪水之上，'轻盈而刚劲'。它并非仅仅把已存在那里的两岸连接起来。……桥以它自己的方式把天、地、神、人聚集到自身中来。聚集和召集在我们的古语中就称作'物'。桥梁是一物，这种物就是对我们前面描述的四重性的聚集。"[3]可以认为，桥梁的建造就形成了将天、地、神、人聚集的场所。

在身体知觉的基础上，梅洛-庞蒂提出了"世界之肉身"的概念，表明在身体与世界之间具有潜在的连续性。这也提醒人们应该更加注意周边的环境，同时需要在自身和周围环境的相互关系上做出回应。他用"肉身"来表达人们最初的具身体验，同时试图将其反转用于周围的世界，用"世界之肉身"来说明人与世界之间的依赖性与相互性。

与传统个体、理性、抽象、分离的认知思维方式相反，世界与肉身这一对概念都在强调主体与环境的不可分割，突出要关注整体环境的情境性、综合性、具体性与互动性，而其中对于场所的重视对于建筑与城市相关领域也产生了重要影响。有关于场所的相关论述主要来自于诺伯格·舒尔兹，他从海德格尔的论述如文章《筑居思》中获得启发，形成了著名的"场所精神"思想。海德格尔第一次提出《筑居思》时是作为一篇会议论文，他在标题中并未使用逗号，希望以此强调建筑、居住和思考这三个概念的紧密联系。[4]海德格尔认为建筑和居住紧密联系，同时这些活动都是通过人们对场所营造的参与以及对地方意义的探索来进行的。

受这些思想的启发，舒尔兹20世纪70年代连续发表《存在·空间·建筑》与《场

1　Adam Sharr. Heidegger for Architects[M]. New York: Routledge, 2007: 51.
2　Christian Norberg-Schulz. Heidegger's Thinking on Architecture[J]. Perspecta. Vol. 20 (1983), pp. 58.
3　（德）海德格尔著. 人, 诗意地安居: 海德格尔语要 [M]. 郜元宝译. 桂林: 广西师范大学出版社, 2000: 97.
4　Adam Sharr. Heidegger for Architects[M]. New York: Routledge, 2007: 36.

所精神》等著作，在现象学框架中对人与世界、场所、建筑等命题进行了探讨。他以"场所精神"为题从精神的高度挖掘空间创造背后的本质，希望在科学理性的世界里找到人与世界之间存在的微妙联系，进而帮助人们把场所的本质和内涵。在《存在·空间·建筑》一书中，舒尔兹提出了"存在空间"这一概念，希望能将人的存在同建筑空间联系在一起。在《场所精神》中，他提出场所是由自然环境和人造环境结合的有意义的整体，场所是具有清晰特性的空间，同时具有精神上的意义。[1]

图5-41　城市中的各种场所，广州江边的林荫步道

除了现象学影响产生的场所思想之外，人们在现代之后就一直在强调空间之外要素对于人们认知城市的重要性，之前几章曾经介绍过相关的各种研究，比如雅各布斯就一直强调活力、人的活动对于城市空间的重要性。这些其实都是在提醒人们要更为整体的来认知城市空间，要突破物质空间来理解城市。

总体来看，以场所认知为代表的这些思想通过挖掘隐藏于人们熟悉的现代城市空间背后的含义，探索活动、环境与人的存在之间的关系，对于场所的追问可以被看作在物质世界中挖掘人与环境的基本状态与潜在联系。这显然对于习惯于将世界划分为物理、社会、精神等不同层面的人们具有启发意义，我们的日常生活世界是由具体事物组成的，而不仅是由科学的抽象或系统所能概括的。有关人们居住、生活的城市空间是一个整体，其中的人工建设环境将取决于与相关的人及周围世界的互动关系（图5-40~图5-42）。因此，我们需要去发现认知场所的精神，通过深入的体验去挖掘隐含在具体环境背后的内涵特质，将人的具体活动与整体环境相联系。

图5-42　上海的街坊更新商业空间

思考题

1．人的基本感知在城市审美中的重要性如何体现？

2．格式塔理论的主要内容是什么，如何用格式塔理论解释城市审美现象？

3．关于城市整体化认知的代表性理论有哪些？请试图用其中一个理论对你所在的城市进行分析。

---

[1]（挪）诺伯舒兹著．场所精神：迈向建筑现象学[M]．施植明译．武汉：华中科技大学出版社，2010．

第 6 章
城市之美的形式规律

6.1 城市美学形式逻辑论

6.2 城市形式审美的总体规律

6.3 城市关键要素的形式审美要点

本章学习要点
1. 关于美学形式的基本规律与城市美学形式的基本原则；
2. 城市形式审美的总体规律；
3. 城市关键要素的形式审美要点。

前两章分别从美学客体与主体认知的角度介绍了城市美学的两部分内容，本章将从形式审美的角度对于城市美学的基本形式规律展开介绍。审美是一种具有一定个体主观性的认知活动，不可否认不同主体通过各自的感知体验会形成对于客体对象的不同审美感受，但形式作为联系主客体审美的中介物，一直以来相关领域针对形式评价形成了基本的逻辑与规律。对于城市的审美而言，城市中各种要素也需要满足这些形式的基本评价标准；不仅如此，城市容纳了全社会的生活同时也承担了全体民众的审美认知，因此城市的美学品质具有更为广泛的公共属性，城市美学评价不仅涉及单个个体的品位，还超越了个人品位的表达具有了社会和文化的认知成分。城市审美以个体主观性体验为基础，同时又以社会公众的集体认知作为评价标准，城市之美更应具有符合公众认知的形式逻辑与规律。

6.1 城市美学形式逻辑论

在美学发展过程中，形式作为重要的美学范畴有着极其重要的意义，同时它也能够作为探讨城市客体之美的中介物。城市之美要满足形式审美的种种基本逻辑与规律如秩序、统一、对称、均衡等，要实现城市之美不仅要推敲城市各种要素的形式规律，同时也要考虑城市中各种要素之间的组合规律。

6.1.1 美学形式：单一与整合

在西方美学范畴体系中，形式是十分重要的范畴之一。在艺术和设计的术语中，

图6-1 绘画、雕塑等艺术品中的形式语言，不管是古典的还是现代的艺术都具有自身的形式规则

形式可以表示一件作品的外形结构，即排列和协调事物中各要素部分形成的整体形象。

有学者认为形式是美和艺术的本质或本体存在方式，[1]特别是近现代以来，形式已成为美学中的一个独立范畴（图6-1）。康德提出了先验形式概念，黑格尔将形式与内容作为一对范畴，这里的内容是指客观存在着的理念、精神、思想，而形式则是内容的感性显现，形式和内容需要成为不可分割的统一体。进入20世纪以来，有关形式的研究越来越多元，无论是以俄国形式主义和英美新批评为代表的"语言形式"，还是结构主义的"结构形式"；无论是符号学美学的"符号形式"，还是格式塔美学的"格式塔"概念，这些美学中的关于形式的基本研究对于开阔我们关于城市审美和艺术形式的思考有很大的启发意义。中国美学在艺术形式审美规律方面也有着大量论述，关于诗、词、书、画的历史演变和内在规律有着系统的研究，得出了众多关于这些艺术门类审美规律的结论。

西方美学史与中国美学史都有着大量关于形式本身审美规律的研究，不难看出，这些形式规律研究往往针对的是特定艺术形式的审美规律与形式技巧研究。在第4章我们曾对城市美学的客体对象进行了界定，与这些单一艺术形式相比，城市美学的形式规律的最大特征就是需要将各种单一的客体形式加以整合。

在美学或其他具体设计领域的相关理论中，有一些基本概念与标准一直被用于形式美感的评价上，以建筑设计理论为例，古罗马的维特鲁威曾提出建筑取决于法式、布置、比例、均衡、适合和经营，[2]布鲁诺·赛维则认为重要的建筑形式特征包括真实性、动感、力度、活力、轮廓的感觉、协调、优雅、宽度、尺度、平衡、均衡、光和

---

[1] 赵宪章，张辉，王雄. 西方形式美学[M]. 南京：南京大学出版社，2008：4.
[2] （古罗马）维特鲁威（Vitruvii）著. 建筑十书[M]. 高履泰译. 北京：知识产权出版社，2001：12.

 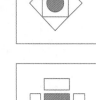 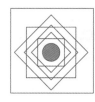 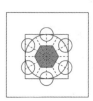

   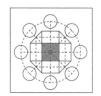

图6-2 集中并具有层级性的多个形式形成的秩序与统一

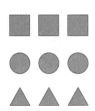

   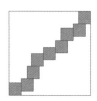

图6-3 某一形式按一定韵律规则进行组织形成的秩序与统一

影、比例协调、实和虚、匀称、韵律、体量、重点、特征、对比、个性、相似等。[1] 这些经常出现的形式评价概念与范畴是衡量客体形式之美的重要标准,这里就选取其中一些较为重要的形式评价概念进行介绍,作为城市空间形式评价的基础。

(1) 秩序与统一

维特鲁威将法式列为建筑形式品质的第一个品质,他所给出的法式定义是作品的细部要各自适合于尺度,作为一个整体则要设置适于均衡的比例;这种整体感是由量构成的,量就是建筑物的细部本身采用一定的模量,并由这些细部做成合适的整幢建筑物。[2] 在古典时期的理论家看来,美来自于整体的形式和协调,这种整体协调关系到几个部分及其相互之间的和谐关系,形式之美就来自于各种要素形成的整体感。这种由部分协调而成的整体感就涉及形式评价的重要标准,也就是形式的整体秩序与统一感。

秩序与统一是基本的形式规律,即使是在进入现代、后现代等各种审美思潮不

---

1 (英) 克利夫·芒福汀 (J.C.Moughtin) 著. 街道与广场 [M]. 张永刚, 陆卫东译. 北京: 中国建筑工业出版社, 2004: 35.
2 (古罗马) 维特鲁威 (Vitruvii) 著. 建筑十书 [M]. 高履泰译. 北京: 知识产权出版社, 2001: 13.

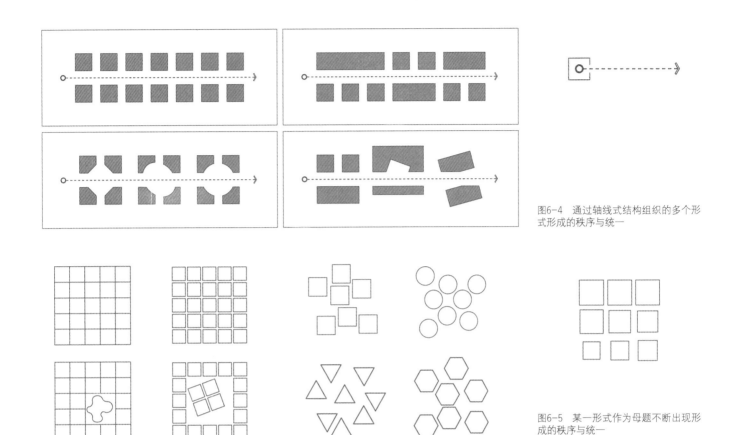

图6-4 通过轴线式结构组织的多个形式形成的秩序与统一

图6-5 某一形式作为母题不断出现形成的秩序与统一

断涌现的新阶段，人们也仍然十分重视形式秩序与统一感的获得。比如提倡多元与异质的后现代主义也有着对于形式秩序感的提法，文丘里在提倡复杂性的同时针对秩序提出了自己的想法，他认为复杂性和矛盾性也需要具有总体的涵义，一个有效的秩序能容纳复杂现实中的各种偶然和矛盾，从而形成整体性之下的多元和谐。

可以认为，相对清晰明确的秩序是形式统一感形成的基础。不管是古典时代更为和谐的秩序，还是现代以来新审美趋势之下对于复杂秩序的理解，秩序都在为形式的整体性提供标准。秩序不单单是指几何规律性，还是指整体之中的每个部分与其他部分的关系，每个部分都要发挥作用并形成一个有机的整体。当有多个图形和事物在一起时，必然存在着多样性和复杂性。秩序就是使得各种各样的形式和事物，在感性的视觉上和理性的概念上，共存于一个具有一定规则的整体之中。

为了形成良好的形式秩序与统一感，就要对于形式构图进行总体把握，将所有部分协调一致，通过各种要素合适得体的安排使得每个部分都能在正确位置与大小。只有将多种因素统一协调了，才能实现形式的和谐以及形式的整体之美。

具体如何实现多元形式的统一秩序，可以通过层级安排、结构组织、韵律、母题等形式操作方法实现（图6-2~图6-5）。层级安排就是依据大小、形状或位置等方面特点形成组合中不同形式之间的层级差异，通过表明某些形式的重要性或特殊意

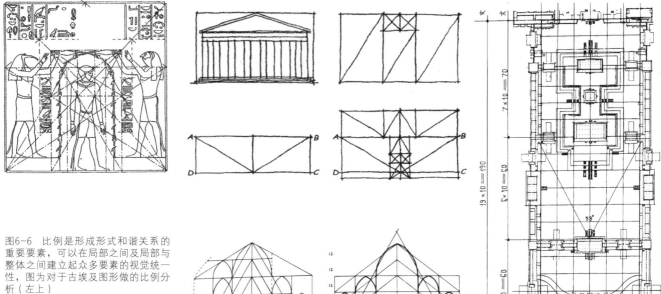

图6-6 比例是形成形式和谐关系的重要要素，可以在局部之间及局部与整体之间建立起众多要素的视觉统一性，图为对于古埃及图形做的比例分析（左上）

图6-7 帕提农神庙的比例分析（中上）

图6-8 米兰大教堂的比例分析（中下）

图6-9 故宫建筑群的比例分析（右）

义形成秩序；结构组织则是通过轴线、对称等方法形成多元形式的结构性；韵律是在形式组织中某一特定形式要素按着一个韵律化的固定规则不断出现，而母题则是某一特定形式要素成为主题要素不断重复出现以此组织多元形式。

（2）比例与尺度

比例与尺度是相互关联的话题，比例是指一个部分与另外的部分或整体之间的适宜尺寸关系，尺度则是指比照参考标准或其他物体大小时的尺寸标准。

当有多个要素组成形式之时，图形各部分或要素之间的比例是统一与否的重要因素。比例即是为各部分组织在一起提供合适的数量关系，这是建立视觉秩序的方法。古典时代，毕达哥拉斯认为"一切皆数"，事物具有数的均衡与节奏才能形成美，比如音乐的美就是靠音节的数量关系来确定，人体的美则来源人体各部分的比例，建筑或空间的美自然也是与数密切相关，是有关数的秩序和组合。于是形式既是数量表示的实体的大小，同时也是各部分之间的数的尺度关系，如建筑的形式之美就是各部分相互比例构成完美和谐的整体，按照古典时期的理论家观点，美是一种和谐，它根植于具有完整比例系统的建筑之中。在古典时代确定的建筑之形的原则——即主要是对建筑实体本身进行数的比例分析的基础上，后世的人们又形成了种种突破，现代主义大师勒·柯布西耶就在数字比例的基础上，建构了自己的模数体系。按照理论家斯克鲁顿的观点，从埃及人到勒·柯布西耶，比例已经是最普遍的形式理念。有些形式及其组合看起来和谐愉悦，另一些则不成比例、不稳定，只有当房间、窗户等各种要素服

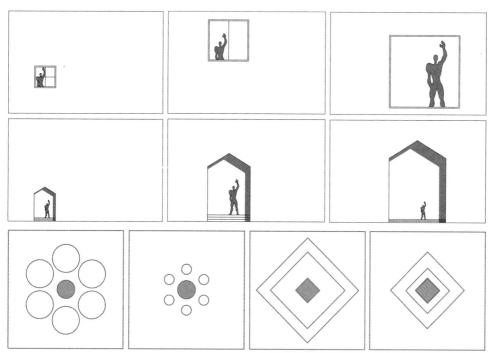

图6-10 尺度是形成形式和谐关系的重要因素，柯布西耶对人体做的数字分析（右）

图6-11 人的尺度是空间度量的基本标尺（左上）

图6-12 同一形式在周边不同尺度形式对比下显得大小产生了差异（左下）

从于一定的比例时，建筑的协调性才会产生（图6-6~图6-9）。

　　比例在形式的组织中具有重要的意义，能在视觉结构的各要素中建立秩序感与和谐感。由比例控制的形式系统可以在局部之间以及局部与整体之间，建立起众多要素的视觉统一性。虽然这些关系未必能被观察者一眼看出，但通过一系列的反复体验，这些比例关系所产生的视觉秩序是可以被感知、接受，甚至得到公认的。[1]

　　除了比例之外，另一个重要的形式标准是尺度。与比例相对应，尺度是关于两套空间尺寸之间的比较关系。尺度同样是形式美感特别是空间设计中的一个重要指标。许多空间要素的尺寸和特点是人们所熟知的，因而能帮助人们衡量理解周围要素的大小（图6-10~图6-12）。比如窗户和门能帮助人感知到房子的大小、高度以及层数等信息，再比如楼梯等构件或某些模度化的材料如砖或混凝土块也能帮助人们度量空间的尺度。另外尺度并不完全是指物品的实际尺寸，而是指某事物与环境中其他要素的尺寸相比较时看上去是大还是小。因此，某要素的尺度是否合适要基于它所在的位置以及周围的环境。

　　尺度在客观上是指构件或形式的大小，但由于建筑及城市与人的生活密切相关，因此尺度在一定程度上与人们的心理感受以及认识有关，相当于是人们心目中对于构件尺寸认知的默认俗成。在建筑的空间中，人的尺度是对于空间的一个基本

1　程大锦（Francis D. K. Ching）著. 建筑：形式、空间和秩序 [M]. 刘丛红译. 邹德侬审校. 天津：天津大学出版社，2008：300.

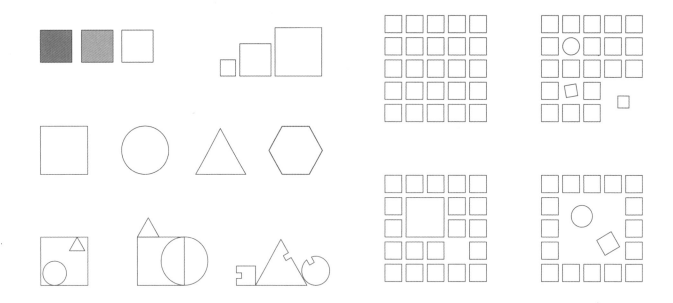

图6-13 形式的对比与变化,形式可以在颜色、大小、形状、细节以及重复组织中产生各种变化

度量标尺。为了得到关于尺度的舒适性,空间中的要素如桌椅、细部等都需要具有人的尺度,同时这些要素的尺度感也会帮助人们更好地感知空间。关系适合的尺度往往是人们习以为常、视为固定甚至不可改变的基本数字关系。

如果扩展到城市空间的环境中,城市空间及其建筑外表的视觉质量和形式审美,都与城市景观的正确尺度紧密相关。比如大尺度的空间相对更具有纪念性和公共性,而尺度小巧宜人的空间则会使人感受到舒适亲切。建筑与城市空间的尺度往往以人为参照,并且与人的活动、文化习惯与心理感受等要素都相关,具体的空间尺寸已经与人们的主观心理感受之间形成了一种同构关系。

（3）对比与变化

秩序与统一是形式组织获得美感的基本条件,与之相对应,好的形式感应当避免单调,在统一的基础上形成人们关注的兴趣点。在艺术形式的审美中复杂与简约的适度比例是良好形式形成的关键,有秩序而无变化会让人觉得单调和厌倦,而仅有变化缺乏统一秩序则会杂乱无章。同样的原理运用于城市要素的形式审美,美学形式的成功以秩序的建立为前提,但必须要能通过充分的丰富性来体现。

有秩序与统一感并不是单调,而应在形式组织中形成对比与变化。在建筑等类型要素的审美中,对比与变化无处不在,比如色彩质感的对比变化,形状大小的对比变化,实体建筑与虚体空间的对比变化等。而在城市审美中,生活中的一些审美体验常来自于对比与变化,比如从相对狭窄阴暗的街道进入宽敞明亮的广场之中,又比如塔楼的垂直高度与大量低矮建筑的水平体量构成的变化。如果没有这些变化,城市之美就会失去许多趣味和活力。因此,城市空间的形式规律需要具有适度的对比与变化。

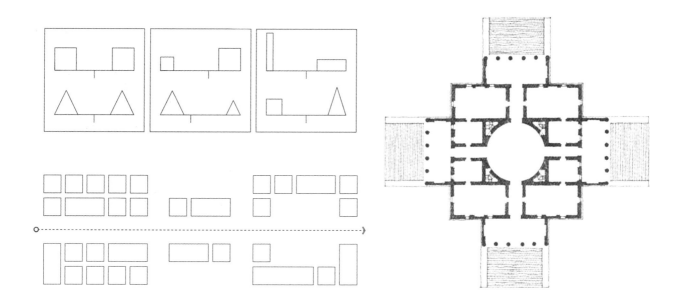

图6-14 形式要素的对称与均衡,图为西方古典建筑平面形式的各向对称(右)

图6-15 形式要素从完全对称到综合的均衡,形式均衡就是围绕轴线或视觉中心布置视觉感受同样分量的要素以形成和谐的整体关系(左上)

图6-16 通过中轴组织形成多个形式要素的对称均衡(左下)

总体来看,在统一的基础上,好的形式需要形成种种的变化。变化就是上面提到的在形状、色彩、体量、细节等各个方面形成的转变或个别化处理(图6-13)。如果要表明多元要素中某些要素的重要性,这些要素就需要在视觉上与众不同,可以通过大小、位置、形状等方面的独特性来表现这些要素。通过不同级别视觉焦点的形成,整个形式就产生了变化的视觉特色,这些独特但又从属于整体的要素能带来形式的变化,产生整体构图中的趣味与重点。

评判的难点在于将变化与统一结合起来,为形式寻找正确的对比度,过度对比或者变化只能导致混乱。如果单一地强调要素对比和变化,那么它们会彼此竞争而不会起到彼此衬托的作用。为秩序中的对比变化寻找依据是十分必要的,适宜的变化比例或相对明确的主次关系是非常重要的,这对于要素众多的城市空间来说尤为重要。《建筑:形式、空间和秩序》一书中提到了空间形式等级的重要性,并从尺寸的明显与否形成的尺寸等级秩序、形状的鲜明与否形成形状等级秩序以及位置的引人注目与否形成的位置等级进行了论述,以此来说明如何实现要素变化之后的主次秩序。除此之外,该书还特别提出建筑设计形式处理的变化来自于对实际情况和周围环境的协调与处理。[1]这些原则对于城市之美的形式生成与判断都有着很大启发价值。

(4)对称与均衡

形式的美还来自于平衡感,一个具有平衡感的形式就会取得良好的视觉和谐效果,这要求各个部位或组成元素呈现出恰当的布局(图6-14~图6-16)。

---

1 程大锦(Francis D. K. Ching)著. 建筑:形式、空间和秩序[M]. 刘丛红译. 邹德侬审校. 天津:天津大学出版社,2008: 359,402.

图6-17 形式之美来自于组成要素的基本组织逻辑,将秩序、统一、变化、均衡等标准合而为一,图为西方古典建筑柱式与中国传统建筑檐下空间,两者的形式之美均体现了整合之下的各种形式标准

天平通常用来类比形式中的平衡,这种物质平衡律的理念被引入视觉领域,对于形式评价的整体结构与基本秩序十分重要。一个明显不平衡的形式会使人感觉不舒适,自然界的众多生物以及人工的一些制品都会通过对称的形式以保持平衡感。艺术品以及其他人造结构中的对称布局应用了自然界的类比。而在建筑与城市空间中时,当观众沿着中轴线移动时,对称的建筑等要素组成的构图也十分具有美感。

除了二维图形上对称之外,还有更为综合的均衡模式,均衡是指无轴线构成的不规则平衡,这是一种更为复杂的平衡构成。简单地说,一个靠近均衡支点的巨大重量可以被一个较轻的离开支点远的重量平衡,也就是指在一个轴线或视觉中心的两边布置视觉感受同样分量的要素。形式能够通过均衡的方式获得复杂的平衡,这种非对称有机构图中的要素需通过平衡点或控制性焦点为核心进行合理布置。维特鲁威曾对于建筑形式的均衡进行了解释,均衡是由建筑细部本身产生的合适的协调,是由每一部分产生而直到整个外貌的一定部分的互相配称。[1]

不管是均衡还是对称,都意味着形式的组织或构图中具有基本的组织逻辑,通过规则性、连续性和稳定性的建立,实现将多种要素组合起来。不管是更为严谨的对称,还是相对放松的均衡,都体现了形式多元和谐的基本理念,也成为组合形式要素的基本原则。

上述这些形式概念与标准彼此交织、相互加强,其中的每一个并不是也不可能独立存在(图6-17)。这些概念作为基本的形式标准,也能被用于城市形式的美学质量分析之中,同时也提供了关于城市形式美学评价的研究基础。

6.1.2 城市美形:整体生成与多样统一

在城市美学中,形式规律同样具有重要的意义,而且与美学中的形式规律相对

---

1 (古罗马)维特鲁威(Vitruvii)著. 建筑十书[M]. 高履泰译. 北京:知识产权出版社,2001:13.

图6-18 城市中审美对象的多元与复合，图为伦敦城市空间肌理

应，在秩序统一、比例尺度等基本形式规律基础上，城市美学中的形式审美规律有着自身的特征，并且有关城市之美的形式规律更为复合。这种复合体现在审美对象的多元与复合，正如城市美学系统论一章中所提出的，城市美学的审美对象包含了整体结构、开放空间、建筑等不同层面的各种要素，因此，有关城市形式审美规律的研究必然包含了复合的多元形式探讨（图6-18）。

可以认为，作为单一物体或某一类具体艺术形式的审美，最体现艺术审美特质的就是单一物质的外在形式。因此，单一门类艺术形式的创作都往往强调刻画各自实体形式的完整与明确，以建筑的美学形式为例，建筑外在形式的塑造十分强调实体形式，注重处理建筑中的光影与色彩变化、推敲数量化的比例和构图，并不断总结具体的建筑类型与式样。与城市中强调建筑的群体组织与公共空间的品质不同，建筑之美在处理中十分注重建筑单体自身的完整，以实的个体为主要欣赏对象，强调建筑的美离不开个体的完善与明晰。与之相对应，城市的形式之美强调时空一体，以群体性的和谐为主要目的。建筑师在设计单栋建筑时一般会着重处理建筑自身的形式完善，在表达该建筑实体性特征的同时，为了不损害周边其他建筑个体的特点，同时使所有建筑实现整体的和谐，建筑师一直在寻找最美的比例安排与形式构图。而城市之美追求的是多层次复合要素所形成的整体空间意象，其中特别需要引起关注的就是对于由实体形成的虚空间如街道、广场的营造刻画。

因此，与其他单一要素形式审美的内聚性与单一性相比，城市美学中的形式审美显然更加具有开放性与多元性。卡米罗·西特在研究城市建设艺术时，对西方古典各个时期许多优秀城市空间建筑群实例进行剖析，提出在运用形式审美规律时，要将人们活动特点、主建筑空间的组成、主建筑墙面的利用、建筑物在群体上相互关系，以及城市小品水池、雕像位置的选择及布置，小品和交通、建筑背景的关系等统筹考虑。除此之外，还要注重建筑空间的连续和封闭，开敞空间与外景的交相融合，同时在合理组织车行交通基础上注重环境的尺度，注重人在实际环境中的感受，使城市的街道广场有连续感、人情味、安全感和可识别性。他提出城市不仅要表现单一元素的个性，更重要的是表现城市整体环境之中的整体之美，使城市组织更加有机。[1]

伊利尔·沙里宁在《城市——它的发展·衰败和未来》中，归纳总结出了城市建设原则，一是表现的原则，即城市设计要反映城市的本质和内涵；二是相互协调的原则，即城市和自然之间，城市各部分之间，城市建筑群之间要相互协调；三是有机秩序的原则，这是"宇宙结构的真正原则"，是协调指导一切原则的最基本原则。[2]这三条原则对于城市之美的基本规律进行了描述，同样体现出了城市整体之美的重要性，城市的美要能实现多元要素的协调，还要体现城市的内涵，同时还要能形成有机的秩序（图6-19）。

美国学者哈米德·希尔瓦尼提出了一套综合的城市建设标准，其中大部分是关于城市之美的评价，包括"和谐一致"的原则，这也是各类标准中一个趋同的主要领域。旧金山等城市建设标准都有对视觉和美学的强调，以及根据基地位置、密度、色彩、形式、材料、尺度和体量而建立的和谐协调的关注，凯文·林奇给和谐一致增加了行为和功能度量。第二是关于视景方面的，这也是多个标准中共同的原则，其中包括方位感、尺度、格局、视觉可达性、重要视景维度保存等多个评价标准。第三条是关于可识别性，这一条各类标准的表述虽有不同，但都关注建筑学和美学因素、各种活动及使城市视觉丰富多彩的价值的重要性。第四条是关于感觉的标准，凯文·林奇的"感觉"标准强调了空间形式的作用及形成环境的概念和个性的文化质量。除了这几条与形式审美直接相关的标准以外，他还归纳了与城市品质相关的其他标准，包括可达性和适居性等标准。[3]

吴良镛曾以福州为例，深入剖析了中国传统城市之美的整体性（图6-20）。他认为福州的城市布局特色体现在以下几点，对山的利用、对水面的利用、重点建筑群的点缀、城墙城楼、城市的中轴线、"坊巷"的建设、城市绿化、近郊风景名胜等，并进一步提出："这些建筑结合自然条件的空间布局，堪称绝妙的城市设计创造，其与建筑艺术、工艺美术、古典园林，乃至摩崖题字的书法艺术等综而合一，是各种艺术之集锦，包含极为丰盛的美学内涵，使城市倍增美丽。……在城市发展过程中，上述'人工建筑'与'自然建筑'相结合的取得，在于遵循不断追求整体性或完整性的原则，逐步达到最佳结合。"[4]

可以认为，城市之美的形式规律来源于多元要素的整体生成与多样统一（图

---

1 （奥）卡米诺·西特著. 城市建设艺术 遵循艺术原则进行城市建设[M]. 仲德崑译. 南京：东南大学出版社，1990：6.
2 （美）伊利尔·沙里宁著. 城市-它的发展 衰败与未来[M]. 顾启源译. 北京：中国建筑工业出版社，1986：8-15.
3 Hamid Shirvani. The Urban Design Process[M]. Van Nostrand Reinhold Company. 1985.
4 吴良镛. 中国建筑与城市文化[M]. 北京：昆仑出版社，2009：80-83.

图6-19 城市之美来自于多元要素的整体生成与多样统一，图为广州城市天际线

图6-20 传统福州城市景象，体现了山、水、建筑群、街巷、风景名胜等多要素的城市整体之美

6-20），这种整体创造之美既包含审美对象的多样性与丰富性，同时也体现出了众多创作主体的智慧与创造力，融合了文化、环境、社会、技术、管理等种种要素的影响，是有关形式构图、技术建构、意境营造、审美文化的综合创造，具有十分综合、丰富特色的整体感。

6.2 城市形式审美的总体规律

一直以来，有众多研究对于城市空间设计建设评价标准进行了讨论，其中大量研究往往并不局限于传统的纯美学或视觉标准。有学者总结从视觉艺术传统出发设计的标准可以包括城市空间的各个方面，包括场所、等级、比例、协调、围墙、材料、装饰、艺术、标识、灯光及社区等，在此基础上有人提出更为复杂的标准，包括场所最重要、吸取历史的经验、混合功能和活动、人性尺度、行人自由、人皆可达、易识别的环境、可持续的环境、控制变化及渐进式以及综合考虑等原则。再比如杰克·纳萨尔定义了"受人喜爱的"环境的五个特征：一是自然，即自然的环境或自然因素比建筑因素更受人欢迎；二是维护，即看上去被照料和关心的环境；三是开放和被限定的空间，即被限定的开放空间，其中融合了有悦目元素的视野和景深；四是历史意义或情境，即激发美好联想的环境；五是秩序，即有组织协调性、一致性、易识别性和清晰性。[1]凯文·林奇认为好的城市形态需要具有一系列基本指标，包括活力、感受、适宜、可及性、管理以及两项额外指标效率及公平。

这些研究结论与前面几章不断提到的当代城市设计的发展趋势是匹配的，对于城市设计的评价更多地采取复合化的评价标准，综合考虑各种自然和人文要素，强调包括生态、历史和文化等在内的多维复合空间环境的塑造。另一方面，与这些将城市之美内外要素相结合进行综合评判的趋势相对应，传统城市规划、城市设计、建筑设计等领域也存在着大量针对空间本体形式规律的研究。在结合两者基础上，本节还是针对城市形式审美的规律进行介绍，既专注于形式审美的范畴，同时也考虑时代发展趋势、避免就形式论形式。

如上节所述，城市之美的基本逻辑原则与单一艺术类型的形式规律不同，需要能整体生成与多样统一。围绕着这一原则，城市形式审美还具有一系列的标准与规律。

6.2.1　内涵表现：外在形式与内在意义的统一

英国的克莱夫·贝尔提出艺术的本质属性是"有意味的形式"[2]，城市之美同样来源于有意味的城市形式，在一定程度上城市美的内涵更为丰富，意味也更为深远。伊利尔·沙里宁在《城市——它的发展·衰败和未来》中，归纳总结出了表现、相互协调以及有机秩序这三条城市建设原则，其中第一条表现原则也是在说好的形式要反映形式背后的本质和内涵。

如果从分层次的角度来看城市形式与意义的话，我们可以将城市的形理解为狭义层次的城市美，而城市的意则可看作广义层次的城市美。城市的美存在着形与意的层次区别，这也意味着城市空间创造的首要目的不光是外在的形式，同时也是形式背后"意"的获得。"意"可以理解为情与理、情与景、情与境、内容与形式的内在统一。城市需要具有形式之外的内涵意蕴，在形式审美的同时还需要能给人回味思考的余地。

城市美学的形式审美注重整体，不仅是物质空间的和谐有序，与简单地将各种物质因素加以解剖分析不同，城市之美讲求形神兼备、情景契合，注重城市空间内外因素整体美的获得。与美学中内容与形式相结合描述类似，城市之美的内容和形式并不是割裂的，而是浑然一体的。在第4章美学客体系统论中，我们已经对于城市美学的内在影响要素与外在空间要素进行了界定，为了实现城市之美，就必须将这两者结合起来。城市之美的内容可以看作是内在的影响要素，而城市之美的实现首先就是要将城市的外在形式与内在这些要素的意义相结合，体现出城市之美的内涵。

这种形式与内容的结合追求的仍然是和谐意义的实现。从古希腊城邦到中世纪

1　（英）马修·卡莫纳，史蒂文·蒂斯迪尔，蒂姆·希斯，泰纳·欧克著；公共空间与城市空间　城市设计维度[M]. 马航，张昌娟，刘坤，余磊译. 北京：中国建筑工业出版社，2015：192.
2　（英）克莱夫·贝尔（Clive Bell）著. 艺术[M]. 薛华译. 南京：江苏教育出版社，2004：4.

图6-21 每一种城市肌理形态都有着各自的文化意义，古今中外的各个城市均有着自身的形态模式以及背后的价值与意义

的城镇，从巴洛克首都再到现代主义的城市，各个时期各个类型的城市都有着各自的内容与表现形式，也都有着形式审美背后的和谐意义；不管是传统城市还是现代城市，城市的合适尺度等基本面貌都与当时复杂的内在社会秩序相关联。不仅如此，正如本节开头所述，当代城市设计的发展趋势越来越强调复合化的评价标准，不只是物质空间，而是综合各种自然和人文要素强调多维复合空间环境的塑造，这也是当代城市设计形式背后所承载的意义和内容。

凯文·林奇在《城市形态》一书中，从社会文化、人的活动和空间等要素相结合的角度提出了城市之美创造的意义所在，即城市关键在于如何从空间安排上保证城市各种活动的交织，进而实现人类形形色色的价值观的共存。他以一些城市的发展演变为案例，认为在将城市的复杂发展阶段重叠起来可以发现城市形态内部的运作力量，进而也就可以解析城市形成发展的内在价值。当我们审视不同文化下的城市，同样可以看到不同的价值标准是如何影响着城市形态的，也只有在我们了解城市内在的价值标准后，这些城市形态才变得有意义。他还分析了三种传统成熟的宇宙城市模型即中国、印度、欧洲的城市模型，并在此基础上对于机器城市模式以及有机城市模式进行了解析，认为城市的形态模式与背后社会整体的价值目标相关联。[1]同时，凯文·林奇明确指出，每一个文化都有自己的城市形态与价值，同时每一种文化对城市形态都有自己的标准，它们都是独立而唯一的（图6-21）。

凯文·林奇在经过一系列论证后认为关于城市空间形态的评判是有可能形成标准理论的，其中包括的指标有活力、感受、适宜、可及性、管理以及两项额外指标效率及公平。可以认为，林奇所提出的城市所容纳的社会整体的价值目标就是关于城市意义的另一种解读，而城市的形式之美就必须与背后的价值目标意义所吻合。不仅如此，他在城市形态理论的建构中所提出的指标并不完全是空间形态的客观标

---

1 （美）凯文·林奇著. 城市形态[M]. 林庆怡等译. 北京：华夏出版社，2001：24-65，73.

图6-22 城市之美需要能将外在形式与内在意义相统一,图为北京故宫

准,而是融合了居民实际感受等内容的综合性指标。比如活力指标就是从人类学角度提出一个聚落形态对于生命的机能、生态的要求和人类能力的支持程度;而感受指标则是指一个聚落在时间和空间上可以被其居民感觉、辨识和建构的程度以及居民的精神构造与其价值观和思想之间的联系程度,也就是空间环境、我们的感觉和精神能力以及我们文化的建构之间的协调程度。[1]从这些定义我们也能看出林奇对于好的城市形态所发挥作用的重视,这其实也是在说明形式要与为人的活动服务等各种意义相结合,这样才能真正创造出好的城市形态(图6-22)。

除了对于城市的整体评价之外,城市中大量存在的开放空间审美也需要将内与外相结合,这与第5章中提到的场所认知密切相关。城市空间是物质载体,而人的活动则是空间中发生的内容,两者构成了和谐的整体并延展了城市审美的内涵。如前所述,场所就是从生活经验中提炼出来的意义中心,而场所美感的形成就是关于多种要素的整合。有学者就认为场所感或场所的意义不存在于实质的城市物质形态中,也不是直接添加到场所上的,而是需要将物质性、主观体验等各种要素整合到一起作为一个整体。

如在《走向城市设计》一书中,作者玛丽昂·罗伯茨提出创造愉悦的场所需要具备的要素有若干方面的要求,包括确保城市密度足够高,使得城市既有多样性又有活力;鼓励空间的混合使用;提供多样性的活动,以建筑底层临街面和活跃性去联系和吸引大量行人;关注空间开发的尺度与肌理;鼓励行人徒步行走、聚集和逗留;确保空间在夜晚和白天一样受欢迎;创造一种在感觉上或围合或流动的空间;提供视觉愉悦感、秩序和对比;用绿色植物、水景与艺术品来增强感官享受。[2]这些就将城市空间的各种外在与内在的要素整合在了一起,最终实现了更具审美价值的美好场所(图6-23)。

与开放空间相类似,城市建筑要素等更为微观的要素审美同样需要形式与意义相结合。梁思成与林徽因在《平郊建筑杂录》一文中提出"建筑意"概念,并对这

---

1 (美)凯文·林奇著. 城市形态[M]. 林庆怡等译. 北京:华夏出版社,2001:84.
2 玛丽昂·罗伯茨,克拉拉·格里德编著. 走向城市设计[M]. 马航,陈馨如译. 北京:中国建筑工业出版社,2009:52.

图6-23 世界各地的城市都为人们活动提供了各种场所,其中人和空间等各种要素的整体性是城市场所美感的重要内容

一问题进行了论述,认为建筑的美"在'诗意'与'画意'之外,还使他感到一种'建筑意'的愉快"[1]。与之相类似,由众多要素组成的城市空间也在传递着形式背后的情感意义,空间的外在形式与内在意义是交融在一起的,形与意两者并不是割裂的,在美的处理过程中人们都是将形式与意义融合在一起进行综合考虑。

总之,城市之美的意义需要在外在物质形式的基础上深入挖掘背后的自然、人文以及时代特色,并在城市建成环境中回应或表达,塑造城市可感可悟的意蕴特色之美。只有这样,我们才能避免因为过于关注城市物质环境的标准控制而可能造成的"千城一面",或者仅仅是强调城市外在客体形式的光鲜而导致城市活力的丧失。城市之美需要将形式与意义相结合,强调自然环境、人工环境、社会生活之间的统一和谐。我们需要关注城市系统对更大范围的时空环境以及人文社会要素之间的关照与表达,要充分考虑影响城市之美的文化、环境和时代背景等因素。这些要素就是第4章所说的内在影响要素,也是一些学者所概括的隐性形态构成要素等,其中可以包括可量化的人口构成、城市化水平、收入水平等,以及不可量化的民风民俗、历史文化、自然气候、特有价值观等。

因此,外在形式之美需要注重形式要素之间的客观规律,从形式入手并深入挖掘如比例、尺度等方面问题,并以此寻求形式的完整与形式背后的合理解释。除此之外,城市之美还需讲求意蕴的提升与凝练,深入挖掘城市的自然、人文以及时代特色,实现城市与环境等多要素综合的整体创造;同时城市之美的创造其实也在体现对人的关怀与认识以及对于理想生活模式的探寻,这其实也在为外在的形式之美提供内在的情感与意义支撑。

6.2.2 整体协调:多层次与多要素的和谐

城市的美是通过人们的各种感知而形成的综合性美感体验,包括了城市中的开

---

1 梁思成,林徽因. 平郊建筑杂录[M]. 杨永生编. 建筑百家杂识录. 北京:中国建筑工业出版社,2004:4.

图6-24 城市之美需要将多元要素和谐统一,图为巴黎城市街区形式,以城市整体性为目标通过严格的设计引导管控,巴黎在漫长的发展历史过程中形成了严整有序的整体城市之美

放空间、建筑物、标识物等不同类型的空间要素之美,其中既有城市空间结构,也有具体空间要素的形态特征,同时与城市自然要素、人文要素、时代要素相互支撑。在本章第1节我们已经明确城市之美的基本原则,即整体生成与多样统一,因此城市之美必须具有完整的协调性,而不能将各自独立且彼此缺乏联系的要素就作为美的来源。另外整体协调必然也意味着外在形式与内在意义的整体协调,由于这部分已在上一小节涉及,这里就主要关注形式层面多层次多要素的和谐。

城市之美是以创造多元要素的协调而非要素的独立为目标的,这对感知生动且整体的城市意象十分重要。众多理论家都在强调城市审美的整体协调,正如前面一章所阐述的,心理学的格式塔学派强调视觉形式的简洁性,因为这样才能达到清晰和纯粹的整体性认知。西方理论家卡伦指出城市的景观是不同材料、风格与尺度的混合体,应注意处理好不同要素各种特质与个性方面的细微差别,将这些要素整合形成综合的视觉效果(图6-24、图6-25)。

图6-25 多元要素组成的巴黎城市街区空间肌理

梁思成曾经撰写文章《千篇一律与千变万化》,提出好的空间形式必须处理好千篇一律与千变万化之间的辩证关系:"翻开一部世界建筑史,凡是较优秀的个体建筑或者组群,一条街道或者一个广场,往往都以建筑物形象重复与变化的统一而取胜。说是千篇一律,却又千变万化。"[1]因此,在城市营造中,只有确定空间中的协调秩序、处理好统一与变化的关系,才能使整体的形式统一且充满变化。城市空间形式处理需要讲求多层次多元素的均衡与协调,寻求统一与变化的平衡,进而也才可以获

---

1 梁思成. 千篇一律与千变万化[M]. 梁思成全集(第五卷). 北京:中国建筑工业出版社,2001:379.

图6-26 通过建筑天际线、屋顶造型、墙面颜色等母题形成的城市整体之美

得和谐统一的美，使空间中的多要素有机统一起来。千篇一律与千变万化也就是相当于统一与变化的关系，城市的美并不以某个要素的完善作为评价标准，而是综合了多个层次多种因素，整体结构、各个片区、街道广场、建筑等要素共同构成了城市之美（图6-26）。

第2章、第3章对于古今中外各时期的城市美学特征进行了简要介绍，其中现代主义城市适应了当时的城市规模增大的特点，尺度变得越来越大，但却忽略了城市空间的连续感与丰富性；后现代以来人们关注到了城市多样性以及小尺度空间等元素的重要性，在不断提升城市空间品质，但在城市整体美感塑造方面不免也存在城市面貌混乱、空间结构感与连续度丧失的问题。与这两种情况相对，历史上的一些传统城市因能将多元要素形成整体性而成为经典的案例。以中国传统城市为例，当时的城市建筑具有较为同构的屋顶形式，不论如何变化，城市建筑屋顶的基本组成是不变的，甚至可以认为是千篇一律的；但当面对不同情况，如为了应对不一样的环境或使用功能需求，屋顶造型又有了种种变化，形成了有关中国传统城市中建筑屋顶千变万化的美。

具体来说，实现多层次多要素整体协调可以包括以下几种方法。首先，空间布局注重对称与均衡，使形式中出现有序的主次关系，以此来实现城市中的群体之美，使整个形式构图统一有序。在均衡基础上一些要素形式可以适当地变化，形成不完全对称的生动效果，这种处理手法在建筑群体的组织安排中表现得尤为明显。通过这种处理可以突显出主要的结构性元素，这将有助于完善城市的视觉效果。

其次，城市中的空间形式复杂或建筑群体数量很多，这就需要通过设定一定的母题来实现整体形式的统一。在确定了主要的母题之后，空间形式中的变化就有了统一的基调，于是统一于母题之下的局部变化可以成为形式共性之中的独特个性。

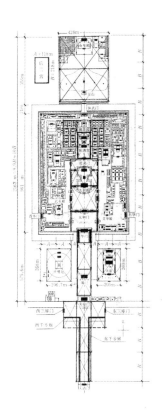
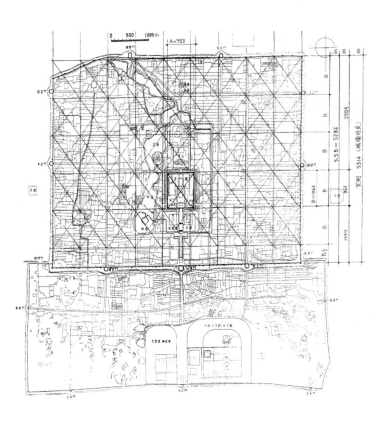

图6-27 当代学者对于北京、紫禁城等传统城市空间背后数学规律的分析

在不同尺度的空间处理中确立一定的母题，就意味着在多样复杂的空间形式中找到了潜在的统一基础。不管是建筑小品还是单体建筑，不管是建筑群体组合还是整体城市空间，为了形成统一有序的空间效果，明确而一致的母题是必不可少的，并在整体的空间形式塑造中从多个角度与层次展示这一母题，比如屋顶造型、墙面颜色等都可成为母题要素。包括重复使用某种主要的地方建筑材质和细部要素等，也包括形状彼此和谐的街道等，使各种要素整合形成具有整体感的城市空间。

中国传统建筑的各个部分形状相似或一致，或是将较为同构的建筑单体组成一个群体，并通过这种空间组织方式将尺度扩大，即使大到一座城市，都可以看出基本空间母题的存在。在建筑群组织之中，建筑大小虽然不一，建筑形式也略有不同，但建筑一般都具有基本母题如传统屋顶形式，这也成为建筑群组合能够统一的重要原因。而在具体的组织过程中，建筑形式往往主次分明，通过或体量大小或多次重复的方式来确定主次，将主要的建筑凸显出来，其他次要的建筑则居于配角地位，主和次共同构成和谐的建筑空间形式。不同尺度、功能的建筑通过统一母题组织在一起之时，就形成了绵长统一而又富于精致变化的城市空间长卷。

除了具体的形式符号之外，使得空间整体统一的母题还包括抽象模数的应用。有学者提出抽象的数学逻辑对于城市空间理性规则的重要性，模数作为一项基本要素母题，在城市与建筑的形式统一方面同样起着重要的作用。所谓模数，就是以基本的数为母题，以此规定城市中要素如建筑空间的尺度（图6-27）。因此，数学关系也成为城市与建筑获得主次关系、实现统一和谐美的重要手段。在中国传统城市美学中，数学关系通过不同尺度的模数关系得以实现，这在古代的相关著作中也有所体现。《考工记》就曾为建筑与城市营造设定模数，如将道路的模数定为轨，将都城制度定为："匠人营国，方九里，旁三门，国中九经九纬，经涂九轨，左祖右社，面朝后市，市朝一夫"；《营造法式》将建筑构件拱的断面尺寸定为"材"，"材"又被分为"分"，建筑的组成都是由"材"和"分"加以限定的。梁思成先生认为可能在唐以前，"斗栱本身各部已有标准化的比例尺度，但要到宋朝，我们才确实知道斗栱结构各种标准的规定。全座建筑物中无数构成材料的比例尺度就都以一个拱的宽度作度量单位，以它的倍数或分数来计算的。宋朝时且把每一构材的做法，把天然材料修整加工到什么程度的曲线，榫卯如何衔接等都规格化了"；在这种规格化之下，在实际的运用过程中，"却是千变万化，少见有两个相同的结构"。[1]

当前也有学者从空间的组织布局入手，探讨建筑与城市平面布置及空间组织中的几何关系与模数。在数字这一母题之下，生发出了种种有关均衡构图的规律，如对于建筑尺度的强调和运用。总之，整体性是城市之美形成的重要原则。城市之美需要实现多元要素的整体协调，要能在复杂中寻求单纯、在不规则中找到规则，同时又在纯净中求丰富、在统一中求变化，最终实现形式统一与变化的和谐。

6.2.3 虚实互补：空间与实体的交织

城市中存在着大量的开敞空间如街道广场等，对于整个城市而言，这些开敞空间的品质尤为关键。城市中虚的开敞空间与实的建筑等实体要素同样重要，两者的有机统一构成了城市空间的整体之美。因此，城市美学的形式审美要注重虚与实的关系处理，这也是关于空间形式审美的重要原则。在这一原则之下，开敞空间的"空白"不是随意的，而是城市整体中不可缺少、精心安排的重要部分。空间中有关虚实的各组成部分均相互关联，形成有机统一的整体架构。这种对于虚实互补的强调在之前几章我们也曾多次提及，比如在前一章讲到的格式塔理论，其中的图底反转原理就是对于城市空间虚实互补的很好描述。

正是由于城市中虚空的开敞空间，人们才可以进行公共活动、观察周边的建筑形体、听到城市中的声音、感受城市的氛围。这些空间虽然不像实体建筑等要素那样明确可感，但虚的空间与周边实的形体共同构成了城市之美的重要因素。正如之前在格式塔认知的部分讲到图与底的关系一样，吸引人们注意力的正要素"图"也需要衬托的要素，"图"如果没有一个与之形成对比的"底"背景是不可能存在的。城市中的实体与空间要素的关系不仅是对立的要素，二者共同形成一个不可分离的对立统一体。

---

[1] 梁思成. 我国伟大的建筑传统与遗产[M]. 梁思成全集（第五卷）. 北京：中国建筑工业出版社，2001：94.

图6-28 明代徐渭画作黄甲图局部，画中的虚与实一起构成整体之美

中国传统建筑与城市具有虚实相生的空间观，关于这一点我们已经在第2章中进行了介绍，不仅如此，对于城市空间中虚实关系的处理与重视，与中国画讲"计白当黑"、着重空白处经营的原理也是相通的。在中国传统绘画中，画面中的虚与实一起构成整体的画面意境，也即"虚实相生，无画处皆成妙境"（图6-28）。中国传统画论中有着众多对于虚实相生关系的论述，"计白当黑"强调对于无笔墨处"白"的利用，认为正是由于空虚的"白"的存在，有关实体的笔墨才有了意义。"白"是为了容纳更为广阔深远的空间而存在的，这些虚无的"白"成为整个艺术创作中的"画眼"和"精神"，"中国书画用墨，其实着眼点不在黑处，正是在白处。用黑来'挤'出白，这白才是'画眼'，也即精神所在"。[1] 这一段描述虽是在讲绘画中经营空白的原理，却对于如何处理空间形式有着一定的启发，也就是说，要在空间处理中注重空白处的安排与布置（图6-29）。

图6-29 城市中空间与实体的交织与中国传统绘画关于虚实相生的论述有着相通之处

西方城市发展的历程也充分体现了虚实互补的重要性，正如西方城市发展史上那幅经典的罗马地图所显示的，地图的实体与空间之间的图底关系可以颠倒，建筑物作为实体的部分也可以作为环境或背景，而城市广场、庭院以及重要公共建筑中的主要空间则被当作城市中主要的和引人注目的部分。柯林·罗在《拼贴城市》一书中通过黑白组合的图底分析方法，希望人们能够更多地重视城市中的白色部分即城市的虚体开敞空间。而现代主义时期过分突出建筑实体的做法则带来了很多负面的影响，当时的建筑实体如雕塑般矗立在大片的开敞空间中，割裂了传统城市所具有的整体肌理。最简单的例子就是现代主义以来的一些著名建筑师的建筑作品单独看很完美，一旦用黑白图底的肌理图去表达城市空间，肌理的零散与片段一目了然，这对于城市空间的整体之美显然不是有利的。在这种状况之下，公共空间形态的结构体系开始转变，传统由建筑来围合界定空间的模式开始消失，代之以大片开敞空间中的零散建筑，与此同时城市中交叉联系、小尺度、精细街道肌理转变为由超大街区连续道路布局环绕的大尺度网络布局，这也导致了现代城市中空间品质与美感的不断下降。

可以认为，空间虚的部分虽然以不确定的形态存在，但却会因人们的意会和感悟而深刻作用于对空间的审美。城市中最吸引人的部分不一定在于实的部分，而是在于由实体围合而成的虚的街道与广场部分。另一方面，"虚"总是要以"实"为前提和基础，"虚"的形成依赖于"实"。在城市空间形式处理之中，为了体现虚空间的精妙之处，就必须要切实处理好作为虚空间边界、起到围合作用的"实"，进而自然而然地领悟到"实"之外的"虚"。因此，与建筑等单一形式注重实体形式不同，城市空间更需要注重实体空间的组织以及与虚的开敞空间之间的有机关系，要能从虚实互补的角度来进行空间形式安排（图6-30、图6-31）。

图6-30 巴黎城市中空间与实体交织所组成的整体城市肌理

---

[1] 黄苗子. 师造化，法前贤 [J]. 文艺研究. 1982, 6.

图6-31　巴黎城市中空间与实体交织所形成的种种城市空间景观

陈从周在《续说园》中说"园林中求色，不能以实求之"，[1]当人们精心布置空间之"虚"，使其积极参与到美的营造之中，虚与实就一起构成了空间整体之美，虚也就有了积极的意义。而且"虚"的开敞空间承载了城市中大量的公共活动，对于空间品质提升的意义十分重要，其中蕴藏的力量甚至与夺人眼球的公共建筑相比也毫不逊色。当然，虚实互补意味着不能只是从单方面切入理解空间形式，在空间形式的创作中虚实不能被割裂，两者相互交织才能形成空间的整体之美。

虚实互补、空间与实体的交织作为城市之美的总体规律，为人们更好地理解城市空间提供了依据。这条规律也在提醒我们在注重建筑等实体要素的同时，还需要关注城市中的开敞空间，要将两者有机结合。

6.2.4　主次有序：主角与配角的平衡

有关空间形式规律的另一方面涉及形式的主次关系，也就是空间形式处理需要讲求主次的均衡与协调。在之前介绍了秩序统一等形式之美基本原则以及整体协调的总体规律，在具有多元要素的城市空间之中，如何将变化与统一结合起来、为多元要素寻找正确的对比度显得更为必要，而其中一条重要原则就是从主次关系平衡角度来实现各要素之间的协调。

有学者将城市中的要素区分为了主要元素——指那些会对城市的形式、结构和

1　陈从周. 说园[M]. 北京：书目文献出版社，1984：20-21.

图6-32 城市空间的主次有序，图中清晰显示了由重要大尺度公共建筑组成的主要街道肌理与大量一般性街区肌理的组合

使用产生巨大影响的元素，以及其他的城市元素，这些其他元素数量较多、为人们的城市活动提供了基本的场所，但它们并不如那些主要要素吸引人们的眼球。实际上，城市中并不是所有的城市空间要素都是要吸引眼球、令人兴奋，要营造好主要元素的效果，同时让其他要素保持安静甚至朴素以此与主要元素形成对比，这样形成的城市将更具有良好的美学效果（图6-32）。

城市的主要元素包括主要的公共空间、广场、街道以及重要的公共建筑等，在确定这些主要元素之后，还需对其他相对次要、但在城市中却大量存在的元素进行考虑。主次有序并不意味着不重视次要元素，而是注重两者之间的权重处理，为主要的城市亮点元素提供更为有序与合理的基础底色。《建筑：形式、空间和秩序》一书中就明确提到了空间形式处理的等级问题，并从尺寸等级、形状等级以及位置等级进行了详细阐释，这些空间主次关系的建立对于城市空间来说是极为必要的。

城市空间大量存在的基本肌理是统一的基础，可以理解为城市中提供基本形式审美感受的部分，同时也是城市空间中的大量"配角"。它们在城市中大量存在，比如一般性的住宅建筑、办公建筑，又比如一般性开放空间如小广场、日常性街道等，它们提供了城市空间的整体效果。除了大量配角构成的城市整体肌理外，城市中还有着对比变化的重点要素，它们可以被理解为空间中较为突出吸引人们注意力的部分，这些要素是城市空间中的"主角"。具有美感的空间构图就要处理好空间形式"主角"与"配角"、统一与变化的辩证关系，使"主角"与"配角"和谐统一（图6-33）。

所谓空间"主角"与"配角"的平衡，就是要处理好整体与部分、共性与个性、一般与个别、普遍与差异的关系，其中统一是基础，而变化则是美的活力与个性所在。统一是基本的规则，变化则是对于规则的突破与变异，通过赋予形式中各部分以具体的个性来实现。要能在变化中求统一、差异中显一致、矛盾中见秩序，这正如黑格尔提出的："要有平衡对称，就须有大小、地位、形状、颜色、音调之类定性方面的差异，这些差异还要以一致的方式结合起来。只有这种把彼此不一致的定性结合为一致的形式，才能产生平衡对称。"[1]

为了实现"主角"与"配角"的平衡，首先就要确定主次。主次关系是空间形式结构的基本关系，主次没有分清，必然导致"多一则乱""少一则空"。以"配角"即大量存在的一般性肌理作为变化的基底，才能百变不离其宗；而变化的"主角"则可通过要素在造型、色彩、尺度上的变异来实现。这些变化并不是随心所欲的，必须要在以一般性要素为基础上进行操作才能实现。为了获得统一又具有变化的美学效果，就必须使大量的一般性要素具有较为一致的形式表达手段与方法，在此基础上通过主要因素实现对比与创新，这样才能使城市之美具有个性，同时又在个性

图6-33 城市空间肌理中大尺度公共建筑肌理与一般性建筑基本肌理的对比与组合

---

[1] （德）黑格尔（G.W.F.Hegel）著. 美学第1卷[M]. 朱光潜译. 北京市：商务印书馆，1979: 174.

图6-34 宏观天际线层面的主次有序，图为由地标性超高层建筑与其他一般性建筑所组成的主次有序的天际线（上）

图6-35 中观城市空间周边建筑群层面的主次有序，图为佛罗伦萨广场空间标志性建筑与周边建筑的和谐统一（左下）

中相统一。阿恩海姆说："艺术品也不是仅仅追求平衡、和谐、统一，而是为了得到一种由方向性的力所构成的式样。平衡的艺术式样是由种种具有方向的力所达到的平衡、秩序和统一。"[1] 其中提到的"一种由方向性的力所构成的式样"便可以看作是对于大量性存在的"配角"的描述。通过主次关系的确立可以将对比的元素相统一，就是只要确立了主次之后，即使主要要素形式复杂多变也仍然可能获得统一的形式美效果，实现将复杂与纯净相统一（图6-34）。

另外，在确立了空间要素的主次之后，还需要顺应空间的主次关系，进一步将空间形式要素有效地组织到一起，使得空间主与次能有机地串联到一起。中国传统绘画需要"经营位置"，要"先立宾主之位，次定远近之形，然后穿凿景物，摆布高低"。[2] 宋朝郭熙在《林泉高致》中论山水画必须要确定山峰、林石的主次："山水先理会大山，名为主峰。主峰已定，方作以次，近者、远者、小者、大者，以其一境主之于此，故曰主峰，如君臣上下也。"[3]

以上这些中国传统画论中的有关主次之间关系的论述十分精辟，在城市空间处理中同样需要从整体入手"经营位置"、确定主宾，使空间主次有序，从总体上构建空间的主次、大小、远近等结构关系，将主要点突出出来，这样才能获得整体的和谐关系（图6-35）。在城市美学中，城市之美往往来源于群体性的建筑组织与空间，其中必须

---

1 （美）鲁道夫·阿恩海姆（Rudolf Arnheim）著. 艺术与视知觉[M]. 滕守尧，朱疆源译. 成都：四川人民出版社，1998：40.
2 李成. 山水诀[M]. 沈子丞编. 历代论画名著汇编. 上海：上海世界书局，1943.
3 （宋）郭熙. 林泉高致[M]. 沈子丞编. 历代论画名著汇编. 上海：上海世界书局，1943.

有能作为空间秩序核心的"主",围绕着"主"还需要有"宾",使之成为核心的补充与点缀,主次两者之间共同构成和谐的整体。以北京故宫为例,故宫建筑群规模巨大气势恢宏同时处于城市中心,自然成为城市整体空间效果的"主角",与周边的大量一般性民居建筑群共同构成了城市之美。而故宫自身包含的大量建筑又变化无穷,整个建筑群又以三大殿为主要中心来统率全局,也正是因为有了这一空间之"主",故宫的无穷变化才有了基础,形成了故宫气势磅礴的美(图6-36)。

图6-36 故宫建筑群屋顶要素的主次统一

6.2.5 节奏组织:层次与变化的统筹

如第5章所述,城市之美是需要通过动态的方式来感知的,城市中的空间不是一个静态的画面,人们在空间中移动获得动态体验,才能获得完整的对于城市的审美。因此,城市美的系统与整体还体现在将时间与空间相统一,注重城市中空间形式的节奏组织。宗白华先生对于中国传统时间与空间相统一做出了论述:"中国人的宇宙概念本与庐舍有关……空间、时间合成他的宇宙而安顿着他的生活。他的生活是从容的,是有节奏的。对于他空间与时间是不能分割的。"[1]城市中的众多不同空间要素作为人们日常生活工作的场所,时间这一要素在城市美的欣赏与创作中也要被充分考虑,城市之美必然具有连续的节奏感。

在城市空间之美的营造中,空间的有机联系与合理组织是需要节奏感的,空间与时间两者也需要统筹考虑。空间的变化必须要在时空的统一中才能充分展现出来,而这就必须要重视空间节奏的变化与组织。这种节奏感首先体现在空间观感的变化之上,通过不同特征空间的精心组织和有序转换,才能够实现张弛有度、起伏相倚的空间秩序,形成富有节奏感的空间序列。伴随着在城市空间中的运动,人们感受到的空间形象发生着转换,空间的节奏感也在不断变化。

空间的节奏变化体现在空间动与静、收与放、远与近、疏与密的变化及平衡之上。在节奏感的演绎之中,空间一张一弛、时疏时密、远近相宜,层次丰富并均衡和谐,空间变化的优美秩序也由此被创造了出来。观者在对空间审美的行进过程中,一系列片段的空间形象共同组成了整体的空间序列,空间依次逐渐展开。空间的丰富层次因此形成,观者对于空间节奏变化的审美也在不断加深。

徜徉于节奏不断变化的空间之中,观者的视线是不固定的。在欣赏视角不断转换之中,空间的层次因此展开并且不断延伸,空间的美也因此具有了不断变化的节奏感。为了营造和加强这种节奏感,空间组织的目的不只是为了创造出静态的画面,而是能够将城市多元的整体感受传达给欣赏者。欣赏者好似进入空间的多幅画面之中漫游,并通过不同的视点与角度欣赏空间之美(图6-37、图6-38)。

空间节奏的联系与变化需要通过大量的具体空间处理手段来实现,如空间的因

---

[1] 宗白华. 美学与意境[M]. 北京:人民出版社,2009:224-243.

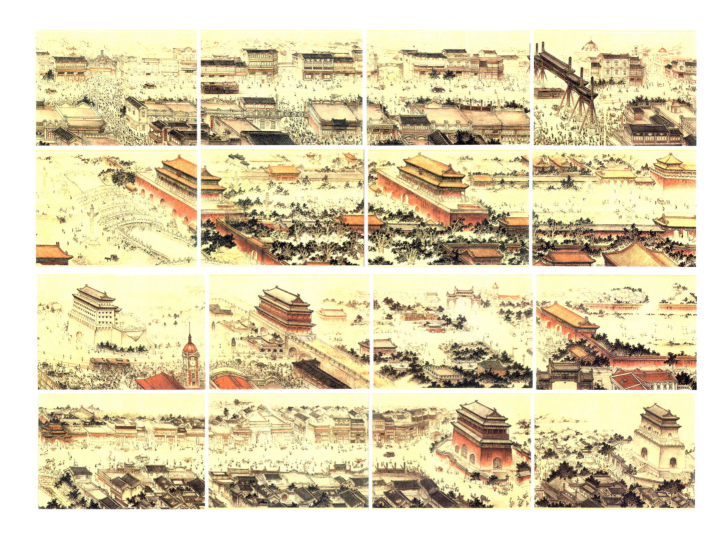

借、对比等。通过这些处理手法的运用，空间节奏感在不断发生变化，在有限空间中造成了无限的审美感受。

　　为了形成空间节奏变化，"远近"变化的空间层次感是必要的，只有通过空间远近层次的变化组织才能使空间开阔深远、远近相宜，并形成立体的同时具有纵深感的空间趣味。空间的节奏感形成也如作画一般，需要"有疏有密""层层掩映"。中国传统绘画讲求三远：高远、深远、平远，在空间处理中，利用远近氛围的对比可以拓展空间的深度与广度，丰富空间的层次感，使空间整分合宜、疏密有致。关于远近的节奏变化在城市的空间审美中十分重要，人们既需要在远距离对天际线、大尺度公共建筑等要素代表的城市整体特征进行把握，又要能在近距离对日常街道、小建筑等要素代表的城市空间细节进行品味。除此之外，空间节奏感的变化也不仅是空间远近、疏密的变化，同时也是颜色、明暗、起伏等多种空间要素的变化与组织。也只有充分组织各种空间要素以形成节奏感的变换，才能形成城市空间循环往复的空间之美，使空间意境深远而耐人寻味。

图6-37 《天衢丹阙：老北京风物图卷》所绘的北京城市空间的节奏变化（上）

图6-38 《天衢丹阙：老北京风物图卷》所绘的北京城市空间的节奏变化（下）

图6-39 现代城市空间中存在着快慢节奏变化共存的需求，如何在快节奏、大尺度中营造慢节奏、多样化的城市空间与审美体验是城市美学建设的重要内容

节奏组织在城市空间中最有代表性的就是轴线等空间序列组织方法了。运用序列的组织方式在中国传统建筑与城市空间营造中十分常见，序列的尺度可大可小，小到一座建筑、一个园子，大至一组宫殿建筑群、一座城市，都可能存在组织空间节奏变化的序列。以传统北京城市空间为例，其中既有尺度巨大、绵延数公里的城市南北中轴线序列，也有中观尺度故宫建筑群的轴线序列，更有尺度小巧的传统民居四合院建筑中的轴线序列。序列的形式也变化多端，既可以是直线，也可以是曲线、折线；既可以规则严整，也可以自由灵动。但不管采用何种形式，运用序列组织空间就是要形成空间节奏感的变化，使空间张弛有度、起伏相倚，要达到使观者"步移景异"的审美效果。沿着设计与处理好的序列空间行进，空间形式、尺度、气氛、格局在不断变化，这样也就创造出了节奏变化之美，形成连续不断的城市审美体验。与此同时，通过这种节奏的组织，城市中的要素多元的层次与变化也得以整合。

城市空间之美的节奏组织除了物质空间联系与组织的节奏感之外，还包括不同运动速度与规模尺度的节奏差异。第5章动态认知一节也介绍了不同运动速度城市认知的各自影响与特点，城市之美特别是当代大都市的审美来自于将快与慢、大与小这些不同节奏有机地结合起来（图6-39）。

在现代的城市审美中，既需要有适合车行等快速节奏下的强调动态与开阔性、公共性的大尺度，也需要适合人行等慢速节奏下的强调静态与丰富感、品质感的小尺度。这种尺度的变化与节奏的快慢密切相关，同时也是城市历史发展的时代性与丰富性的充分展现。这种多节奏共存的审美要求对于现代城市生活与城市空间建设尤为关键，现代城市的工作生活节奏不断加快，同时城市建设的尺度也在不断变大，节奏加快也在一定程度上引发了尺度加大的现代审美变迁。与之相对应，节奏变化尺度加大并不意味着空旷冷漠与单一乏味的感受，如何在快节奏、大尺度的城市中营造慢节奏、多样化的城市空间，为人们提供更多样的审美体验也成为城市美学建设的重要内容。

因此，城市空间的设计建设要能协调组织各种节奏的审美可能，既注重较大范围城市空间的整体和连续，营造快节奏下具有时代气息的城市感受，也要注重慢节奏生活下具有丰富细节人性尺度的空间体验，要通过多节奏的组织实现层次与变化的统筹。

6.3 城市关键要素的形式审美要点

在第4章中我们对于城市之美的客体系统进行了介绍，特别是从整体结构、开敞空间、城市建筑、其他要素这四个方面对于城市的物质客体对象要素进行了介绍，下面就结合这些要素系统中的关键性要素的形式审美要点进行阐述。

6.3.1 结构要素：格局与节奏的秩序

城市之美的结构要素应符合整体形态格局的要求，从自然地形地貌特色出发，

图6-40 通过结构的组织,实现新旧、疏密、自然、分区等城市整体格局与节奏秩序的清晰,图为罗马的城市空间肌理

依托其轮廓特征及整体风貌分区,构建出城市之美的整体结构秩序。结构要素的要点在于让人更方便也更深刻地感知城市的空间逻辑关系,帮助人们识别城市方位并把握城市美学的主要特征。这就要求城市结构要素具有界定清晰、易于认知同时也较为特别的特征,形成关于城市基本格局与节奏的秩序(图6-40)。

斯皮罗·科斯托夫在《城市的形成》一书中揭示了城市模式和城市形态背后的秩序,同时探讨了几种城市结构的类型。其中"有机形态"这一类型城市的结构是较为有机的,城市形成主要是地形要素;"网格型"城市具有灵活性和适应性,作为道路的框架、作为边界的城墙和作为开放空间的广场是网格型城市的基本形式要素;"表现为图形的城市"是较为理想的城市类型,常见的理想城市是圆形和多边形的。还有两种是以信仰为中心表达权威稳固的理想城市形态,一种是神权系统下的城市,一种是皇权下的城市,常见的模式是线性系统、集中式系统和放射式系统,它们表达的都是一种秩序关系。另外他以宏大形式为题梳理了西方一系列城市的发展脉络,即"古罗马-文艺复兴-巴洛克-美国"这样一条"庄严形式"的发展脉络,并概括出其基本的形式元素:笔直的大街、斜线、广场、三角形和多边形、林荫道、街景、标志和建筑物、礼仪式轴线等。[1] 与上述研究相似,另有学者对于西方城市设计传统的物质空间模型进行了研究,包括有机传统、形式主义传统与现代主义传统等模式,这方面相关内容本书第3章及第4章已有所涉及。

这些不同模式的城市美学风格以及各自表达的内容各不相同,从城市结构要素的角度来看,这些不同首先来自于每座城市具有自身独特的结构形态。不管是有机结构、网格结构,还是图形式结构或宏大形式结构,每一类城市的结构要素都有着自身

---

[1] (美)斯皮罗·科斯托夫(Spiro Kostof)著. 城市的形成-历史进程中的城市模式和城市意义 [M]. 单皓译. 北京:中国建筑工业出版社,2005.

图6-41 在空间组织中城市结构要素能通过清晰的特征发挥作用,图为巴黎城市空间的结构秩序肌理与城市景观

的基本特征与美感。通过这一具有整体感与秩序感的城市结构,能形成整个城市的框架体系,为未来城市中的焦点、特殊场所,以及相对生活化空间的创造提供一个框架。

在一些城市里,这种具有秩序的城市结构要经过长时间才最终形成,而在另一些城市,城市结构在设计规划布局之初就已经产生了。大多数情况下,城市结构的形成是规划设计与长时间积累共同作用实现的。英国学者罗伯茨与格里德在《走向城市设计》一书中以罗马城市为例对于城市结构的形成与内容进行了阐释,提出在这类城市中主干道、广场等空间将城市串联了起来。书中进而提出,这样具有鲜明结构的城市对居民而言是具有意味的,对初来城市的游客而言也助于他们了解城市的空间秩序。城市结构要素成功的关键在于将完整甚至具有一定象征性的图示、清晰的格局与组织特征和交通与公共活动等各方面内容相互强化。因此,在格局与空间组织规整统一的基础上,城市结构又将城市主要元素相整合形成一个整体的框架体系(图6-41)。这样的城市结构框架不仅能作为一种描述城市主要特征的手段,同样也可以当作一个设计工具来使用。[1]

除了这些西方城市的结构要素案例以及理论论述,中国传统城市在结构要素方面也有着自身的规律,我们在第2章中对这部分内容进行了介绍。中国传统城市在城市选址布局以及空间结构组织方面有着十分鲜明的特征,自然山水格局与中轴线等要素的空间组织及艺术处理形成了中国传统城市的格局与节奏的整体之美(图6-42)。

当然,城市结构秩序的明确只是为城市之美创造了基础,当人在城市中所形成

---

[1] (英)玛丽昂·罗伯茨,克拉拉·格里德编著. 走向城市设计[M]. 马航,陈馨如译. 北京:中国建筑工业出版社,2009:29.

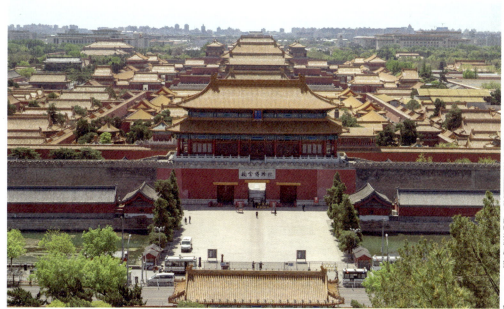

图6-42 北京城市中轴线的空间结构肌理与城市景观,形成了北京独有的壮美秩序

的具体体验同样重要,秩序井然的结构要素要与连续并丰富的感受体验相结合。正如有学者指出的,没有复杂性的城市是僵死的,但如果复杂性没有条理,城市将一片混乱不宜居住。城市结构成为了城市高度复杂和整齐有序的纽带,将城市自上而下整体的组织性与自下而上局部至整体的生长性相联系。也只有通过结构要素将宏观的城市形象与较为微观的局部空间体验相串联,统合理性、简洁、秩序与多元、自由、变化,才能实现丰富而又统一的城市之美。

通过在城市中穿行与生活的体验,城市结构被人们通过具体的空间要素来感受,其中主要街道为代表的线性路径十分重要,通过路径等结构要素就可以将城市中的各种要素组织在一起。除了路径之外,一个清晰的城市结构还需要各区域之间有着相对明确的边界,同时重要的公共空间、公共建筑等重要节点要加以明确。不同城市的结构组成元素因地而异,但是城市结构基本包括以下主要元素:线性路径的交通结构,城市公共空间的体系,各个片区的布局与特色,重要标志物与节点,城市中的自然景观与生态体系等。[1]除了这些要素之外,在决定现代的城市形态方面,公共交通策略和生态策略这两个因素在发挥越来越重要的作用。

需要注意的是,城市的结构秩序对于城市之美的营造并非一定是产生积极的作用。比如在城市公共交通体系形成的城市结构中,一些大尺度的快速道路或高架桥等设施尽管也形成了城市空间的结构性与形态的特殊性,但却经常割裂了城市空间、给人们带来了较为消极的感受。在关注到结构要素对于城市空间秩序的重要性

---

1 (英)玛丽昂·罗伯茨,克拉拉·格里德编著. 走向城市设计[M]. 马航,陈馨如译. 北京:中国建筑工业出版社,2009:30-31.

图6-43 纽约中央公园空间肌理与各角度景观，高楼等人工景观与公园自然要素相呼应

的同时，我们要尽量减弱一些结构要素的负面影响。

总的看来，城市结构的形成发展比任何特定要素要更长久同时影响也十分巨大，城市的形成过程中往往就会塑造自己的城市结构，围绕这个城市结构城市未来的各种要素以及活动能不断地发展。文艺复兴时期的罗马教皇颁布的重建声明表明，在一个混乱的城市中，重建新的城市结构是怎样使城市变得更加活力高效。因此稳定的和适当的城市结构将会创造城市的活力，使得人们关于城市的体验更加清晰同时也将更有效率。在城市发展过程中一个关于城市结构再造的重要案例就是19世纪巴黎的改建，通过改建实现的清晰结构秩序赋予了巴黎新的城市形象，同时也使巴黎获得了世界最美城市之一的称赞。城市结构的稳定与清晰实现了城市整体格局与节奏的秩序，为城市的不断发展提供了基本框架，同时也成为城市之美整体性构建的基础骨架。

6.3.2 自然要素：人工与自然的呼应

毋庸置疑，自然要素对于当今越来越高密度的城市环境来说有着极为重要的作用。从审美角度出发，自然要素的融入也使得城市这一由人创造的文化现象具有更为广阔的自然意境与趣味。具体来说，城市之中的自然要素之美要点体现在人工与自然的完美融合之上，通过两者相互的对应关系引发观者的审美感受。为了实现人工与自然两者相融合的境界，城市空间的人工要素要与场所环境特别是自然相协调匹配（图6-43）。

建筑与城市相关领域有大量理论都在关注自然要素对于城市的生态价值，如麦克哈格在《设计结合自然》一书中从整个生态系统的角度来理解环境对于城市的影响，他认为健康的城市环境的营造需要每个生态系统去找到最适合的环境。他设计了一套包括物理、生物、社会、经济等指标去衡量自然环境的价值以及它与城市发展的相关性。麦克哈格认为要把人与自然世界结合起来考虑城市的规划设计，正如著名学者刘易斯·芒福德在书的绪言中所说的："为了建立必要与自觉的观念、合乎道德的评价准则、有秩序的机制以及在处理环境的每一个方面时取得深思熟虑的美的表现形式，麦克哈格既不把重点放在设计上面，也不放在自然本身上面，而是把重点放在介词'结合'上面，包含着与人类的合作及生物的伙伴关系的意思。他寻求的不是武断的硬性设计，而是最充分地利用自然提供的潜力。"[1]

克利夫·芒福汀在《绿色尺度》一书中从城市结构、片区与街区这三个不同的尺度论述了可持续发展的重要性以及自然要素与人工要素的各自作用。在宏观层面，城市结构的明确就需要与原有的自然山水等景观生态体系相适应，形成结合景观的主要特征与城市形象，使城市融入自然风光。不仅如此，自然要素对于城市形态的整体形成也起着重要的作用。而在片区与街区层面，芒福汀并未直接论述自然要素的重要性，他认为自然景观是一种有效的视觉手段，但同时他也提出大片的自然景观可能会增加城市中各种活动地点之间的距离并削弱相邻邻里单位之间的联系。他在文中以现代主义代表人物勒·柯布西耶以及格罗皮乌斯的观点与当时的实践为反面案例，认为大片的绿化空间破坏了传统的城市肌理。[2] 因此，自然要素在城市之美的营造中需要以城市整体环境的连续性以及结构的完整性为基础，在与人工要素紧密配合的同时为人们提供良好的审美与活动场所。

日本学者芦原义信在《街道的美学》一书中从审美角度论述了人工与自然协调的重要性，认为以自然和人工组合成的景观最为重要而不只是单纯的自然美。他以城市中水边的美为例，认为水岸线的弯曲状况对于水岸的美十分重要。如水岸向外侧弯曲时，视线的切线往往只及水面，自然与人工的混合较少。相对地，向内侧弯曲时，视线的切线同时包含了水面和天际线，多形成自然与人工交织的美丽景观。[3]

除了这些现代学者的论述与实践之外，中国传统城市之美的营造也离不开与自然环境的融合，同时在自然要素的利用方面也积累了大量经验。我们在第2章中已经对于这方面内容进行了介绍，从传统的山水城格局，到西湖等城市中大尺度水面或山水景观的应用，再到园林中各种自然要素的灵活组织，城市环境之美一直与自然要素融合共生（图6-44）。同时，中国传统城市人工与自然的呼应还体现在关键节点的营造方面。当时的人们在城市环境的建设中往往会选择在自然与人工的关键节点

---

1 （美）伊恩·伦诺克斯·麦克哈格（Ian Lennox McHarg）著. 设计结合自然 [M]. 芮经纬译. 天津：天津大学出版社，2006：3.
2 （英）克利夫·芒福汀著. 绿色尺度 [M]. 陈贞，高文艳译. 北京：中国建筑工业出版社，2004：120-157.
3 （日）芦原义信著. 街道的美学 [M]. 尹培桐译. 武汉：华中理工大学出版社，1989：157.

图6-44 杭州西湖空间肌理与各角度景观，自然与人文等各种要素的有机融合

着力打造楼阁等标志性建筑，如长江边的黄鹤楼、广州城北的镇海楼等，这些节点的营造既为城市整体环境增添了重要景观，同时也为人们观赏城市美景提供了场所。

在城市之美的整体营造中，自然要素发挥着不可估量的作用。不仅是宏观层面的城市与自然山水的整体格局，还是在中观开敞空间中的绿化公园或滨水空间，又或是在相对微观的场所中的树木花草，自然要素既承担着改善城市生态环境的作用，同样也能为城市中的人们带来自然的美学感受。另一方面，如果人工环境与自然环境紧密融合、实现在不同尺度上两者的互相配合，就能更加突显城市之美（图6-45）。城市之美的创造必须以与自然相融合协调为原则，同时自然要素也需要有机的与人工环境特别是人们的审美感受与生活需要相呼应。在这一过程中城市的设计者与建设者对于自然环境要充分尊重、顺应与理解，将城市中的人工环境与自然环境紧密融合。

6.3.3 片区要素：肌理模式的清晰

城市结构确定了城市的基本秩序之美，明确了各个分区的布局与范围。在此基础上，各个片区还需要进一步明确各自片区的肌理模式。在整个城市范围内的整体秩序可以通过城市结构加以确定，而在确定了城市结构之后，具体到个别地块尺度范围的秩序就需要通过片区肌理来加以确定。

片区肌理最好能具有相对显著与较为普遍的肌理模式特征，这样可以使得该片区能成为被人明确感知的区域，同时这种肌理模式也为城市中大量元素的统一提供

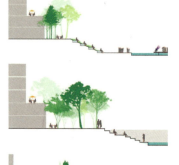

图6-45 城市空间中人工建设环境与自然要素的融合

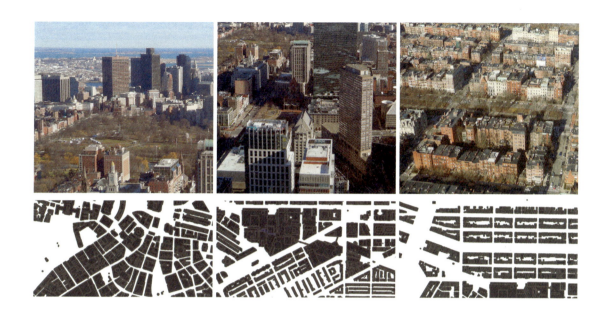

图6-46 城市中各个片区相对清晰的空间肌理，建筑、街道及其他开敞空间等要素是形成肌理的基础

了基础。不过需要注意的是，我们不能将清晰的肌理模式特征与区域内的城市元素及生活的多样性相混淆，城市的趣味与魅力就来自于和而不同，同时也来自于各种活动的紧密结合。城市片区肌理模式的相对清晰，是为了帮助城市以及城市的各组成片区形成具有特征的清晰形象，为多元丰富的具体要素建设提供依据，这样也才能形成城市各组成片区相对的整体性与特色（图6-46）。

另外，除了城市中的重要区域之外，其他相对次要的片区可以采用简单的街区模式。例如可以通过街道组成的路径与轴线、公共建筑、开敞空间作为框架，围绕这个基本模式，运用更多具有一定规则性的街区来确立片区的基本肌理模式。特定的建筑类型、街道、街区类型和它们组成的大致规则的组合机制，这些就构成了城市中一般性片区的基本肌理模式。这些片区肌理模式为城市整体空间的组织提供了一套构成机制。

因此，不同片区之间的肌理模式往往是由相同的几类要素组成的，由这些相似要素进行组合与搭配来构成片区的整体性。这些相似要素通常是成排的房屋以及由它们所围合或限定形成的院落、广场、小巷与街道。我们可以把这些基本的区域要素组合看成是一个城市片区的基本肌理形态，城市片区肌理的组成要素即片区类型、街区模式、街道与典型建筑的有机组合。

在城市的演变发展过程中，受各种因素影响城市片区肌理一直在发生着变化。特别是进入现代社会以来，伴随着城市规模的迅速扩大，城市的肌理模式发生了巨大的变化。公共空间形态的结构体系开始转变，传统由建筑来围合界定空间的模式以及小尺度的街道肌理逐渐消失，大尺度、甚至是超大尺度的街区、道路、建筑不断出现。现代以来城市规划、城市设计领域有众多研究对这一问题进行了探讨，认为传统肌理的破坏以及新肌理的难以形成是现代城市整体感与连续感不断下降的重要原因。

城市片区肌理为城市之美与片区特色提供了基础，其中也包含着片区的空间结

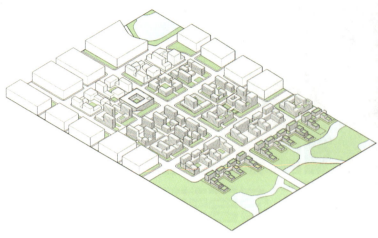

图6-47 城市中各片区肌理模式的清晰，要明确各片区自身的结构、标志物与空间层次

构、开敞空间组织与建筑的安排。不同片区通过这些组织可以形成各自清晰而富有特色的肌理，人们以此完成对于各自片区的不同体验和审美感受。对于整个城市而言，城市肌理不会是完全规整统一的，而是各片区有着不同的特征。当我们穿行于城市中从一个片区到另一个片区，每个片区都有着自身的结构、标志物与空间层次，也有着建筑类型与风格上的微妙差异，每个片区都具有各自独特的令人难忘的特征，而其中的一大要点就是要能明确该片区的肌理模式。

需要说明的是，之所以要从各个片区角度来说明城市的基本肌理模式的协调统一，也是由于现代城市的规模越来越大，要再像传统历史城市般，实现整个城市范围的整体协调、寻求和强化一种特色已十分困难。因此，对于现代城市特别是大型城市而言，需要统一研究在一定总体规律下发现并强化不同片区的肌理模式，形成城市中风貌特色各不相同的片区。各片区可分别强化各自的统一协调与片区特色，除了基本的肌理之外，也可在片区内的建筑、开放空间等要素形象中设定一定的风格主题，在此基础上可通过设置重点突出的标志性公共建筑、重要广场等要素形成具有特色性与标志性的片区节点（图6-47）。通过这些方式塑造城市片区之美，使得整个城市范围内能差异互补，实现将个性与共性相统一的和而不同之美。

6.3.4 开敞空间要素：边界的完整与丰富

城市中的各类开敞空间对于营造城市之美与承载人们的公共活动发挥着重要作用，本节就针对其中的重要因素街道的审美要点进行介绍。街道作为城市开敞空间中最为代表性的要素，众多学者都对街道的美学进行过论述。简·雅各布斯认为现代城市建设只考虑交通通畅需要，却不考虑街道空间作为城市人们活动场所的需要，而街道的作用还包括安全、交往等多种职能，城市更新发展的首要任务就是恢复街道以及街区中的多样性活力。她认为街区与街道的发展要产生多样性就必须满

图6-48 街道空间为人们的活动提供了场所,包含了人行道、车行道、绿化、环境设施等多种要素

足几个基本条件,一是街区中应混合不同的土地使用功能,这些功能必须要确保人流的存在,考虑不同时间、不同使用要求的共用;二是大部分街道要短,街道要有很多发生转角的机会;三是街区中的建筑应该丰富多样,年代、状况各不相同,其中老建筑应占适当比例;四是人流密度要足够高,密度和拥挤是两个不同的概念。[1] 作为一名关注城市活力的学者,雅各布斯并未完全从物质空间进行论述,但她所提出的这些原则却是一条美的街道所不可缺少的要素,同时这些原则也为街道外在的形式提供了更为丰富的内容(图6-48)。

另一位学者阿兰·B·雅各布斯在《伟大的街道》中对分布在世界各地的数百条街道进行比较,试图找出到底是什么因素让一些街道能成为"伟大的街道",作者挑选了世界上数十个城市街道案例进行比较。全书共分为四个部分,第一部分以伟大的街道为题,阐述伟大街道的因素;第二部分为可供学习的街道,第三部分介绍街道与城市肌理,第四部分则指出如何创造伟大街道。通过对于全世界各地伟大街道的研究,作者得出了这些街道的特质,包括边界清晰、尺度亲切、安全舒适、利于邻里交往;古老而又有神秘感、合适的街道尺度;多样的商业,通透而又友好的建筑底层界面;富有变化而又连续的建筑界面;步行优先、适应多种人群的需要;是城市的标志及重要的公共空间,汇集大量的人流并具有丰富的街道生活;良好的街道绿化;具有自身的鲜明特色并一直传承。[2]

---

1 (加)简·雅各布斯(Jan Jacobs)著. 美国大城市的死与生[M]. 金衡山译. 南京: 译林出版社, 2005.
2 (美)雅各布斯著. 伟大的街道[M]. 王又佳, 金秋野译. 北京: 中国建筑工业出版社, 2009.

图6-49 街道空间由完整的边界所限定，其中容纳了各种物质要素与活动

图6-50 街道空间较为完整的边界可以提供积极的空间感受

由于城市街道承载了大量居民的活动，因此上述两位学者在论述良好的街道时都涉及了活动这一要素。除了他们之外，还有众多学者从使用与品质角度对于街道的模式与尺度等内容进行了研究同时也得出了一系列结论，如小尺度高密度的街道街区为人们活动提供了更多的路线选择，并通常比大尺度低密度街区能创造更具有渗透性的环境；步行活动与街道作为社会空间是一致的，汽车活动是流通性的，往往丧失了社会空间作用，城市一般性街道要有更精细的设计来融合各种不同出行形式的需要等。

可以认为，街道的审美离不开多样丰富的活动以及活力感的营造，同时也要保证基本出行行为的顺畅，这可以看作是更为广义的街道空间审美要素或者是街道形式背后的内容。如果从物质空间入手的话，以街道为代表的城市开敞空间十分重要的一点就是边界要素的完整与丰富，这一点在他们的研究中也有阐释（图6-49）。而在另一本城市空间形态研究的经典著作《城市空间》一书中，作者指出城市空间的两个基本要素就是街道和广场，同时强调了能够被识别的城市空间往往是几何特征和美学品质清晰可读的，而开敞空间的形状、尺度、围合界面、开口等一系列要素是影响美学特征的重要因素。

开放空间的边界以及由此产生的围合或开放一直是众多学者研究关注的重点。有学者提出城市空间可从类型、关系、品质等方面进行分析，而城市空间的品质可从消极和积极空间两方面来考虑。积极的空间拥有特殊的和确定的形状，是可想象、可测量的，具有确定的和可感知的界限，并表明一种界限感或内外之间的门槛（图6-50）。这种界限可以通过建筑、树木、墙壁等各种要素来限定，同时也不一定完全连续；而消极空间则没有形状，是不可想象、缺乏可感知的边缘（图6-51）。有研究探究人们为何在至少部分围合的空间中感觉舒适，提出人们对限定开放性的

图6-51 上海城市各类街道空间周边的种种具有连续性与一定特色的界面

偏好,即开放但有界限的空间。有研究提出西特将围合感视为公共空间最重要的品质,并强调了中世纪街道系统的空间围合,但公共空间更宝贵的品质实际上是综合连续性,即公共空间需要一定程度的围合,同时还必须在围合和其他空间要素之间达成平衡,如连接性和通透性。还有学者将公共空间的视觉品质与可步行性关联在一起,认为有五个关键要素决定空间可步行性,包括人体尺度、形象性、围合、透明度和整洁度。[1] 边界确实对于开放空间十分重要,有很多研究都认为公共空间由围绕周边的边界自然形成,空间的边界不是没有厚度的线条或界面,而是应将其视为一个场所、一个带有体积的区域(图6-52)。

图6-52 街道空间两侧种种要素的有机组织共同构成了空间边界

芦原义信在关于城市街道美学的重要论著《街道的美学》中提出,街道需要具有连续性和韵律,街道两旁必须排满建筑形成封闭空间,这些建筑应该具有整体和谐感,如果一幢建筑毁坏而另建一幢新的不协调的建筑,也就立即会打乱街道的均衡。芦原义信引用了其他关于意大利街道的类似阐述对此进行说明:"街道不会存在于什么都没有的地方,亦即不可能同周围环境分开。换句话说,街道必定伴随着那里的建筑而存在……完整的街道是协调的空间。主要是周围的连续性和韵律,街道正是由于沿着它有建筑物才成其为街道。摩天楼加空地不可能是城市。"[2]

芦原义信认为街道的空间同样有着格式塔心理学中反转背景与图形的关系,只不过街道和广场具有清晰轮廓成为图形,而街道两侧的建筑对于街道的图形感十分

---

1 (英)马修·卡莫纳,史蒂文·蒂斯迪尔,蒂姆·希斯,泰纳·欧克著. 公共空间与城市空间 城市设计维度[M]. 马航,张昌娟,刘坤,余磊译. 北京:中国建筑工业出版社,2015:199.
2 (日)芦原义信著. 街道的美学[M]. 尹培桐译. 武汉:华中理工大学出版社,1989:31.

图6-53　招牌与广告成为了街道空间的重要元素，在社会生活中发挥着作用的同时也会对城市整体风貌产生很大影响

图6-54　招牌与广告需要精心设计并与建筑一体化考虑

重要。他接着阐述建筑本来外观的形态称为建筑的第一次轮廓线，把建筑外墙的凸出物和临时附加物所构成的形态称为建筑的第二次轮廓线，街道必须尽量减少第二次轮廓线力求把它们组合到第一次轮廓线中。[1]以此为出发点芦原义信提出，市中心主要道路与人行道的宽度要能够保证，这样才能使得街道边建筑的第一次轮廓线进入人们的视野。而街道边的人行道可以布置长椅、室外雕塑等街道小品，为街道的交通职能赋予更多元的城市活动。

芦原义信认为街道的整体营造应极力限制遮挡第一次轮廓线的第二次轮廓线，特别是街道中无处不在的招牌要素。道路上的附属设施众多，包括路灯、长椅、垃圾箱、标志等，它们对于街道的形象都有着十分重要的影响，芦原义信认为这些要素主要构成了街道的第二次轮廓线，应该在整体上与街道周边建筑的第一次轮廓线相协调。近年来关于街道上的广告、标志的讨论越来越多，很多人认为缺乏设计的广告对街道美感的形成是极为有害的，是丑化城市街道的重要因素。因此，道路沿街建筑的附属广告之类的附属物应加强管理并统一考虑，并可在设计时将广告等附属物与建筑一体化考虑（图6-53、图6-54）。

另外，街道的空间美学还体现在边界及其与围合空间所组成的数量关系上，包括街道的宽高比，即街道的宽度与两侧建筑的高度之比，芦原义信认为宽高比为1是空间性质的转折点，大于1时随着比值的增大会逐渐产生远离之感，超过2时则产生宽阔之感；当宽高比小于1时，随着比值的减小会产生接近之感。不仅如此，街道边界尺度

---

1 （日）芦原义信著. 街道的美学［M］. 尹培桐译. 武汉：华中理工大学出版社，1989: 57-58.

与节奏感的数量关系也是十分重要的。即临街建筑的尺度与面宽不宜过大，应结合人的感受将街道边建筑界面进行划分形成必要的节奏感，这样街道就会比较有生气也能更吸引人，这可以用街墙宽度比即街道宽度与侧界面建筑面宽的比值来限定。如果较为狭窄的街道上出现面宽大的建筑，街道的生动感就会被破坏，这时可以将大尺度的建筑立面划分成尺度较小的若干段，以此为街道带来变化和节奏。

侧界面建筑体形尺度是街道空间风貌形成的基本因素，街道宽高比及街墙宽度比是街道形象品质的重要保障，也是保持街道空间的连续性与节奏感的重要控制要素，同时它们也反映了在街道空间中边界的完整与丰富的重要性（图6-55、图6-56）。应避免街道宽高比过大或过小，同时应避免在狭窄街道上出现大面宽建筑破坏街道氛围。另外，作为街道的主要围合界面，建筑沿街立面的细致处理对于街道的审美体验具有重要的影响作用。既要形成街道空间边界的完整性，又要具有丰富感，在一定街道的宽高比与街墙宽度比基础上，各地块建筑在单体层面与细部层面还应有足够的处理，比如通过设计提升建筑特色、增加街道界面的兴趣点、生机和活力，又比如有研究提出封闭的实墙界面对街道会产生消极作用，建筑的立面尤其是底层近人处应保持一定的透明度与开放度，这样就能实现更为丰富、具有空间品质的街道空间。

我们在这里重点强调了街道边界的完整与丰富，也正是因为街道空间所包含的要素极其之多，既要避免杂乱无章保持街道空间的连续性与整体感，为这些多元要素寻求统一的基底，同时也要避免街道空间的单调乏味，要有意识地为街道空间融入更多可为人感知的丰富要素。第4章介绍了城市开敞空间中的环境艺术与小品设施，街道空间也要将这些设施、雕塑与小品等元素容纳到街道整体之美的营造中。另一方面，正如之前所提及的，街道是城市中公共活动的重要场所，边界的完整与

图6-55 街道空间离不开围合街道建筑界面的完整与丰富，在边界连续基础上对建筑界面尺度、形式等要素进行划分细化保证了街道空间感受的完整性与节奏感

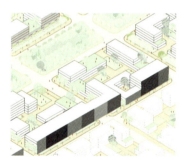

图6-56 将建筑立面尺度进行细分处理可以保持街道空间的连续性与节奏感

丰富也是为了服务人的各项活动，最重要的还是创造具有品质并具有活力感的街道生活。

6.3.5 建筑要素：层次与类型的差异

建筑是城市的重要组成部分，建筑之美也是城市之美的重要内容。一直以来有大量关于良好建筑包括建筑的美观的标准，其中有一些内容已经在本章前面的各节中进行了简要介绍。这些标准除了基本的美学形式规律外，也包括了建筑自身的环境、立面、细部等各个方面。以英国皇家美术委员会提出的良好建筑标准为例，该标准共包括六个方面，一是包括秩序和统一，即令人满意和不可分割的统一性，通过对称、平衡、重复、网格、开间、结构框架等方式表现；二是表达，使人们能认识到本质的关于建筑功能的恰当表达；三是完整性，即通过形式和构建表达自身以及各个部分承载的功能；四是平面和剖面，建筑外立面和平面及剖面之间应存在积极的关系；五是细节，即可以近距离接触建筑、吸引人注意的部分，可从中欣赏材料的美和工匠的技艺；六是整合，即建筑是否与环境和谐共存。

我们可以看出这六条标准既包括基本的美学规律如秩序和统一，也包括建筑与周边的环境关系，建筑的功能表达，以及建筑的立面、细节等内容。在综合这些研究基础上，可以得出城市建筑要素的审美要点。城市中的建筑丰富多彩，有着各种各样的类型和形象。如果从建筑与城市相结合的角度来看，城市中建筑要素首先要处理的还是建筑之间以及建筑与整体城市空间之间的关系。也可以认为在城市美学中建筑并不只是自身的完善，而是应该在城市整体空间秩序营造中发挥作用。

有学者提出可以有两种视角来看待城市中的建筑，一是城镇或城市形象是一个开敞的风景，建筑被作为一个要素引入其中，如一件件雕塑坐落于公用场地中。二是认为城市的开敞空间是从一个原本的实体块中切割出来的。第一个视角中的建筑物是积极的实体要素，空间是建筑物之外的周边背景。第二个视角中城市空间本身是一个具有三维特质的积极要素，而建筑物是构建空间的背景（图6-57）。与这种观点相类似，有研究提出具有连续性的城市景观结合了标志性建筑与"普通"建筑，即在城市中具有少量的特殊或标志性建筑物，它们轻微或显著地与环境形成差异，与此同时有更多数量的"普通"或平凡"肌理"建筑与它们进行平衡，也有人将后者的"肌理"式建筑称为背景建筑。

可以认为，在整体协调、虚实互补、主次有序等总体规律之下，建筑必然是以上两种视角的结合，而且第二种视角中的相对普通的建筑往往在城市中占据了更大的比例。英国学者芒福汀从第二种视角出发，认为城市中建筑与空间的结合都是为了实现一种紧密而统一的构图与肌理。除了这种整体肌理之外，为了实现城市空间的整体和谐之美，城市中的建筑特别是大量性的一般性建筑还需要有赖于相对统一

图6-57 作为空间中心的建筑与作为空间边界的建筑，上图为叠立在空间中心的波士顿市政厅，下图为由边界各种建筑围合而成的威尼斯圣马可广场

或普通建筑材料的使用、建筑细部的复制以及采用更为适宜的尺度。[1]

与作为城市整体肌理的大量性建筑不一样，具有地标感的建筑可以采用第一种视角来审视，周边留有足够的欣赏空间，而它的独立性与标志感可以被雕塑化的形状加以强调。建筑形式的可能性是多样的，这种具有一定地标性质的建筑应该有利于看到其全貌。

与地标性的建筑相对应，大量存在的一般性建筑则是城市空间的整体肌理形成的基础，不仅如此，这些建筑可以为城市中大量空间提供基本的形式审美感受。因此，这些建筑既是城市空间中的大量配角，它们在城市中大量存在，提供了城市空间的整体效果，比如一般性的住宅建筑、办公建筑；但同时它们又与人们的生活息息相关，而且是城市美学品质的基本保证与底色。因此，需要结合建筑的层次即地标性还是一般性，以及充分考虑建筑类型的差异即居住类、综合办公类、商业服务类、公共管理与服务类、市政配套类等，结合不同类型的要求进行处理，使得建筑与建筑之间、建筑与城市和谐共存，真正实现"主角"与"配角"、统一与变化的平衡（图6-58）。

关于主次、虚实协调互补的问题上一节已进行了较充分的介绍，建筑在其中发挥着重要的作用。现代主义之前，仅少量重要建筑会形成标志性与特殊性，它们通过体量、形象等方面的差异与大量的普通建筑相分离，同时这些主次有序的建筑又为城市空间的组织提供了很好的保障。现代主义以来，受提供健康生活条件、容纳汽车交通和现代美学偏好等理念的支持，城市中自由隔离的建筑越来越多，建筑周围的空间也在变得越来越零散，与此同时城市空间的连续完整在逐渐丧失，城市中

---

[1] （英）克利夫·芒福汀（J.C.Moughtin）著. 街道与广场[M]. 张永刚, 陆卫东译. 北京: 中国建筑工业出版社, 2004: 73.

图6-58 地标性建筑的埃菲尔铁塔与大量一般性建筑相互对比映衬，共同构成了城市整体之美（上）

图6-59 不同层次不同类型的建筑有序组织共同构成了城市之美（下）

充斥着大量互不关联甚至相互竞争割裂的标志性建筑物，以及环绕着它们的快速机动车道路、停车场和大片无关联的景观。由于缺乏对建筑之间空间的关注，环境不再是建筑与空间、建筑与建筑之间的协调结合而成了个体建筑的扩大，城市的整体之美与也难以形成。之所以反复强调这一问题，就是建筑之间以及建筑与整体城市空间之间的关系是城市美学塑造的关键之一，只有重视这一问题，才能为城市之美提供良好的基础（图6-59）。

另一方面，除了重要性或类型层级性的差异之外，建筑还存在尺度层级性的差异。在第4章的对象系统一节中，我们介绍了建筑群体、建筑单体、建筑细部这几个不同尺度的建筑要素以及它们在审美中发挥的作用。其中群体类要素主要对塑造城市街道等公共空间以及城市街坊单元内的整体建筑风貌有影响，因此整体协调、形成统一的肌理是群体要素的审美要点，要确保外部空间的连续性和清晰界定，包括建筑如何坐落于场地中以及如何与其他建筑、街道或其他空间相关联等内容；单体要素在构建群体整体性的同时对塑造不同类型单体建筑风貌有基本的影响作用，因此与周边环境和谐、形成符合类型要求的外形是单体要素的审美要点，要确定三维体量、形象风格、比例尺度、立面虚实等内容；细部要素是控制建筑微观形象的重要因素，对塑造建筑风貌的基本品质有着重要的影响作用，因此与建筑整体形象相匹配、贴切适度是

细部要素的审美要点，要注重材质、建造、工艺等各方面内容（图6-60）。

建筑是形成整体城市空间的基本载体，在对一个个城市空间进行审美的过程中，必然包含着对于建筑的审美。因此，建筑之美要与整体的城市空间相结合，同时要充分关注到建筑类型、尺度上的差异，这些差异反映出建筑组合、功能、形式以及象征意义等各方面。在充分考虑城市整体性之下，建筑的设计者可以体现建筑要素功能和意义上的差别，通过自己的创造力来充分展现建筑的特色。可以认为，只有与城市的环境整体相结合，城市中的建筑才会更加体现出这一人类社会重要生活载体的独特之美。

图6-60 建筑尺度层级性具有差异，建筑群体层面要能有效衔接城市空间同时各建筑和而不同；建筑单体层面要与环境和谐、符合类型要求；建筑细部层面要与建筑整体形象匹配、贴切适度

思考题

1. 美学形式的基本规律有哪些，这些形式规律在城市空间中是如何体现的？

2. 城市形式审美的总体规律是什么？请以某个具有一定特色的城市为案例分析这个城市的美学特征。

3. 建筑要素的形式审美要点是什么，不同类型建筑在城市整体之美塑造中的作用如何体现？

第 7 章
城市之美的设计创造

7.1 城市美学设计创造论

7.2 城市之美设计创造的基本观念

7.3 城市之美的设计、引导与管控

7.4 城市之美与城市文化

> 本章学习要点
> 1. 美学创造以及城市美学设计创造的基本出发点;
> 2. 城市之美设计创造的基本观念;
> 3. 城市之美的设计、引导与管控;
> 4. 城市美学文化的整体塑造。

在美学客体、主体认知与形式规律之后,本章将从城市之美的设计创造角度对于如何实现城市之美展开介绍。城市之美需要人来设计创造,与其他类型艺术的创造不同,城市之美的设计创造具有自身的基本原则与要求。从城市规划到城市设计再到建筑设计,城市之美的设计创造离不开专业工作者的设计工作,与此同时,也需要城市管理部门的引导与管控;另外,城市之美的设计创造还离不开全社会对于城市美学的认识与城市美学文化的全方位塑造。

7.1 城市美学设计创造论

7.1.1 美学创造:情感与理性

在前文的美学认知一节中,我们曾介绍了在美学发展历程中长久以来的两种理论倾向,即重视逻辑演绎的理性主义与重视感性经验的经验主义,这两种方式在美的审美认知、思维与创造方面都有着体现,美的创造也可以从这两方面来展开(图7-1)。理性与感性彼此相对立同时又互为补充的范畴为理解美的创造提供了切入方式,这两种对立的思维方式既互相排斥,又互相补充,共同构成了对美的创造活动的完整理解。

席勒曾指出人有两种自然要求或冲动,一个是"感性冲动",它要求使理性形式获得感性内容,使潜能变为实在;另一个是"理性冲动",它要求使感性内容或物质

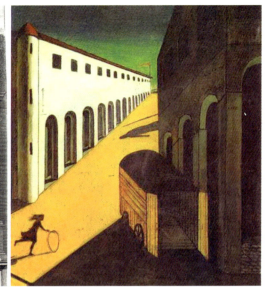

图7-1 艺术作品中体现的理性与情感的差异，左图是17世纪有关柱式的书的扉页，图中女神座下的台基上刻着碑铭——"理性高于一切"；右图为乔治·德·契里柯的画作，借用相对理性的建筑与城市空间对画家自身的情感进行了表达

世界获得理性形式，使千变万化的客观世界呈现出和谐的法则。[1]伊利尔·沙里宁在《形式的探索——一条处理艺术问题的基本途径》一书中，从建筑艺术创造和形式处理的基本原则方面探讨了艺术创造问题，他在书的第三部分将形式探索中的问题分成两大类。第一类是靠推理就可以领会的问题，第二类是靠直觉感受的问题。第一类推理的问题主要包括形式与真实性、形式与逻辑、形式与功能、形式与色彩、形式与装饰、形式与空间、形式与理论、形式与传统。第二类则包括一些难以确定的问题，如形式与美，形式与审美情趣，以及形式与想象力等。[2]伊利尔·沙里宁虽然更多地强调人的主观感受与形式创造的关系，但不可否认，相对理性需要"推理"的要素同样对于美的创作有着极大的影响。

情感与理性是美学研究与创作中的两个重要出发点，这种情感与理性相结合的思维对于与生活联系紧密对象的美学创作至关重要。如果以城市中的重要元素建筑的设计创造为例的话，可以发现建筑设计必须要能从人的情感需要等感性因素出发，不仅如此，还需要遵从建筑设计的基本理性因素。从另一方面来说，情也可以被理解为创作者主体的情感、欲望等感性因素，是支配创作者的内在原初动力；理则是有关建筑布局、构建等方面涉及客体的理性因素，是建筑创作必须满足的外在条件与规则。建筑之美的设计创造要能让人有回味的意蕴，同时又能符合建筑本身的功能性质，满足使用者的各项要求，尽量做到在情理之中。这就要努力把握创作中理性与感性的平衡，要遵从建筑创作的基本规律、逻辑与规范，在限定的框框中寻求合理的突破，最终实现情理交织的和谐之美。

---

1 （德）席勒. 席勒散文选[M]. 张玉能译. 天津：百花文艺出版社，1997：231.
2 （美）伊利尔·沙里宁著. 形式的探索[M]. 顾启源译. 北京：中国建筑工业出版社，1989.

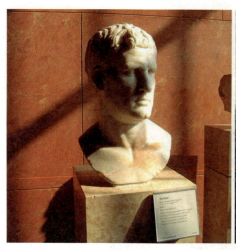

图7-2 从古典理性的雕塑到更为感性的近现代雕塑,左图为卢浮宫中的古典雕塑,右图为陈列于罗丹博物馆的雕塑作品,罗丹的雕塑从形式到内容均不同于古典雕塑作品,采用现实主义手法表达了浓厚的个体情感与人文关怀

另一方面,如果不从相互补充的角度出发,而是将这二元因素视作相互背离的思维方式即理性与感性甚至非理性的话,我们可以发现这两种思维方式对于美学创造的不同阶段、不同思潮有着重要的影响。从历时性的宏观发展线索来看,忽略各阶段内部种种变化的话,美学发展各个阶段的思维观念也存在着理性与感性侧重不同的现象(图7-2)。还是以西方建筑设计思维与审美为例,西方古典建筑更多的是以理性作为准则,西方现代美学则提出了新的理念,要求注意建筑问题的复杂性,对感性要素也越发重视,并促成了建筑形式的现代发展;到了当代,解构等各种新思潮的出现也标志着理性开始走向了非理性。

具体来说,自古希腊罗马时代开始,理性一直就是西方传统思维的主导方式,在理性的指导下,西方传统文化一直在追求事物的起点、本质与体系,强调清晰的逻辑与线性的思维。这种理性思潮反映到建筑美的追求上则是建筑注重经典样式与形式的确立,同时也注重建筑形式对于社会审美与精神内涵的传达。

西方古典的理性思潮在中世纪宗教神学的影响下受到了一定的限制,建筑美成为了在神的光辉照耀下的"上帝安排的和谐"。到了文艺复兴时期,作为提倡"人的发现"和思想启蒙的一部分,理性被作为主导的思潮并在一定程度上发展到了极致。古典的建筑形式作为对这一思潮的注解也得到了重新关注,对于古典柱式、比例的研究成为当时的热点。古典建筑形式作为建筑美的标准选择而绝对化,西方古典的比例、柱式都被上升到无与伦比的经典地位。

到了近代,随着科学技术的发展以及人们对于世界认识的深入,西方文化对于美的认知出现了科学理性与浪漫感性之别,美学这门对于美进行研究的学科也开始出现。在对美的追求与美的规律的研究中,天才的创造与一般的规则这两者之间的差异被放大,甚至在一定程度上对立起来。于是,与美的创造密切相关的两种思维模式即理性与感性的背反及矛盾越发明显。进入现代之后,西方文化对于科技文明的反思逐渐加强,工具、逻辑、理性都成为人们再次研究与反思的对象,越来越多

图7-3 不同的建筑作品也反映了设计者理性与感性切入点的差异，左图路易·康通过理性与哲理性的思考表达建筑的精神性内涵，而右图弗兰克·盖里则继续通过浪漫的感性形式探索形式创新的可能性

地针对科技文明反思的新思潮开始出现。与此同时，随着社会的不断发展，美学作为一门学科独立并不断发展，而感性因美学的证明也开始成为人们关注的焦点。浪漫、感性成为对理性加以超越的有力武器，这也促成了审美感性的转向，并被作为一种自觉的现代美学范式。"艺术有理性逻辑之外自身的逻辑""艺术应该以美为目标"成为当时的口号，并促使西方开始了对理性认识界限的重新认定。当时出现了诸多关于新建筑形式研究的思潮，如构成主义、表现主义、未来主义等。

由于对新兴科技及社会问题的关注，包豪斯的创始者们将眼光关注到技与艺的结合上，这也促成了现代主义建筑思潮的出现，这种思潮背后的理性似乎又回到了最初的工具与价值相统一的时代。后来当他们在美国生根，并借助资本的力量在全球促成并推广国际主义建筑时，又遭到了非理性思潮的强烈反击，后现代也随之出现。到了当代，美的发展越发多元，当代的一些美学设计体现出了强烈的非理性倾向，甚至以反理性为诉求，这一倾向彻底打破了古希腊、古典主义至启蒙时代的理性传统。[1]

除了上述历史性的分析之外，从共时性的角度来看，西方建筑设计发展各阶段内部理性与非理性的背反也一直存在（图7-3）。如现实主义与装饰主义之争、结构与解构之争等。启蒙时代，佩罗区分了两种美学评价的基本原则，即客观性与主观性，客观性基础来自于对建筑的使用，以及建筑物的最终目的，涵盖了坚固、健康和适用，主观性的基础就是"审美感觉"。[2]与客观性与主观性的判断相一致，美学设计中也存在着客观即理性及现实主义与主观即感性及浪漫主义的两种视角。可以预见的是，情感与理性的争论也必将一直存在并持续下去，而这两种相互对立又可能形成统一的思维方式，也成为美学设计创造思维的基本切入视角。

---

1 朱光潜. 西方美学史［M］. 北京：人民文学出版社，1963：59.
2 （德）汉诺—沃尔特·克鲁夫特（Hanno-Walter Kruft）著. 建筑理论史 从维特鲁威到现在［M］. 王贵祥译. 北京：中国建筑工业出版社，2005：96.

图7-4 巴黎的城市肌理为各种创意要素提供了规则的基底

7.1.2 城市美创：创意与规矩的平衡

　　城市之美是在大时空环境背景下通过长时间积累创造出的综合性人类文明成果，与其他艺术形式不同，城市空间需要能满足人们生活生产等各种需要。城市之美的创造更需要注重从整体出发，将理性与感性思维相融合，处理好相关的各项因素，追求情理兼备与统一。因此，在城市美的创造中，情与理互为补充的现象更为明显，只有将这两方面因素通过各种手段结合起来，才有可能创造出美的城市。

　　在对多因素综合考虑与利用的前提之下，城市的整体创造必然意味着美的创造过程与方法是综合整体的。城市之美强调多因素的整体创造，以城市空间为载体实现人与自然、人与社会的和谐，这一过程需要情与理、创意与规矩、个性与整体平衡统一。

　　这种对于城市多因素与整体性的认识同时也在提醒着我们城市美学性质的多元性。在城市美的创造过程中，规划师与设计师并不只是单纯依靠理性分析完成城市设计，当然也不会只是依赖自己的感性来做设计，他们的工作既像科学家、又像艺术家，城市艺术也因此是科学与艺术的结合。

　　孔子说"从心所欲不逾矩"；朱熹解释说："矩，法度之器，所以为方者也。随其心之所欲而自不过于法度。"在城市之美的创作过程中，"欲"既是创作者的情感、欲望等感性因素，同时也包含了城市中生活者的情感需要，是支配创作者的内在力量；"矩"则是有关城市建设基本规则以及要素整体性等方面的理性因素，是城市要素创作必须满足的外在条件与规则。城市之美的创造必须处理好"欲"与"矩"其实也就是"情"与"理"的辩证关系。只有将两者很好地结合到一起，实现情理相依、自由与规则相统一，这样才能创造出与人们生活密切相关的城市环境之美。

　　首先，城市之美的创造需要能理性地意识到多元的对象系统，并要从人、社会的多元需求与情感出发，同时还要能注重形式美的规律。城市的形式与内容并不是割裂的，两者浑然一体才能实现城市之美。另外，城市中各种元素美的创造具有明确的章法，创

 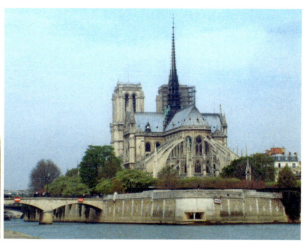

图7-5 巴黎城市中古典的一般性建筑与地标性的教堂建筑共同构成了城市之美

作者可以根据具体情况在遵循这些基本规则基础上表达自己的创新，使城市之美体现情感与规则的有机结合。其中，整体化的规则是一条重要原则，是多元之美和谐共生的基础，只有注重规则，才能实现多元要素的有机统一，也才能实现城市的整体之美（图7-4）。正如传统画论中所论述："学画者，最难恰好。其高瞻远瞩者，全未知规矩法度，已早讲性灵如何，气韵如何，任笔所之，无不自喜，到后来竟漫无所得，因而渐渐废弃。"[1] 如果在创作中忽视基本"规矩法度"，必然会"漫无所得"导致美的缺失。

在中国传统城市营造中，这种规则体现在明确的礼制秩序甚至是潜在的数学规则中，近年来的一些研究已经证明了这一点。这既体现了对于规则的重视，同时创作者又可以根据不同的情况进行一定程度的灵活处理，这就形成了传统城市和而不同、统一而又具有变化的城市之美。

情理相依、创意与规则相结合的设计创造既是对于城市整体美学创造的一种诠释，也是对于城市多元要素中某一类具体要素设计创造的一种概括（图7-5）。不同的建筑类型的性质与特征体现了创意与规则的不同，如理性、规整的办公建筑，感性、充满人文情怀的园林建筑；这种差异也在某一个具体空间要素中有着集中的体现，如被看作是中国传统建筑主要特征的传统屋顶造型，既根据建筑物等级的需要将屋顶严格分出不同的形制，同时又形成了出檐深远、曲线优美的生动形式。

因此，情理相依的创造观还可以体现在对于不同类型与不同要素形式的认识问题上。城市中不同要素往往发挥着不同的作用，比如既有大量存在遵循基本规则的居住建筑、办公建筑等一般性建筑，也有着美术馆、博物馆等代表浪漫的审美情趣与人文意味的标志性建筑。在城市中这两者往往结合在一起，共同构成城市空间情理相依、自由与规则的组合之美。在基本的理性精神之下，城市空间之美中仍然能体现出自由情怀的创造力。

---

1 （清）华琳. 南宗抉秘.

图7-6 巴黎卢浮宫新旧建筑体现了创意与规矩的平衡

创意与规则的统一还可以作为空间形式的原则，在形式的处理中，需要将复杂灵动的形式与简洁规整的形式相统一。好的形式处理需要将这两者很好地结合到一起，使不同的形式互相依存、互为补充。

在西方城市发展历程中，同样存在着创意与规则、情感与理性相协调的状况。自古希腊毕达哥拉斯提出"一切皆数"开始，"数"成为限定美的手段，城市中的各种要素也在通过明确的数字加以规范。作为城市空间的基础，种种古典建筑元素与严整的数学规律密不可分，其中比例在古典建筑造型中起着重要作用，是衡量形式关系的重要指标。"数"成为美与建筑形式之间的纽带，建筑形就是通过严谨的数所确立起的一种和谐秩序。而这种数的严谨秩序也表现出了对和谐理想的追求。古希腊时代的美可以在当时的人体雕塑中体现出来，数的重要性通过与人体的比拟被加以强调。当时的形式之美与背后的内容并不是割裂的，严谨的数是为了形成和谐的视觉效果。通过严谨的数反映出世界的和谐是创作的根本目的。正如"坚固、适用、美观"需要统一，当时的美与真、善是相统一的。古罗马时期，维特鲁威在《建筑十书》中强调了数学与几何的重要性，将比例看作实现秩序和均衡的基本条件，认为保持美观的重要因素就是解决比例问题。[1]

经过了古希腊、古罗马之后，规则与自由、数与和谐理想的紧密联系在中世纪有了更充分的发展。圣奥古斯丁认为美的基本要素也是数："理智转向眼所见境，转向天和地，见出这世界中悦目的是美，在美里见出图形，在图形里见出尺度，在尺度里见出数"。[2] 文艺复兴时期，古典时代所确定的种种经典如古典柱式、构图都再次成为学习的对象。一些有关数的固定标准既是传承下来的形式规则，同时它也成为人们追求美的一种思维方式。西方古典时代，人们普遍认为美是与自然的内在规

---

[1] （古罗马）维特鲁威（Vitruvii）著. 建筑十书[M]. 高履泰译. 北京：知识产权出版社，2001：13-16.
[2] 朱光潜. 西方美学史[M]. 北京：人民文学出版社，1963：125.

图7-7 不同时期的重要公共建筑为城市增添了亮色，与大量的城市肌理形成了对比与变化

律联系在一起的，而且这些规律是可以通过数学来解释的。阿尔伯蒂为美制定了三条标准：数字、比例与分布，认为和谐是关键性美学概念，他将自然的法则与美的法则，因而也与建筑及城市美的法则等同了起来。[1] 基于这一认识，在对美的规律探寻中，理性规则就是理解自然规律、联系美与自然规律的主要工具。而进入近现代之后，柯布、密斯等现代主义大师更是强调模数等理性工具的重要性，同时借助于新的科学技术表达着属于他们个人与时代精神的创新（图7-6）。

通过对古今中外一些案例的简单回溯，我们可以发现这些城市之美创造背后理性与情感两者的重要作用。进入当代以来，人们关注的重点不断向主体意识的可能性这一命题转移，主观情绪成为人们创作与审美的来源。与思维方式的转变相适应，在艺术领域创作者的主观表达越来越突出。由于视觉文化与消费文化的引领，人们更加重视直观的感官体验，各种新鲜元素带给人的审美感受越来越直接，基于各种新兴科技的视觉可能性不断扩展，新的视觉体验与花样不断翻新（图7-7）。正是在这种背景之下，城市之美的规则变得更为重要。没有了一定规则的统领，这些创新将缺乏统一的基础，城市之美的整体性也无从谈起。

7.2 城市之美设计创造的基本观念

7.2.1 古今交融

在第4章的文化维度一节已经强调了文化对于城市之美的重要作用，城市的发展是人类在改变自然环境基础上进行的长时间创造，经历了不同时代的长期积累。城市是时

---

[1] （德）汉诺—沃尔特·克鲁夫特（Hanno-Walter Kruft）著. 建筑理论史 从维特鲁威到现在 [M]. 王贵祥译. 北京：中国建筑工业出版社，2005：24-25.

图7-8 城市中的新与旧构成了不同时代之美，图为上海外滩与浦东新建筑群

间的产品，也是历史的创造物，甚至城市本身也是一个历史进程。因此城市之美的创造需要具有古今交融的文化观，通过不断的传承发展来弘扬与构建自己的城市美学文化。

在第3章我们曾提到，西方古典城市以及各种要素之美深入人心，成为后世不断学习的目标。即使如此，既是为了解决城市中不断出现的新问题，同时为了创造新阶段的城市特色，不同时代的人们都在追求符合时代发展的新城市美学。在对美的追求过程中，在有人认为美是绝对的、具有明确标准与规范的同时，也会有人提出美是相对的、不断随时代而变化。有关美是相对还是绝对的分歧一直存在，尤其在文艺复兴时代之后，相对美与相对标准的看法蓬勃发展。美的相对性这一认识引发了对古典之美的背反，在古典时代把各种形式要素加以绝对化和固定化的同时，基于世界在不断变动和更新的认识，人们不断寻求适合新时代的新形式。阿尔伯蒂深知将标准僵化理解的危险，针对这一问题提出了变化的概念，他认识到美的相对性，认为古典主义的美也并不是完美无缺，并希望创造某种属于自己时代的东西。[1]后来卡米罗·西特也在强调建筑物必然是反映当时的时代条件同时也是有机的城市形态环境必不可少的一部分；伊利尔·沙里宁同样论述了时间要素的作用，认为城市建设发展是一个长期的缓慢过程，要动态地考虑未来的种种可能性。[2]柯林·罗和弗瑞德·科特在执教康乃尔大学城市设计课的研究中形成了"拼贴城市"思想，这种对于混合并置的注重明显体现出了希望将历史性与时代性、永恒与偶发共存的观念。

进入当代社会，作为对现代主义城市建设模式的修正，众多设计师与理论家在现代主义以来以开放的态度来重新审视城市，他们在强调重视城市历史遗存保护、

---

1 （德）汉诺—沃尔特·克鲁夫特（Hanno-Walter Kruft）著. 建筑理论史 从维特鲁威到现在[M]. 王贵祥译. 北京：中国建筑工业出版社，2005：93.
2 （美）伊利尔·沙里宁. 城市-它的发展 衰败与未来[M]. 顾启源译. 北京：中国建筑工业出版社，1986：8.

图7-9 苏州博物馆与传统街巷共同构成了城市古今交融之美

传统文化传承的同时，将视野不断拓展寻求与当时科学技术发展相匹配、同时又能解决社会问题的新设计思维模式，并希望能够将城市的传统与创新结合起来。这种融合了传统与创新的观念也成为创造未来城市之美的基本观念之一（图7-8）。

因此，城市之美的创作要博采众家之长，构建古今、中西融贯的大系统，全面深入地发掘一个城市之美的内涵。美的创造在与时代接轨的同时，要保持国家与地域特色，挖掘传统启示的同时要寻找这些启示的现代意义。面向未来既要熟悉国家的国情和地方的文化特色，又要深入了解世界最新发展状况，形成融合传统与创新的理论和实践。正如《文心雕龙》的《通变》篇中所说："变则可久，通则不乏。望今制奇，参古定法"。城市的发展有着丰富的内容，而且是在漫长历史进程中逐渐生成的。同时，城市的美也需要具有时代性，要能顺应时代推陈出新，与当今新文明科技及建设需求结合进行再创造（图7-9）。

在对待传统文化层面，应坚持保护弘扬城市的优秀传统文化、延续历史文脉，保留文化基因。但这种保护弘扬不是简单仿古，而是要能深入挖掘城市文化的精神与现代价值，注重传统文化基因的传承与发展。与此同时，城市之美的创造还应充分体现创新特色与时代气息，吸收世界优秀设计理念和手法，展示多元包容、传承文化、面向未来的时代特色。新的思想、技术与方法对城市发展具有重要影响，空间设计与审美的趋势也在随时代发展发生变化。城市之美的创造应积极吸收新理念与新方法，塑造符合时代需求的城市空间和风貌。

7.2.2 和谐统一

创造城市之美需要具有和谐统一的整体观。城市空间包括众多要素，要能从多种因素的联系与平衡中寻得最优解。在和谐整体的价值判断理念下，追求这些要素存在状态适宜与合情合理，强调多元元素的和谐。不仅如此，城市之美的创造还需

图7-10 和谐统一是创造城市之美的重要出发点，不同类型、尺度的不同要素的有序组织才能形成城市的整体之美

要从客体环境与背后要素的整体性出发，讲求从人的需要与环境整体出发追求城市之美的形神兼备、情景契合。

众多学者对于城市创造需要具有整体观进行了论述。欧洲学者罗布·克里尔的《城市空间》一书回顾了20世纪的城市建设历史，指出了现代主义建筑观带来的问题，认为现代建筑师过于关注单体建筑设计而忽视城市空间的整体性。罗杰·特兰西克在《找寻失落的空间：都市设计理论》中回溯以往的城市空间设计理论，指出需要将城市中支离破碎的公共领域重新整合，创造出一个界定清晰、有着密切联系，并具有丰富人文色彩及意义的城市空间，同时明确提出现代城市设计需要一个整体性的设计方法。

进入当代以来，在科学技术进步以及社会发展推动之下，城市容纳了更为复杂的技术与社会因素，形成了一个复杂联系的系统。针对既有复杂环境中的美的设计创造需要有将多种因素进行整合的思维观与方法论。第4章中我们提及了城市之美的内在影响要素与外在空间要素系统。首先，文化是一个城市空间物质客体背后的重要内容，城市文化传承发展也是城市更新中的重要课题；其次，城市社会的复杂性在日益增加，城市发展要更多地关注社会现实问题的解决；再次，科技的快速发展也在要求城市建设不断加强对于新技术的应用和研究；与此同时，我们要关注政策管理对于城市空间发展的影响；另外，作为城市发展的基本载体，环境也是广大设计工作者最为关注的要素。不仅如此，城市空间中同样包含了从宏观结构到微观小品等多层次多尺度的不同要素（图7-10）。因此，城市之美的设计创造是一个涉及多要素的立体网络，既需要关注分析到问题的复杂性，更要从整体着眼，以系统整合的思维对多元要素进行整体并细致的研究。在以解决城市空间整体性问题的目标之下，城市之美的创造需要将多元要素加以整合，在此基础上去寻求问题解决的合理方案。

这种整合的思维方法既拓宽了研究的对象范围，同时也对城市的设计创造者提

图7-11 城市之美的创造还需要从客体环境与背后要素的整体性出发,追求城市之美的形神兼备、情景契合

出了更高的要求。设计者需要进一步拓展去寻求更多的跨学科与专业的可能性,既要能进行精细化、聚焦式的挖掘,同时也要不断拓宽研究视野,从多个角度建构研究框架并加以整合。这就需要关注和了解其他学科,不仅在相邻的学科城乡规划学、建筑学、风景园林学之间进行合作,甚至在更广泛的范围内进行学科交叉,探寻与其他学科如社会学、心理学、计算机科学、视觉艺术等各门学科渗透与融合,以求全面深入地发掘当前既有复杂城市环境下设计创造的内涵机制。

在多学科、多要素影响的背景下,城市的设计创造过程也体现出了一定的综合性。设计过程需要有更多的人加入进来,不只是专业的设计师与管理者,各行各业的技术专家以及社会大众的多元认知都需要进行整合,从协同中形成关于城市环境的共识与合理解决方案。因此,这种有关多元状况的整合不只是要素与方法的整合,同时也是多元主体与需求的整合,以此实现对于各类环境中设计问题的细致剖析与解决。

另外,正如前文所述,整体性思维不再强调分离独立的思维模式,而是关注到了建筑与环境以及具体生活场景的连续性,这种新的和谐观在注重整体环境营造的同时,体现出了城市空间与当代生活融合共生的可能性。空间的设计创意开始从生活世界中提取灵感,艺术和生活、设计与日常空间的边界在逐渐消失。与此同时,生活与环境的融合使得传统艺术品欣赏强调距离静观模式的消解,全方位的空间感知投入创作与欣赏的过程之中,这就要求空间设计摆脱以往传统抽象、静态的单一审美评价。因此,整体性指导下形成的空间整体性不仅要求形式层面的审美,而是强调多维度、多感知方式的综合感受,其中融合了审美、使用、互动、交流等多种主观体验。

可以认为,在未来建设逐渐进入精细化与品质提升的状况之下,整体性观念意味着需要从多个维度对于具体的城市空间问题进行探讨。由此形成的空间将作为人与外界联系的一个重要接口,它涉及人的全方位感知与生活品质的提升,将成为人们体验世界与生活情境的载体及对象(图7-11)。

图7-12 城市之美的创造需要结合地区的环境特色，要能因地制宜与自然及地域环境相融合

总之，通过要素、方法、参与主体与生活场景等形成的整体性城市之美，将具有新的和谐性，这种整体性空间和谐既不是快速形成的简单划一，也不是过于先锋的冲击异质。与丰富的城市环境与生活体验相对应，整体性的城市之美既宜人舒适，同时也将丰富多元。

7.2.3 因地制宜

每座城市所在的地域自然环境都有一定的差异，城市之美的营造需要从环境出发，对本片区地理、气候、地形地貌以及地域文化等方面加强了解与尊重。因此，城市空间的创造要能依据所在的环境解决具体的问题，城市之美也是为具体环境问题的解决服务的，在设计创造中需要做到因地制宜。

在这一过程中，结合具体环境是十分重要的思维方式与创作手段，就是说在面对不同的环境时要能依据环境状况展开研究，针对具体问题进行分析从而得到解决办法。如果分层次来看的话，首先要处理好新的建设与既有环境之间的关系，要从当地的地理、气候、地形等环境要素出发，务必使新建设能与原有的环境有机融合，实现人工建设与周边空间环境的有机统一。在之前的章节中我们就多次提及了要将城市与自然环境融合，这里从因地制宜的角度再次强调与环境融合，实际上也是在强调与环境协调在城市设计创造中的重要性（图7-12）。

其次，因地制宜还意味着与当地的地域文化相结合，要能深入研究当地城市设计建设的已有传统并进行再创造。在第2章中国传统城市美学的基本内容中，我们介绍了中国传统城市既具有一定的基本模式，同时又能结合所在地域环境进行规划设计建设，以此产生了各种变化形成了各自的特点。除了宏观层面的城市格局之外，城市中的各种具体要素也都体现出了各地域的特色。比如之前也曾提到过的，中国建筑群组织的基本元素为院落和轴线组织，但从华北到江南再到西南地区，不同地

图7-13 城市之美的创造需要采用具有地域特色的形式语言以及相应的建设技术和材料,图为苏州博物馆内院及建筑

域的院落空间因环境的差异产生了尺度、密度、风格与装饰等方面的不同,形成了统一模式之下极具变化的丰富美学特征。

另外,因地制宜不仅需要能与不同地区的环境相融合,同时还需要能结合当地特点与条件选择合适的建设方式与建造材料。现代主义之前的各地区城市往往能形成自身的地域特色,这与当时的城市建设材料与技术主要出自本地区有很大关系,当然这也是基于当时生产力水平的必然选择。在进入工业化社会之后,技术的快速变革深刻影响了城市的基本面貌,各地的城市建设技术与材料越来越趋同,这也在一定程度导致了"千城一面"的现象。因此,城市之美的设计创造需要能因地制宜,在一些元素中选用具有地方特色的材料与技术来进行建设,以此形成各个地域城市的不同特色(图7-13)。

总体来看,城市美的设计创造需要因地制宜,坚持与环境相统一,扎根于本土地域环境,构建人工建设与自然地域环境和谐共生的整体之美。一方面,要顺应环境突显整体之美,与山水自然、已有建成环境相得益彰和谐共融。建筑组群与场所依托环境进行布局,将有限的人工建设与广阔的环境意趣相结合。另一方面,要坚持挖掘地域文化特征,结合当地已有传统并进行设计创造,展现城市的独特地域风光。同时,应积极挖掘、提炼地域的各种要素特质,并选择合适的建造技术与材料,在设计创造中加以应用彰显地域特色。

7.2.4 以人为本

除了古今交融、和谐统一、因地制宜,城市之美的创造还应以人为本,从人出发来创造多维度的体验;应坚持以人的生活与审美需求为中心,以人的尺度与使用为依据,同时城市美的创造应以人的感受与理解为判断标准,将情感共鸣与审美体验作为创造的根本目的。

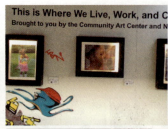

图7-14 城市之美的创造需要切实考虑不同的群体与个人，使得各个空间和地点充满意义，图为北京某商业广场（左上）

图7-15 北京某社区广场上举办的设计师与居民交流互动的活动（左下）

图7-16 城市是承载人们生活的载体，要以人为本进行城市之美的设计创造，图为城市施工围栏的人性化设计处理（右）

从人出发进行创造的观念显然具有深刻的人本主义立场，是在现代城市大规模建设与社会不断发展变异之后的一种反思，是对于社会变化下人的命运与价值的重新关注。这里的人既是各自单独存在的个体，也是作为群体共同存在的社会群体。这一观念与历史上的人本主义思潮有着共通之处，在强调人的价值、将人的需求和感受作为基本评价标准基础上，体现了对当代社会多元发展过程中人的深切关注。

城市之美的创造需要切实考虑不同的群体与个人，使得各个空间和地点充满意义，要注重城市文化生活的多样性，提升城市环境的活力与意义（图7-14）。在不同的社会群体和个人之间，这些与人相联系的空间意义可以是变化的和充满个性的。从人出发切实考虑人在城市空间中的感受至关重要，芦原义信在《街道的美学》评论了现代主义大师的建筑作品，他认为在这些建筑作品中无论如何也看不到人情味，其中甚至连人的存在都否定了。芦原义信认为他提倡"街道的美学"，从根本上是为了人、肯定人的存在。[1]

培根在《城市设计》一书中总结了古往今来城市设计发展的轨迹，认为美好的城市应是市民共有的城市，城市的形象是经由市民无数的决定所形成。而中国传统审美也特别强调从人出发，追求全方位多角度欣赏感受空间之美，整体把握空间层次与深远意境。其中关于美的多维度体验既有大尺度环境、自然风貌之美，也有近处的建筑单体造型、建筑细部装饰之美。正如第2章中所总结的，传统的审美创造围绕着"人"的感受来展开对"物"的理解与组织，以人的理解力为标准、以人的尺度为依据，同时从人的情感表达出发、以引发人的审美感受为目的。

除了这些经典的理论论述，以人为本还意味着设计创造的关注对象需要从客体向主体转移，尤其人的体验、感受等主体的直接感知越发重要。第5章我们较为系统地介

---

1 （日）芦原义信著. 街道的美学［M］. 尹培桐译. 武汉：华中理工大学出版社，1989：128.

图7-17 城市对象尺度、类型等方面的多样性需要综合多元的设计手段

绍了人们在城市中的认知审美方式与机制，在了解掌握人们认知的基础上，城市之美的设计创造要能真正的以人为本，把人的主观感受与体验看作设计创造的基本出发点。

这种人本的观念与思维方式在当代社会具有重要的意义。在信息时代与消费时代，人这一核心要素在被异化或被视为抽象的观念或事物，甚至在逐渐被忽视；人本性思维关注到了社会的发展，对当代社会中人的状况进行分析和揭示。城市与人息息相关，以人为本的观念能帮助实现城市空间中的个体需求，同时也能提升城市物质环境背后的社会人文价值（图7-15、图7-16）。

7.3 城市之美的设计、引导与管控

除了具有基本的观念之外，在操作层面城市之美设计创造的重要环节就是进行城市空间建设的相关设计，其中包括了城市规划设计、城市设计、建筑设计、园林景观设计、工艺美术设计等多种类型的设计工作。另外，城市之美的形成还离不开引导与管控的相关工作，这一节就分别从设计以及引导与管控层面来阐述城市之美的设计创造工作。

7.3.1 设计层面

如前所述，城市的审美对象包含了从大到小的种种物质客体对象，而城市美学的重要目标之一就是整体性的获得，即城市中多层次与多要素的整体协调。为了获得城市之美，既需要对于各种要素进行设计，同时也需要在整体上进行设计的统筹。

除极少数案例之外，一座城市很少是一位设计师的成果，而是集合了众多承担不同角色的设计师、甚至是不同时代众多设计师的共同设计成果。城市规划师、建筑师、景观设计师、艺术家、工程师以及居民等都对城市形态的发展做出了贡献。不仅如此，就像之前论述的，城市的设计创造受到了众多要素的影响，而且涉及了从区域到开敞空间再到具体建筑等一系列的尺度。因此，城市的设计在工作主体、影响要素与客体对象等各方面都具有十分丰富的内容（图7-17）。

落实到设计层面，城市的美离不开城市规划、城市设计、建筑设计、园林景观设计、工艺美术设计的整体创造。城市与建筑艺术、园林艺术、工艺美术，乃至雕塑书法等艺术密切联系，是各种艺术形式的综合，包含极为丰富的美学内涵，同时也需要多种设计方法与手段的共同参与。

在这些综合多元的设计手段中，城市设计无疑对城市之美的整体性创造具有重要作用。城市设计是对城市空间环境进行的设计，是对城市各种空间要素所做的合理安排和艺术处理，同时城市设计也可以贯穿、联系从城市规划到具体空间要素设计的全过程。随着城市复杂度的不断提升、相关学科与实践经验的逐步积累，城市设计在提高城市风貌品质、提升规划与设计质量上的作用愈加凸显。

王建国在《城市设计》中系统完整地介绍了城市设计的相关理论与知识，包括城市设计的历史发展、城市设计的基础理论、城市设计的编制、城市空间要素和景观构成、城市典型空间类型的设计、城市设计的分析方法、城市设计的实施组织等内容。他提出城市设计主要涉及的是中观和微观层面上的城镇形体环境建设，主要目标就是改进人们的生存空间环境质量和生活质量。与城市规划相比，城市设计更加偏重于城市的物质空间形体艺术和人的知觉心理。可以说城市设计与城市之美息息相关，与此同时，他也提出城市设计是一门正在不断完善和发展中的学科。[1]

近年来城市设计在我国城市整体形象营造中的作用也越来越受到重视。2015年12月召开的中央城市工作会议中提出要"全面开展城市设计"。在2016年2月中共中央国务院发布的《关于进一步加强城市规划建设管理工作的若干意见》中提出"城市设计是落实城市规划、指导建筑设计、塑造城市特色风貌的有效手段。鼓励开展城市设计工作，通过城市设计，从整体平面和立体空间上统筹城市建筑布局，协调城市景观风貌，体现城市地域特征、民族特色和时代风貌"。2017年6月《城市设计管理办法》明确了城市设计工作的重要性和编制内容，并强调了应将城市设计纳入到法定规划的规划管理中，保障其可实施性。《城市设计技术管理基本规定》则在此基础上，从技术层面对城市设计编制的基本内容进行规范，从而提高城市设计的针对性、系统性和可实施性。

如前所述，人们对城市之美的感知体现在不同的层次，而城市设计活动也可以分为总体城市设计、片区城市设计等不同层次，各层次的城市设计工作在城市之美

---

[1] 王建国. 城市设计 [M]. 北京：中国建筑工业出版社，2009：97.

  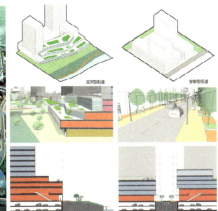

图7-18 不同层次的城市设计方案，分别在城市整体空间形态与结构、片区特色与肌理、特定空间场所营造等方面发挥作用

的设计创造城上也有着不同的内容。

在较为宏观的层面对应的主要技术方法是总体城市设计，我国《城市设计管理办法》提出，总体城市设计的主要内容包括"确定城市风貌特色，保护自然山水格局，优化城市形态格局，明确公共空间体系"。由此可以看出，总体城市设计主要关注城市整体空间形态与结构，重点解决城市宏观风貌的整体定位以及局部间怎样组织即整体性和结构性的问题。从操作要素上看，总体城市设计阶段的风貌控制主要体现在对结构性要素进行组织并对下一层次的城市设计提出目标。

在中观层面往往对应到特定片区的城市设计，前文已提到城市各个片区的形象首先需要呈现出片区特色与整体肌理，多片区组合则会呈现出较强的风貌多样性。因此，城市设计需要解决城市特定片区风貌的整体性和多元性问题，当然不同片区可以具有不同的特色与关注点。对于一般地区来说主要涉及构成城市之美基本面的城市肌理，也就是明确该片区内街道、公共空间、建筑、景观风貌等各方面要素的整体要求，体现空间的完整性以及一定的特色塑造；而对于城市中的重点地区即集中反映城市特色或空间品质极为重要的地区如城市核心区、历史风貌区、滨水区等，则还需要在打造基本片区肌理的基础上，着重考虑该片区的亮点打造，兼顾全面与重点、共性与个性。

除了以上两个层次以外，城市设计还可以在更为微观层面即具体地块的空间组织与设计方面发挥作用，其中要能注重人们可直接感受到的空间环境与场所的塑造。这些具体而相对微观的城市空间实际上与人们日常生活体验密切相关，同时也是在体验城市中最为细腻而直接的场所。在这一层次应着重体现场所的整体营造，在具体要素层面则是对精细化的要素进行把控，如建筑立面、底层沿街面、街道家具、店招标识等。设计既要注重地块场所内小尺度的丰富性塑造，同时也需要将上一层次的城市设计要求传导至地块范围内，并进行一定的设计引导与控制（图7-18）。

除了城市设计之外，城市规划、建筑设计、园林景观设计、工艺美术设计等设计手段都在城市之美的创造中发挥着重要作用。不仅如此，在越来越注重学科交叉、系统化研究的趋势影响下，城市之美的创造离不开多学科共同参与的设计研究。正如前文一再提及的，现代城市设计理论已不再局限于传统的空间美学和视觉艺术，而是综合考虑各种自然和人文要素实现空间环境的整体塑造。在此基础上，设计过程也在逐渐向不同领域的群体开放，包括社会学家、工程技术专家、设计师乃至社会大众等各种主体都在逐步建立对城市之美的认知共识。

在城市建设问题越来越复杂的背景之下，设计者在设计过程中要能有全过程、跨领域整合的意识和能力。针对新形势下设计工作面临的更多挑战，庄惟敏提出了建筑策划与后评估理论方法体系，探讨了围绕设计的前策划、后评估操作流程、原理方法和决策平台，其中既涉及应用各种方法对设计目标进行科学分析并得出方法及程序的研究工作，也涉及以使用者及其需求作为评价标准对设计结果是否合理的探讨和评判，这些理论与方法为整体、人本、科学地进行城市之美的设计创造提供了参考。[1]

因此，城市之美的设计不仅需要在相邻的设计领域之间进行合作，还需要在更广泛的范围内进行交叉，并且在跨领域的同时还需具有全过程整合的视野与科学的理论方法支撑，以此寻求系统化开展研究与解决城市美学问题的框架。

7.3.2 引导与管控层面

除了设计工作之外，城市之美的设计创造离不开相关城市政策、法规与导则的引导管控。在第4章城市美学要素一章中，我们就曾对政策管理对于城市之美的影响展开介绍。城市之美设计创造在很大程度上是对于多元要素的整合，如果从这一角度出发，宏观引导管控规则的确定是十分必要的，这也充分体现了城市之美需要将创意与规则相平衡的特点。

对城市之美进行的外部引导与约束管控主要来自各级政府技术主管部门，其中的具体内容包括城市发展基本政策方针的制定、城市空间技术管控制度与措施的制定、程序管控制度与措施的制定等。这些内容主要通过上位规划、技术规范、设计导则、程序设置等方式，共同实现对城市之美设计创造的引导与约束管控。

实际上，全世界各地城市形象的逐渐形成都离不开一定的引导管控。欧洲的城市设计控制实践起步较早，对城市美学特征的引导管控也极为重视。以英国城市为例，除了各项规划法案对城市建设进行管控之外，英国还有着关于城市形象引导管控的各种文件。

英国当前的规划政策体系主要分为地方规划与邻里规划两个层级，此外在国家层面提供了原则性的《国家规划政策框架》（NPPF）以及《国家设计导引》（National Design Guide）等一系列导引性文件。地方规划、邻里规划与具体项目的规划审批都需遵循NPPF等国家政策，邻里规划的制定需要参考所在地区的地方规划，具体项目审批也需要参考所在地点的地方规划与邻里规划。这些政策对于项目建设的引导管

---

1 参见庄惟敏. 建筑策划与设计[M]. 北京：中国建筑工业出版社，2016.

图7-19 英国关于城市空间建设引导的图示，对于不同使用群体的空间区域以及具体的设计要求进行了限定

控发挥着重要作用，《国家规划政策框架》就明确指出"高品质建筑与场所的营造是规划与开发过程的一项根本目标……明确对设计的预期以及评价方式对实现这一目标非常重要""各类规划应在最适宜的程度上提供明确的设计远景与预期，以使申请者尽量了解什么样的方案是可被接受的"[1]。

作为英国最重要的城市，伦敦的城市风貌引导管控除依据《伦敦规划》以及其补充规划指引文件《伦敦景观管理框架》外，还依据国家相关部门发布的《国家设计导引》与《城市设计纲要》等文件。在《伦敦规划》中的伦敦景观管理框架从确保人观赏角度的视景出发，列出了一批对伦敦具有重要战略意义的景观。这些景观具有高度的可识别性，能够在宏观层面定义伦敦的城市景观，具体可分为三种类型即伦敦全景、河流视感与城镇景观三个类别，每种景观都由前景、中景与背景这三个部分组成。城市不同地段有不同的需求，当这些景观划定的城市区域内有新的规划或建设时，就必须考虑到各项引导管控规定的要求。

除了从人的视景角度对城市风貌景观进行规定之外，这些文件还涉及了城市建筑、公共空间等多方面内容。以《国家设计导引》中对公共空间的界定为例，文件提出公共空间就是向全体市民开放的街道、广场和其他地区，设计应包括分配给汽车、骑自行车的人和行人等不同用户的区域，如移动或停车、硬路面和软路面、街道家具、照明、标牌和公共艺术（图7-19）。城市公共空间的设计目标是安全、社

---

1 Ministry of Housing, Community and Local Government. National Planning Policy Framework [EB/OL].

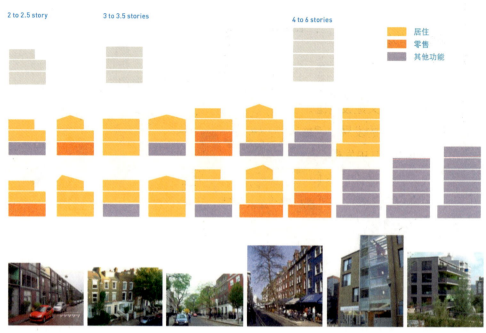

图7-20 英国关于城市街道建筑设计引导管控的图示，通过图解、三维模型、示意照片等各种形式对于街道建筑功能、体量、立面等方面进行了限定

交与包容，具体的内容包括：拥有良好选址，支持各种活动并能够鼓励社交、促进健康、提高福祉；空间层次分明，既有大的、战略性的空间，也有小的、地方的空间，包括公园、广场、绿地和口袋公园；让所有使用者感到安全、舒适、具有吸引力；有让人放松休憩的植被与树木，也能提供阴凉、净化空气等。

与这些引导管控内容相对应，英国在引导管控机制方面也有着细致的规定。新建设申请者需要依据这些要求提供一份详细的说明，包括项目内容、地点、环境、高度、设计、外观及与重要建筑物和地标的关系，以便对项目的城市景观影响进行评估。评估的内容包括与现有的城市景观相关的规模、肌理和体量，外观和材料如纹理、颜色、比例和反射率，对天际线的影响即是否妨碍现有的景观，方案与环境的视觉关系，夜间效果与照明等。在评估的过程中，如果发现项目建设违背了相关规定的要求，可能对城市景观产生重大影响就需要进行质询听证，质询听证的范围由受理项目提案的地方规划部门所确定，一般会包括相关政府机构与专家等。

在具体的流程机制方面，英国一直鼓励不同利益群体的参与，在一次规划发展项目的流程中，会有多个起到重要作用的决策者，包括地方规划部门、代表社区和居民意见的议员、地方规划部门委任的规划人员、规划督察等多方面人员。在这样多主体的规划决策过程中存在着多方的利益相关者，同时逐渐形成了以地方需求为主要关注点的规划流程与机制。总体来看，英国的设计引导与管控有着相对灵活、以人为本的特点，不管是引导管控内容上的强调视景、注重活力营造，还是管控机制方面的刚性与弹性相结合的听证审议制度，都明确体现出了英国设计引导管控的特色（图7-20）。

与英国伦敦城市建设较为灵活的设计引导管控相比，法国巴黎的设计引导管控有着自身的特色和要求。巴黎作为世界知名的大都市，不仅有着大量的历史遗产，同时也在漫长的发展历史过程中形成了严整有序的城市之美，这在很大程度上源自于巴黎较为严格的设计引导管控。巴黎曾经历多次较大规模的城市更新，从19世纪的奥斯曼改造到第二次世界大战后的建设，巴黎的城市之美保留了各个时期的印记；虽然20世纪现代主义建设的理念与实践对于巴黎城市文化也产生了一定冲击，但巴黎还是在规划建设的发展中严格依循城市整体性的基本规律，严谨细致的引导管控内容与相应机制在其中发挥了重要的作用。

以城市的文化保护为基本目标，巴黎的各项规划都在强调要尽量保护城市空间既有要素，并在此基础上注重保持各要素之间的有机关系，比如对于建筑高度、体量、形式要素以及与周边空间的比例、构图关系等方面进行了规定。在引导管控机制方面，一方面相关管理部门制定了严格细致的各种制度以保证各项规定的落地，同时法国城市建设引导管控的成功之处还在于对相关问题社会共识的建立。法国民众对于法国文化有着鲜明的荣誉感，作为法国文化的重要物质载体，全社会对于城市美学文化有着保护传统的共识。社会共识的建立对城市的建设方向的把控起着不可估量的作用，这在巴黎多次重要地标性建筑设计的大讨论中体现得十分明显。

与历史悠久的欧洲城市相比，美国的城市发展历史并不算长，在这一过程中相关的设计引导管控政策对于城市形象的形成也发挥了很大的作用。以美国城市的区划法为例，自20世纪初开始，区划法就对于城市的开发与城市形象产生了很大影响。区划法的相关内容以区划为基础将土地性质进行分隔界定，并通过对高度和体量控制来保证阳光和空气流通，进而保障城市的公共卫生与安全，其中主要涉及规划指标要素的控制。在纽约区划法中，在划定商业、居住等用地性质基础上对历史文化区、滨水区等进行区域要求的叠加，作为用地开发需要满足的控制要求。在机制流程方面，针对具体的项目在结合控制要求基础上再进一步融入多元的环节，整合协商、咨询、审批、公众参与决策等程序，实现相对有弹性的设计控制。

尽管区划法并没有直接对城市风貌或建筑形态进行引导或管控，但客观上对城市之美的形成起到了重要的影响作用。以纽约为例，天际面的控制形成了曼哈顿高层建筑普遍的"结婚蛋糕"形态。但也有研究认为正是由于区划过于强调现代主义的功能划分而相对忽略了公共空间的塑造和人性化场所的营造，导致了大量现代主义式的城市空间蔓延以及城市特色的缺乏。

通过以上这些案例可以看出，城市之美的创造离不开政策法规的引导管控，同时这些引导管控的总体目标都是为了获得整体性的城市风貌。这也提醒需要在各级城市规划、设计导则、技术规范等方面加强对城市美学整体性的引导与管控措施，同时还需要各级政府技术主管部门进一步明确政策方针、加强相应的制度设计。这就要求进一步研究与不断明确城市美学营造的总体目标，对城市之美的引导管控内容即管什么与机制即怎么管进行深入研究，并制定相应的保障制度与政策方针（图7-21）。

图7-21 《上海市街道设计导则》中对于城市街道设计要素的限定，并从目标与导引、设计与实施等各方面进行了细致的设计引导要求

特别需要注意的是，并不能就此认为制定了引导管控的规则就能实现良好的城市之美，有的时候不当的引导与管控恰恰会起到损害城市形象的负面作用。正因为相关引导与管控政策法规会对城市形象产生巨大的影响，相关规则或制度的制定更应仔细论证，并通过各种制度设计对规则的出台与实施加以评估，吸纳更多群体对相关规则进行充分研讨，并依据实施效果评估定期对于引导与管控的规则进行修订。在这一过程中，专业工作者甚至是普通民众等多元主体的共同参与是十分必要的，这也在说明城市之美的营造是全社会共同的责任，城市之美与城市文化的整体塑造是需要结合在一起考虑的。

7.4 城市之美与城市文化

城市之美的创造既需要专业工作者具有基本的观念，还要注重在操作实践层面的设计、引导与管控，除了这些以外，城市之美还离不开城市文化塑造的整体环境。这既体现在对于以物质空间等基本要素为载体的城市文化及特色的提炼塑造，也体现在更为广泛的对城市美学的社会认知与共识等城市美学文化的培养塑造。

7.4.1 城市文化与特色的塑造

如前所述，城市物质空间在形成和发展过程中受到了文化要素的影响。文化为城市之美提供了意义来源，除了长时间段积累形成的传统之外，城市发展历程中不同时代遗留下来各种文化古迹也成为城市之美的重要元素（图7-22）。不仅如此，城市的物质空间和要素也在塑造着城市的文化，城市美学也是城市文化的有机组成部分。世界知名的建筑师与理论家伊利尔·沙里宁曾提出："让我看看你的城市，我就能说出这个城市居民在文化上追求的是什么。"[1]

---

[1] （美）伊利尔·沙里宁. 城市-它的发展 衰败与未来[M]. 顾启源译. 北京：中国建筑工业出版社，1986：15.

图7-22 城市的文化要素是城市之美的重要因素，图中的无锡与杭州的历史街区为城市之美提供了历史的厚重感，同时也成为城市未来发展的特有文化品牌

现代主义城市发展隔断了历史与传统文化，虽然创造出了全新的城市面貌，但现代主义后期国际化形式开始泛滥。现代之后的人们则看到了现代主义城市发展所蕴含的危机，提出要重视城市文化的多义性，对地域文化与历史加以重视。现代主义以来涌现出了大量强调关注城市文化以及各种城市要素文化的理论思潮，人们关于现代之后城市内涵的思考越来越深入。受现代主义的影响，大量新城市环境与既有文脉的联系在逐渐减弱。这些研究关注到了这一问题，从文化角度尝试为城市空间设计制定一定的规则，为理解和设计建设城市环境提供依据。为了实现这一目的，这类研究往往注重分析考察各个地方的城市特色，持续探讨历史价值、城市文脉表达并有所发展，探索物质环境背后的文化意义。其中肯尼斯·弗兰姆普敦提出了"批判的地域主义"；而罗西在《城市建筑学》中提出了建筑类型学理论。美国学者阿摩斯·拉普卜特自20世纪60年代始完成了《建成环境的意义——非言语表达方法》《宅形与文化》等一系列著作，对于建成环境中的文化因素进行讨论，论述文化对于环境的影响与重要意义。在《建成环境的意义——非言语表达方法》一书中，他提出人们是以获得的环境意义来对环境作出反应的，城市的文化景观能够形成就说明人们对于城市环境的认知存在着共同图示。[1]

20世纪90年代以来，在各种新技术的冲击下对于地域文化的关注逐渐式微，但近年来一系列重大事件又重新使人们注意到全球化这一重要议题。2001年之后的国际学界对于全球化背景下的不同区域发展问题反应复杂，逐渐又燃起了对于文化、场所、地域和城市空间关系的重视和讨论。全球化是当代世界经济文化发展的一个重要特征，全球化不仅是区域间经济上的互利，同时也是文化上的渗透和交融。近年来全球不同地区与文化背景下的交流日趋频繁，相互影响更为广泛。城市作为意

---

[1] （美）阿摩斯·拉普卜特（Amos Rapoport）著. 建成环境的意义 非言语表达方法 [M]. 黄兰谷等译. 北京：中国建筑工业出版社，2003.

图7-23 苏州自然水系与人工环境相交织的城市肌理以及传统城市街道空间的文化特色

识观念与文化背景的产物，不同时代、民族、地域的城市往往有着不同的风貌特征。在全球化背景之下的城市环境营造中，城市文化这一传统课题愈发显得重要和迫切。如何避免匀质化，甚至进一步保护与发扬地域文化成为当前城市发展中的一个重要课题。当代各个地区的城市之美的塑造都在强调对于原有地方文化的研究与传承，在这一趋势之下，地域城市文化特色的传承与保护愈发受到关注。

一方面，一些学者从地域文化保护出发，对于现代主义后期国际化形式的泛滥提出了批评，强调注重全球化交流的同时还需尊重各自的地域文化特色。但与此同时，在不断涌现的新科技与日益加速的经济互动影响之下，全球化对于地方化的冲击越来越强烈。随着社会的不断发展，作为直接影响城市建设与审美的城市文化，形成与推广的地域更加开放，各种思想与潮流的交流与普及更加广泛。因此，如何在新的时代背景下开展对地方城市文化的研究保护成为城市美学研究与创造的一项重要内容。而在具体的建设实践中，快速城市化过程之中城市规模变得越来越大，但大量城市物质环境的文化品质却并不太令人满意。为了面向未来在传承中创新，城市环境的塑造必须要寻求在传统与创新中取得平衡；既与多元的技术条件及社会形态建立联系，同时借助新的思想与方法去尝试应对地方空间文化的发展，从文化传承的角度来研究与解决城市环境的营造问题。

城市是人类活动与文明发展的载体，城市美学也是城市文化的重要部分。因此，城市美学的持续发展要在文化传承发展的视野下探索，并通过文化的交流与融合，实现城市之美的创造。其中，有关城市美的全球性与地区性、普适性与差异性问题仍然值得好好思考，这对于我国城市的进一步发展特别具有现实意义。

伴随着对于城市文化的重视，近年来关于城市特色或品牌建设的需求在逐渐提升，城市特色特别是城市品牌的概念开始越来越多地出现，在城市研究领域中也出现

图7-24 苏州城市中的种种要素强化着城市的文化特色，小桥流水、白墙黛瓦等要素共同形成了苏州的地方城市特色之美

了许多相关的研究与讨论。在这些研究看来，城市品牌特色对于城市发展的重要性越来越凸显，甚至有研究认为城市形象特色对城市和地方的增长或衰败会产生影响。而城市的特色与品牌可以经过提炼作为一种形象信息传达给目标受众，这些受众群体包括居民、游客和投资者等各种人群；通过这种特色提炼与传达可以促进一个城市的有形和无形的属性，增强城市发展的凝聚力与竞争力。目前有许多城市研究者都展开了针对社会大众特别是城市居民和游客的认知调查，试图以此构建城市品牌认知的相关理论与方法。例如安霍尔特通过来自世界各地著名城市的受访者的调查，确定了城市形象的六个维度，包括存在感（城市的国际地位）、场所感（城市的物理方面）、潜力（经济和教育机会）、活力（城市生活方式）、人（居民与外界的关系）、先决条件（城市基础品质感知）；[1]《城市品牌：理论和案例》（City branding: theory and cases）一书系统梳理了有关城市品牌的理论体系，并通过世界上不同城市品牌发展的实践案例进行解析。该书认为城市品牌具有不同的目标受众，包括城市居民、潜在的投资者、游客和内部利益相关者，城市品牌的关键挑战就是如何发展一个品牌体系并同时让多元的受众都能认可。[2]

与这种品牌建设相对应，城市历史文化的发掘与传承成为当前城市建设的一个重要主题，城市文化的建设也成为在全球化趋势下提升城市竞争力的一个有效手段（图7-23、图7-24）。一些研究者也在结合新的科技进一步挖掘城市空间所体现出的城市文化，比如有学者就在名为《巴黎之所以为巴黎》的文章中，利用机器学习方法自动

---

1 Anholt, S. The Anholt-GMI city brands index: How the world sees the world's cities[J]. Place Branding, 2006, 2 (1), 18-31.
2 Keith Dinnie (Editor). City branding: theory and cases[M]. New York: Palgrave Macmillan, 2011.

图7-25 伦敦城市中的大与小、新与旧等各种要素都在强化自身的城市文化特色

识别出最能够体现巴黎城市文化特质的建筑细节、街道小品等各种元素；还有学者从城市场景角度出发，通过各种网站平台采集了来自全世界多个城市数百万张带有地理标记的照片，采用判别聚类算法测试了将每一种特征属性应用于城市识别的准确度以及在不同城市组合间的混淆度，发现了一系列体现城市文化特色的场景。这些最新的关于大量性城市空间的文化研究也都在启发着人们对于城市文化的深度解读与发掘。

除了对城市大量性空间的文化挖掘之外，近年来城市形象的塑造尤其是大尺度公共建筑设计或大规模空间改造成为了一些国际知名城市品牌建设中的重要工具。2005年建筑评论家查尔斯·詹克斯在他的书中描绘了这一现象，并以弗兰克·盖里设计的古根海姆博物馆和伦敦福斯特设计的瑞士保险大楼为案例，说明这类标志性建筑对于城市营销所起的作用。[1]毕尔巴鄂古根海姆博物馆作为一个成功的标志性建筑设计，为城市的推广起到了决定性的作用。有学者认为在毕尔巴鄂古根海姆博物馆的成功之后，世界各地越来越多的城市博物馆等大型公共建筑越来越喜欢找国际知名的建筑师来设计，希望他们为城市打造吸引眼球的标志性建筑。[2]从标志性、大尺度建筑设计角度对于城市品牌特色的挖掘，就是通过该类建筑再造城市空间新文化特质，以此确立形成城市的形象资源优势。虽然有些人对于这种通过标志性公共建筑促进城市形象提升的做法提出了一定的批评意见，但不可否认这一类型的空间特色品牌是城市环境、文化与社会等多种要素共同作用形成的综合认知结果，它既是有形的空间形象，同时也掺杂了种种无形价值，为新的时期城市形象、城市文化的提升与再造起到了积极的作用，也确实为城市品牌的建构提供了可能。

城市美学是城市文化的有机组成部分，城市文化与特色的形成塑造离不开城市之美的支撑，城市之美的创造要能有益于文化特色的表达与建构。不仅如此，具有自身

---

1 Charles Jencks. Iconic Building[M]. Rizzoli. 2005：24.
2 Sykes, A. Krista, and Hays, K. Michael. Constructing a New Agenda: Architectural Theory, 1993-2009[M]. New York: Princeton Architectural Press, 2010：25.

图7-26 相关专业要重视对于城市之美的专业教育，图为哈佛与清华关于城市片区的设计教学场景

文化与特色的城市之美可以作为一种形象信息传达给社会大众，增强城市发展的凝聚力与竞争力，进而形成关于城市美学问题认知的社会共识（图7-25）。城市之美的设计创造离不开社会大众的共同参与，塑造良好的城市文化与特色能更好地激发所有人对于城市美学的关注与理解，从而对城市之美的整体创造产生更大的积极影响。

7.4.2 城市美学文化教育、传播与评论

城市之美的设计创造除了需要专业工作者的设计工作以及政府技术主管部门的引导与管控之外，还离不开全社会大众的共同参与。城市是人们生活的载体，城市环境的公共属性也在深刻影响着人的认知与行为，对生活在其中的人有着广泛影响，塑造具有魅力的城市环境具有提升公众审美品位的重要意义。另一方面，城市之美的构建也离不开城市中每个人的参与，而且城市软硬件共同构成的综合形象也展现了生活在这个城市中人们的集体追求。

因此，城市之美的创造还要在更为广泛的范围开展城市美学的教育与宣传，要能培育社会群体对于城市美学的认知和基本价值观，在大众评论等各个方面建立能反馈影响城市之美实践的相关机制，从而在社会全范围树立起对于城市美学文化的良好认识。

首先，城市美学文化的树立离不开面向社会公众范围的教育与传播，以此才能确立与弘扬正确的城市美学认识与价值观。在建筑学、城乡规划学、风景园林学等专业教育方面，应加强相关专业教育中对城市美学文化的共同认识与正向引导，在建筑师、规划师与景观设计师培养阶段形成价值观共识（图7-26）。从早期的鲍扎体系即源自法国的巴黎美院建筑教育体系，再到后来德国的包豪斯为代表的现代建筑教育体系，这些不同时代的教育体系都与时代发展紧密结合，试图将建筑与城市设计教学从比较个人化的教育转移到更为系统的艺术、技术与人文等多要素相结合的方向上，同时深刻影响了各个时代的建筑与城市设计基本理念和价值观的建立。随着时代的快速发展，各种新思想与新观念也层出不穷，正是在这样的背景之下，相

图7-27 结合北京国际设计周开展的专业科普与公开展览，吸引社会公众参与表达

关专业教育与研究更要专注于理论基本问题，为城市建设培养合格的专业工作者，同时也为全社会树立专业的基本标准与价值观。

除了专业型的教育之外，城市美学文化的树立还可以融入全民基础教育阶段中。基础教育的过程中可以适当引入城市文化与审美常识，并同时利用各种渠道对公众进行相关知识普及，促进全社会对城市文化的广泛认同。芬兰十分重视在基础教育中创意思维与美学修养的培养，在《教育法修正案》中将建筑教育列为小学美学教育的一部分，目的就是教给低年级学生什么是好的建筑与愉悦的环境。这种教育模式试图在儿童与青少年阶段就展开一定的建筑与城市教育，与建筑学、城市规划等学科的专业课程体系不同，针对少儿的教育过程注重体验性和趣味性，通过基础知识讲解和趣味性训练在强调培养创造力和动手能力的同时，帮助他们形成基本的建筑与城市认知和价值追求，树立良好的建筑与城市美学观。

另外，城市美学文化的树立离不开社会公众及专业媒体的参与评论。城市的建设可以进一步面向社会公开，公众参与和评论监督制度保证了整体城市美学文化的开放性。一些国家在城市建筑方案决策中有不同的公众监督形式，比如可以由政府专门聘请的专家组成专家委员会，通过专家反映专业与大众的要求对公共项目的规划、建设方案等提出意见；其次，向社会公众公布项目规划以及项目对当地规划、环境、社区的影响等方面内容，对会引起争议或居民意见分歧较大的召开听证会或通过热线电话等形式来广泛征求意见。而在专业与大众传媒领域，建筑与城市评论应积极宣传引导，加强专业评论与大众媒体评论对正向城市建设价值观、文化与审美品位的宣传引导，以及对反面案例的曝光与批评。

技术的不断进步使得传媒技术对于城市美学文化的传播与审美的重新建构产生了深远的影响。专业媒体可筛选优秀城市建设实践并进行大规模宣传，在社会层面形成积极的价值导向，同时为大众传播城市美学文化。行业组织及专业团体也可发挥模范引领作用，通过建筑与城市建设的优奖鼓励与促进，奖励标志性建筑及城市

图7-28 结合北京国际设计周开展的城市更新与设计的科普与公开展览

场所设计,以奖项引领业界良好价值观的形成。与此同时,相关领域的评论家与理论家也可以通过介绍与解读好的城市建设实践,从专业角度来进行城市美学文化的宣传与科普。不仅如此,借助于新的媒体平台与技术,非专业人士也可以对于相关话题进行广泛讨论,自下而上地形成有关城市美学文化传播与评价的大众模式。传媒技术的发展带来了传播方式以及接受方式的改变,快捷、广泛的媒介使得城市美学文化的传播变得更加轻松,当代以互联网为代表的各种新媒介成为一种无可比拟的大众传播方式,也会引导城市之美鉴赏与评价的新模式。这不仅需要专业媒体、行业组织与评论家的积极投入,也需要广大民众的广泛关注与主动参与(图7-27、图7-28)。

借助于以上种种措施,树立全社会对于城市美学文化的价值共识,其中包括对城市美学基本内容的理解、对传统城市美学文化的尊重、对当代城市美学文化的理性认知等各方面内容,并以此形成全社会共同认同、依循与维护的城市美学文化价值观。

思考题

1. 城市之美的设计包括哪些环节,城市设计在其中能发挥什么样的作用?
2. 规则在城市之美营造中的作用如何体现,能否通过一两个实例进一步说明如何引导与管控城市之美整体性的形成?
3. 除了书中提到的内容,还可以通过哪些工作在教育、传播与评论中进一步促进城市美学文化的塑造?

第 8 章
结语 当代中国城市美学再建构

8.1 当代中国城市美学的挑战

8.2 面向未来的中国城市美学

本章学习要点
1. 理解当代中国城市美学的现状与问题；
2. 思考与探讨中国城市美学的未来发展方向与策略。

中国城市的发展具有优秀的美学传统与思想，也在数千年的历史中留下了极为璀璨的城市建设案例。近几十年来，中国经历了高速度与大规模的城市建设，其中在城市形象建设方面既有成功的经验也出现了不少问题。面向未来，我们需要进一步探索中国城市美学发展的方向与实现策略，为当代中国城市美学的再建构作出贡献。

8.1 当代中国城市美学的挑战

进入21世纪以来，随着我们国家综合国力的日益提升，越来越多的人开始在各个方面探讨有关中国城市未来发展道路的问题。与此同时，我们必须看到，伴随着当前形势的快速发展，我国城市建设面临着一系列的挑战。在全球化、快速城市化的浪潮中，城市文脉的断裂、城市外部空间被忽视、城市风貌的多样性缺失的问题过去几十年来在我国不断涌现。地方个性和城市特色风貌的逐渐丧失，使得"千城一面"成为大量存在的普遍性问题（图8-1）。

在城市化快速发展的宏观背景之下，当代中国城市建设呈现出了相似的状态，城乡发展速度惊人，城市空间面貌日新月异。在这种以城市空间面貌现代化为目标的快速度建设之下，城市中的新旧冲突也越来越明显。当前，由于缺乏对中国传统城市特色的持续研究，众多城市在快速发展过程中，原有城市的风貌整体性遭到破坏。由于忽视历史地段保护与更新，这些地段环境的持续衰败进一步导致了传统风貌破坏。其中的核心问题在于，如何才能为当代中国城市发展找到合适的空间发展模式，如何才能处理文化传承与新区发展之间的矛盾与问题。

图8-1 快速城市化建设下城市面貌越来越趋同

与此同时,我们可以看到,在各种新思潮与理念冲击下,众多形式奇特、夸张甚至怪异的"新"建筑与场所不断出现,求新、求变成为了当前时代城市现代化的代名词,仿佛没有新颖奇特的形式就不能称之为现代化。于是,众多脱离中国语境、宛如天外来客般的建筑在当代中国城市中扎根,这些不仅缺乏对中国传统建筑与城市文化的尊重,甚至直接对传统城市风貌产生冲击。在一些历史文化名城,旧城空间新旧冲突、混杂,历史文化区域不断被蚕食,新旧冲突激烈、显而易见;而在这些历史文化名城旧城区域以外,城市新建发展区域无序蔓延,新的城市空间美学秩序与模式的发展尚未完全形成,这种状况仍然可以看作是缺乏指导思想之下的另一种新旧冲突。

在更为广泛的思想观念层面,伴随着我国大规模、高速度城市化与城市面貌的日新月异,相关领域各种标新立异、令人眼花缭乱的新思想与新观念层出不穷,关于城市美学标准与基本价值观的讨论还不够充分。与此同时,时代的快速发展导致人们的审美心理不断变化,有关美的判断标准越来越多元,审美趋势不断变化。而在相关学科发展与专业教育领域,关于城市美学领域的研究与教学也还需要进一步探讨。

因此,不管是实践层面的现实需要,还是思想层面的理论指导,中国城市美学都需要在各个层面引起更广泛的研究与讨论。

8.2 面向未来的中国城市美学

对应着城市美学发展的困境与挑战,面向未来,我们可以从下面两个方面来展开对于中国城市美学未来发展的研究,这两个方面也可以成为建构中国城市美学的基本出发点,以此引起更多关于城市美学发展的研究与讨论。

8.2.1 全球化进程中的中国特色

中国城市美学的创造与中国传统文化以及各个城市所在的地域文化密不可分,

因此需要从文化建构的层面来审视当代中国城市美学的建构。与此同时，在全球化影响下，不同地区与文化背景的相互交流与影响越加广泛。正是在这样的背景之下，我们更要清楚自己的定位找到属于自身的发展方向。如何既吸收国际经验、又能扎根中国文化土壤，探索全球化进程中的中国特色就成为中国城市美学发展的重要问题。

在了解世界最新趋势的同时，我们必须要同时深入了解自己，熟悉中国的国情和实际，把城市美学理论与中国实际相结合。因此，我们需要将向外拓展与向内挖掘相结合，将着眼点贯穿过去、现在与未来。任何一种观念的形成绝非一朝一夕，而是经过长时间的积累与演化逐步形成的。要弄清楚现阶段的问题，就必须具有历史的眼光，从历史性的角度深入挖掘各个观念的来龙去脉，将古今融贯起来解读。

我们国家在数千年的城市营造历史中形成了宝贵的经验与遗产，第2章我们曾对中国传统城市美学的主要内容进行了介绍，这些传统经验与遗产仍然值得现代的我们借鉴，我们应深入挖掘并从传统中寻求启示，使传统城市美学精神赋有现代新的生命力。也只有对传统中国优秀文化遗产的学习、借鉴与吸收，才有可能在当今创造出新的赋有时代感同时又具有中国特色的城市美学文化。

具体说来，传统文化是城市的重要影响要素，在一定程度上城市中的历史文化为城市的美树立了美的普遍标准与典型理想。在前文提到的古今交融文化观指导之下，城市之美的创造特别需要注重城市美学文化基因的传承与发展。要能坚持保护弘扬城市的优秀传统文化，延续历史文脉、保留文化基因。每个城市都有着自己的特色文化，要能深入挖掘并加以传承发展（图8-2）。另外，从更为广泛的角度来说，还需要具有国家文化观，挖掘中国城市文化基因进行再创造。比如要能传承与发展传统整体和谐的文化基因，统筹考虑城市中涉及的多种要素，将空间各组成部分相互关联，形成有机统一的整体；要传承与发展传统经典元素的文化基因，注重对组群布局的轴线组织与街巷院落、单体造型、材质细节、色彩运用等要素的研究应用，努力挖掘这些城市中经典元素的传统内涵与现代价值。

需要注意的是，这种对于传统的保护弘扬不是一味的简单仿古，而是要能深入挖掘城市文化的精神与现代价值，注重传统文化基因的传承与发展。梁思成曾针对建筑发展提出"十二字原则"即"中而新，中而古，洋而新，洋而古"，并在《关于中央人民政府中心区位置的建议》中提出要创造我们新的、时代的、民族的形式。吴良镛在《中国建筑与城市文化》一书中呼吁要研究与传承中国传统建筑与城市文化，并要迎来中国建筑与城市文化的伟大复兴。

关于城市未来中国特色的发展模式必将从自身而来，必须要从中国的经验出发。与此同时，我们要充分吸收国际上多元的思想，在充分吸收、有机整合的基础上，还要提倡多样化，倡导文化的多元并存。

在当前国家越来越重视文化建设的大背景之下，面向未来的城市建设必须体现

图8-2 无锡清名桥历史街区，历史传统与现代气息在城市中的交叠

出新与旧的结合，局部与整体、历史与现代的和谐。在现代化目标之下我们必须处理好传统空间保护与新建空间拓展这一核心问题，要从现实情况出发，做到保护与发展并举、统筹考虑。以传统历史建筑与街区为代表的传统空间，是传统城市社会生活的重要载体，在文化传承与展示传统文化特色方面具有重要的作用。因此，在涉及历史建筑与街区保护的城市空间建设中，应当充分考虑传统文化，在历史保存以及当地城市发展的现代需要之间做到平衡和统一。而在完全新建区域中，则要充分挖掘中国传统文化，结合新问题与新手段，努力创造既符合传统文化特色又满足现代功能需求的新模式。这既是对过去历史文化传统、历史文化空间的传承保护的需要，同时也是构建新文化、迎接中国城市文化复兴的需要。

作为中国文化的重要载体，中国城市建设必须承担起足够的责任。专业工作者们应具有社会责任感与历史使命感，不仅要妥善处理好各种发展中出现的问题，还要勇于创新、不断摸索。既要在全球化浪潮中学习国际经验，又不局限于照搬学习，找到传承中国传统城市文化、适应未来建设需要的新模式。

8.2.2 全方位多层次的美学创造

之所以提出既要面向全球化又要保持中国特色，既要挖掘传统启示又要寻找这些启示的现代意义，其根本着眼点还是要综合、辩证地看待新时期中国城市美学的建构问题，要重视城市美学理论的系统性建设。城市是时代文化与人民生活的物质载体，是通过时间、空间、人间（社会）来加以限定的。城市之美绝不仅只是一层表皮形式，而是在综合自然、文化、社会、经济等多种因素下，由多条件共同作用下的结果，同时城市之美物质载体要素多元复杂也更加需要从整体的角度进行统筹考虑（图8-3、图8-4）。

因此，面向未来我们需要开放的去建构，要能认识到城市美学问题的综合性与

图8-3 上海城市鸟瞰,未来的城市美学建构要从整体的角度对多元要素进行统筹考虑

复杂性,充分关注各方面问题研究,将有关当代中国城市美学问题的研究建构成一个系统的、长期性的研究课题,实现全方位多层次的城市美学创造。本书前面几章搭建了城市美学的研究框架,这些内容也将成为中国城市美学系统性建构的基础研究框架。

首先,我们要了解中西城市美学发展的基本历史,从中西比较与古今交融的角度切入理解当代城市美学的机制与目标。正如上一节所述,只有通过中西古今相结合的观念与方法论,对传统中优秀文化遗产的学习、借鉴与吸收,才能在全球化背景下突显自身的特色,在未来创造出新的赋有时代感同时又具有中国特色的城市之美。

其次,我们需要了解掌握城市美学的影响要素与对象的系统性,要理解每一项要素在城市美学营造中的作用。未来城市的功能、要素与结构必将越来越复杂,要充分认知经济、技术、社会、文化等方面对城市美学产生的影响,同时对于城市中的自然环境、城市格局、城市开敞空间、建筑再到城市家具小品等各类要素展开研究。

再次,我们要了解掌握城市审美认知的方式机制,深入理解人们是如何对城市进行感受和认知的。要充分认识到不同层面的感知方式以及对于城市美学的作用与影响,并切实从这些层面去研究城市之美的展现方式。

另外,我们要了解掌握支撑城市之美的形式规律与逻辑,并能在掌握这些规律的基础上对城市之美进行评价与操作。不管是形式审美层面的基本规律,还是城市总体层面的形式规律以及具体要素层面的审美要点,都是指导未来城市美学建设的重要技术支撑。

最后,我们要了解掌握城市之美设计创造的整体性,理解城市之美的设计创造的全过程。要能有意识地树立良好的中国城市美学观,并在自己的专业工作甚至是更为广泛的美学教育、传播与评论中做出自己的贡献。

中国城市美学未来的研究与建构需要从以上几个方面出发,这就要求我们具有

图8-4 常州青果巷历史街区入口,面向未来人与空间、传统与现代的交融发展探索中国特色的城市之美

对以上各方面问题进行整合的能力,将城市美学问题综合的加以解决,实现全方位多层次的城市美学创造。中国城市美学的发展与再创造既是我们国家城市未来需要面对的一项重要问题,同时也是建筑学、城乡规划学、风景园林学等相关学科发展中的一项重要方向,我们需要充分意识到这一问题的重要性,在未来持续进行探索。

作为以上宏大目标的一种回应,本书通过城市之美相关理论知识的探索与介绍,希望能有助于对城市美学这一基本学科问题的系统阐释。

思考题
1. 结合自己所在的城市发展历程,分析在城市美学方面的存在问题与成功经验。
2. 请结合整个课程的学习提出自己认为的中国城市美学未来发展的目标方向与实现策略。

部分图片来源

图2-1：清代京杭运河全图[M]．北京：中国地图出版社，2004．

图2-3：《中国建筑史》随书图片光盘。

图2-4：洪亮平．城市设计历程[M]．北京：中国建筑工业出版社，2002：20．

图2-5：董鉴泓主编．中国城市建设史 第3版[M]．北京：中国建筑工业出版社，2004：142．

图2-7：谢才丰主校注．安远县志校注同治本[M]．安远县印刷厂，1990：13．

图2-8：《江西全省图说》藏于中国国家博物馆。

图2-9：Wu Liangyong. A Brief History of Ancient Chinese City Planning：39．

图2-11：洪亮平．城市设计历程[M]．北京：中国建筑工业出版社，2002：23．

图2-12：刘敦桢主编；建筑科学研究院建筑史编委会组织编写．中国古代建筑史[M]．第2版．北京：中国建筑工业出版社，1984：86．

图2-13：吴良镛．中国建筑与城市文化[M]．北京：昆仑出版社，2009：52．

图2-17：吴良镛编著．北京旧城与菊儿胡同[M]．北京：中国建筑工业出版社，1994：88．

图2-18：侯幼彬著．中国建筑美学[M]．北京：中国建筑工业出版社，2009：104．在该图基础上进行了图解。

图2-21：清华大学建筑学院资料室。

图2-28：吴良镛．中国建筑与城市文化[M]．北京：昆仑出版社，2009：83，84．

图2-29：吴良镛．中国建筑与城市文化[M]．北京：昆仑出版社，2009：51．

图3-1：洪亮平．城市设计历程[M]．北京：中国建筑工业出版社，2002：17．

图3-2：王瑞珠编著．世界建筑史 古希腊卷下[M]．北京：中国建筑工业出版社，2003：537．

图3-3：王瑞珠编著．世界建筑史 古希腊卷下[M]．北京：中国建筑工业出版社，2003：540．

图3-4：（意）L. 贝纳沃罗（Leonardo Benevolo）著．世界城市史[M]．薛钟灵等译．北京：科学出版社，2000：187．

图3-6：（意）L. 贝纳沃罗（Leonardo Benevolo）著．世界城市史[M]．薛钟灵等译．北京：科学出版社，2000：185．

图3-12：洪亮平．城市设计历程[M]．北京：中国建筑工业出版社，2002：56．

图3-14：（英）乔纳森·格兰西著．建筑的故事[M]．北京：生活·读书·新知三联书店，2009：87．

图3-18：洪亮平．城市设计历程[M]．北京：中国建筑工业出版社，2002：72．

图3-19：（英）埃比尼泽·霍华德著．明日的田园城市[M]．北京：商务印书馆，2010，扉页图。

图3-20：（美）肯尼斯·弗兰姆普敦（Kenneth Frampton）著．现代建筑：一部批判的历史[M]．张钦楠等译．北京：生活·读书·新知三联书店，2004：197．

图3-21：希格弗莱德·吉迪恩著．空间时间建筑 一个新传统的成长[M]．武汉：华中科技大学出版社，2014：578．

图3-22：Amy Dempsey. Styles, schools and movements: an encyclopaedic guide to modern art. London: Thames & Hudson, 2002: 138.

图3-24：邓庆坦，赵鹏飞，张涛著．图解西方近现代建筑史[M]．武汉：华中科技大学出版社，2009：20．

图3-26：邓庆坦，赵鹏飞，张涛著．图解西方近现代建筑史[M]．武汉：华中科技大学出版社，2009：116．

部分图片来源

图3-30: Amy Dempsey. Styles, schools and movements: an encyclopaedic guide to modern art. London: Thames & Hudson, 2002: 143.

图3-33~图3-36: Magdalena Droste. Bauhaus, 1919–1933 / Bauhaus Archiv. Köln: Taschen, 2006: 122, 28, 157, 175, 152, 154.

图5-8: （德）赫尔曼·哈肯（Hermann Haken）著. 大脑工作原理 脑活动、行为和认知的协同学研究 [M]. 郭治安, 吕翎译. 上海: 上海科技教育出版社, 2001: 274.

图5-17: AmyDempsey. Styles, schools and movements: an encyclopaedic guide to modern art. London: Thames & Hudson, 2002: 270.

图5-18、图5-19: （美）罗伯特·文丘里. 向拉斯维加斯学习 [M]. 南京: 江苏科学技术出版社, 2017: 26, 33.

图5-28: Gordon Cullen. Concise Townscape [M]. Architectural Press, 1995: 17.

图5-32: （美）凯文·林奇著. 城市意象 [M]. 方益萍, 何晓军译. 北京: 华夏出版社, 2001: 14.

图5-36: 胡恒编. 建筑文化研究 第6辑 [M]. 上海: 同济大学出版社, 2014: 211.

图5-37: Rob Krier, Typological & morphological elements of the concept of urban space, London, AD and Acroshaw Ltd 1979: 8. （英）马修·卡莫纳, 史蒂文·蒂斯迪尔, 蒂姆·希斯, 泰纳·欧克著. 公共空间与城市空间 城市设计维度 [M]. 马航, 张昌娟, 刘坤, 余磊译. 北京: 中国建筑工业出版社, 2015: 97.

图6-6: Jay Hambidge. Dynamic symmetry: the Greek vase / by Jay Hambidge. New Haven, Conn.: Yale University Press, 1920, 26.

图6-7: （英）理查德·帕多万（Richard Padovan）著. 比例-科学·哲学·建筑 [M]. 周玉鹏, 刘耀辉译. 北京: 中国建筑工业出版社, 2005: 87-88.

图6-8: Rudolf Wittkower. Idea and image: studies in the Italian Renaissance. [New York]: Thames and Hudson, c1978, 113.

图6-9: 傅熹年著. 中国古代城市规划、建筑群布局及建筑设计方法研究（下）[M]. 第2版. 北京: 中国建筑工业出版社, 2015: 276.

图6-10: 程大锦. 建筑: 形式、空间和秩序. 第3版 [M]. 天津: 天津大学出版社, 2008: 319.

图6-14: 程大锦. 建筑: 形式、空间和秩序. 第3版 [M]. 天津: 天津大学出版社, 2008: 316

图6-20: 唐希主编. 福州老照片 [M]. 厦门: 鹭江出版社, 1990: 2, 11.

图6-21（右图）: 洪亮平. 城市设计历程 [M]. 北京: 中国建筑工业出版社, 2002: 66.

图6-27: 傅熹年著. 中国古代城市规划、建筑群布局及建筑设计方法研究 下 第2版 [M]. 北京: 中国建筑工业出版社, 2015: 259, 273.

图6-37、图6-38: 刘洪宽绘. 天衢丹阙: 老北京风物图卷 [M]. 北京: 荣宝斋出版社, 2004.

图6-42（右图）: 洪亮平. 城市设计历程 [M]. 北京: 中国建筑工业出版社, 2002: 66.

图7-1（左图）: （德）汉诺—沃尔特·克鲁夫特（Hanno-Walter Kruft）著. 建筑理论史 从维特鲁威到现在 [M]. 王贵祥译. 北京: 中国建筑工业出版社, 2005: 36.

图7-3（左图）: 王惠摄。

图7-19: National Design Guide. 2019.

图7-20: High Town East Village proposed Design Codes. 2009.

图7-21: 上海市规划和国土资源管理局, 上海市交通委员会, 上海市城市规划设计研究院主编. 上海市街道设计导则 [M]. 上海: 同济

部分图片来源

大学出版社，2016: 16-17.

城市建筑肌理数据来自OpenStreetMap以及微软开放数据并进行处理，采用开放数据协议https://www.openstreetmap.org/copyright以及Open Database License: http://opendatacommons.org/licenses/odbl/1.0/和Database Contents License: http://opendatacommons.org/licenses/dbcl/1.0/。

书中图片除注明外均为作者自摄或作者团队自绘。

参考文献

[1] 朱光潜. 西方美学史 [M]. 北京：人民文学出版社，1963.

[2] 张法. 美学导论 [M]. 北京：中国人民大学出版社，1999.

[3] 蒋孔阳，朱立元主编. 西方美学通史 [M]. 上海：上海文艺出版社，1999.

[4] 陈望衡，20世纪中国美学本体论问题 [M]. 长沙：湖南教育出版社，2001.

[5]（美）刘易斯·芒福德著. 城市发展史 起源、演变和前景 [M]. 倪文彦，宋俊岭译. 北京：中国建筑工业出版社，1989.

[6] 于贤德. 城市美学 [M]. 北京：知识出版社，1998.

[7]（美）伊利尔·沙里宁. 城市-它的发展 衰败与未来 [M]. 译？北京：中国建筑工业出版社，1986.

[8] 汝信，王德胜主编. 美学的历史20世纪中国美学学术进程 [M]. 合肥：安徽教育出版社，2000.

[9] 张光直. 中国青铜时代（二集）[M]. 北京：生活·读书·新知三联书店，1990.

[10] 湖南省统计局编. 湖南省情 [M]. 长沙：湖南人民出版社，1989.

[11] 吴良镛. 从绍兴城的发展看历史上环境的创造与传统的环境观念 [J]. 城市规划，1985（2）.

[12] 贺业钜. 中国古代城市规划史 [M]. 北京：中国建筑工业出版社，1996.

[13] 汪德华. 中国城市规划史 [M]. 南京：东南大学出版社，2014.

[14] 梁思成. 梁思成全集 [M]. 北京：中国建筑工业出版社，2001.

[15] 谢才丰主校注. 安远县志（校注同治本）[M]. 安远县印刷厂，1990.

[16]（清）李渔. 闲情偶寄全鉴 [M]. 北京：中国纺织出版社，2017.

[17] 侯幼彬. 中国建筑美学 [M]. 哈尔滨：黑龙江科学技术出版社，1997.

[18] 黄念然. 中国古典文艺美学论稿 [M]. 桂林：广西师范大学出版社，2010.

[19] 王国维. 人间词话 [M]. 上海：上海古籍出版社，2008.

[20]（南朝）刘勰. 文心雕龙 [M]. 开封：河南大学出版社，2008.

[21] 宗白华. 宗白华全集 [M]. 合肥：安徽教育出版社，2008.

[22] 李泽厚. 李泽厚十年集（第3卷）. 中国古代思想史论 [M]. 合肥：安徽文艺出版社，1994.

[23] 李聃；范永胜译注. 老子 [M]. 合肥：黄山书社，2005.

[24] 冀昀. 左传 [M]. 北京：线装书局，2007.

[25] 曹建国，张玖青注说. 国语 [M]. 开封：河南大学出版社，2008.

[26]（战国）庄周著. 庄子 [M]. 南京：凤凰出版社，2010.

[27]（清）刘熙载撰. 艺概 [M]. 上海：上海古籍出版社，1978.

[28] 周伟民，萧华荣注释.《文赋》、《诗品》注译 [M]. 郑州：中州古籍出版社，1985.

[29] 王振复. 宫室之魂——儒道释与中国建筑文化 [M]. 上海：复旦大学出版社，2001.

[30] 徐复观. 中国艺术精神 [M]. 沈阳：春风文艺出版社，1987.

[31] 薛富兴. 东方神韵 意境论[M]. 北京：人民文学出版社，2000.

[32] 朱清时，姜岩. 东方科学文化的复兴[M]. 北京：北京科学技术出版社. 2004.

[33]（意）L.贝纳沃罗（Leonardo Benevolo）著. 世界城市史[M]. 薛钟灵等译. 北京：科学出版社，2000.

[34] 陈志华. 外国建筑史（19世纪末叶以前）[M]. 第二版. 北京：中国建筑工业出版社，1997.

[35]（英）埃比尼泽·霍华德著. 明日的田园城市[M]. 北京：商务印书馆，2010.

[36]（英）彼得·霍尔著. 明日之城：1880年以来城市规划与设计的思想史第4版[M]. 童明译. 上海：同济大学出版社，2017.

[37]（英）克利夫·芒福汀著. 绿色尺度[M]. 陈贞，高文艳译. 北京：中国建筑工业出版社，2004.

[38] Robert Hughes. The shock of the new [M]. New York: Alfred Knopf, 1967.

[39]（英）彼得·柯林斯（Peter Collins）著. 现代建筑设计思想的演变[M]. 英若聪译. 北京：中国建筑工业出版社，2003.

[40] 希格弗莱德·吉迪恩著. 空间时间建筑 一个新传统的成长[M]. 译？武汉：华中科技大学出版社，2014.

[41] Mark C. Taylor. Disfiguring: Art, Architecture, Religion [M]. Chicago: University Of Chicago Press, 1994.

[42] Hans L. C. Jaffe, ed., De Stijl, 1917-1931: Visions of Utopia [M]. New York: Abbeville Press, 1982.

[43] Le Corbusier. Towards a new architecture [M]. trans. F. Etchells. London: Architectural Press, 1987.

[44] Walter Gropius. The New architecture and the Bauhaus [M]. trans. P. Morton Shand. Cambridge: MIT Press, 1986.

[45]（德）黑格尔（G.W.F.Hegel）著. 美学第1卷[M]. 朱光潜译. 北京：商务印书馆，1979.

[46] 吴予敏. 美学与现代性[M]. 北京：人民出版社，2001.

[47] Rudolf Wittkower. 'The changing concept of proportion', Idea and image: studies in the Italian Renaissance [M]. New York: Thames and Hudson, 1978.

[48]（德）汉诺—沃尔特·克鲁夫特（Hanno-Walter Kruft）著. 建筑理论史 从维特鲁威到现在[M]. 王贵祥译. 北京：中国建筑工业出版社，2005.

[49] Gregory Battcock(Ed.). The New Art: A Critical Anthology. New York: E. P. Dutton and Co., 1966.

[50] Andrew Tallon. Urban Regeneration in the UK [M]. 2 edition. New York: Routledge, 2013.

[51]（英）马修·卡莫纳，史蒂文·蒂斯迪尔，蒂姆·希斯，泰纳·欧克著. 公共空间与城市空间 城市设计维度[M]. 马航，张昌娟，刘坤，余磊译. 北京：中国建筑工业出版社，2015.

[52] Walter Gropius. "Address to the Students of the Staatliche Bauhaus, Held on the Occasion of the Yearly Exhibition of Student Work in July 1919," in The Bauhaus [M]. ed. Hans M. Wingler. Cambridge: MIT Press, 1986.

[53]（美）文丘里著. 建筑的复杂性与矛盾性[M]. 北京：知识产权出版社，2006.

[54] 王岳川. 后现代主义文化研究[M]. 北京：北京大学出版社，1992.

[55] 朱立元. 现代西方美学二十讲[M]. 武汉：武汉出版社，2006.

[56]（德）本雅明（Benjamin, Walter）著. 机械复制时代的艺术作品[M]. 王才勇译. 杭州：浙江摄影出版社，1993.

[57]（美）大卫·哈维著. 希望的空间[M]. 胡大平译. 南京：南京大学出版社，2006.

[58] Peter Eisenman. Visions Unfolding: Architecture in The Age of Electronic Media [J]. Domus. 1993, 734: 17-25.

[59]（澳）亚历山大·R·卡斯伯特编著. 设计城市-城市设计的批判性导读[M]. 北京：中国建筑工业出版社，2011.

[60] 刘悦笛. 生活美学 现代性批判与重构审美精神[M]. 合肥：安徽教育出版社，2005.

[61] 吴良镛. 城市的创造与社会、经济、文化、综合效益的追求[J]. 天津社会科学，1987.4.

[62] 王建国. 城市设计[M]. 北京：中国建筑工业出版社，2009.

[63]（美）斯皮罗·科斯托夫（Spiro Kostof）著. 城市的形成-历史进程中的城市模式和城市意义[M]. 单皓译. 北京：中国建筑工业出版社，2005.

［64］（美）阿里·迈德尼普尔．城市空间设计：社会·空间发展进程的调查研究［M］．北京：中国建筑工业出版社，2009．

［65］（加）简·雅各布斯（Jan Jacobs）著．美国大城市的死与生［M］．金衡山译．南京：译林出版社，2005．

［66］（英）理查德·帕多万（Richard Padovan）著．比例-科学·哲学·建筑［M］．周玉鹏，刘耀辉译．北京：中国建筑工业出版社，2005．

［67］乔纳森·巴奈特著．开放的都市设计程序［M］．舒达恩译．尚林出版社，1978．

［68］吴良镛．广义建筑学［M］．北京：清华大学出版社，1989．

［69］（英）吉伯德（Gibberd, F.）著．市镇设计［M］．程里尧译．北京：中国建筑工业出版社，1983．

［70］（英）戈登·卡伦著．简明城镇景观设计［M］．北京：中国建筑工业出版社，2009．

［71］Rob Krier. Urban Space. Rizzoli, 1993.

［72］（英）玛丽昂·罗伯茨，克拉拉·格里德编著．走向城市设计［M］．北京：中国建筑工业出版社，2009．

［73］马克思，恩格斯著；中共中央马克思恩格斯列宁斯大林著作编译局译．马克思恩格斯全集 第42卷［M］．北京：人民出版社，1979．

［74］（古希腊）亚理斯多德著．（罗马）贺拉斯著．诗学［M］．杨周翰译．罗念生译．北京：人民文学出版社，1962．

［75］（德）瓦尔特·本雅明（Walter Benjamin）著．发达资本主义时代的抒情诗人［M］．王才勇译．南京：江苏人民出版社，2005．

［76］包亚明主编．现代性与空间的生产［M］．上海：上海教育出版社，2003．

［77］潘知常．中西比较美学论稿［M］．南昌：百花洲文艺出版社，2000．

［78］梁宁建主编．心理学导论［M］．上海：上海教育出版社，2011．

［79］郑宗军主编．普通心理学［M］．济南：山东人民出版社，2014．

［80］林玉莲，胡正凡编著．环境心理学［M］．第二版．北京：中国建筑工业出版社，2000．

［81］（丹麦）S.E.拉斯姆森著．建筑体验［M］．刘亚芬译．北京：中国建筑工业出版社，1990．

［82］（清）张潮著．罗刚，张铁弓译注．幽梦影［M］．北京：中央文献出版社，2001．

［83］Sigfried Giedion. Mechanization takes command: a contribution to anonymous history［M］. New York: Oxford University Press, 1948.

［84］Linda Steg, Agnes E. van den Berg, Judith I. M. de Groot. Environmental Psychology: An Introduction［M］. Wiley-Blackwell, 2012.

［85］（法）莫里斯·梅洛-庞蒂（Maurice Merleau-Ponty）著．知觉现象学［M］．姜志辉译．北京：商务印书馆，2001．

［86］（德）马丁·海德格尔．海德格尔选集（下）［M］．北京：生活·读书·新知三联书店，1996：1167-1169．

［87］Adam Sharr. Heidegger for Architects［M］. New York: Routledge, 2007.

［88］Gibbs, R. W. Embodiment and Cognitive Science［M］. Cambridge: Cambridge University Press, 2005.

［89］Juhani Pallasmaa. The Eyes of the Skin: Architecture and the Senses, 2nd Edition［M］. Chichester: John Wiley & Sons, 2005.

［90］Steven Holl. Parallax［M］. Basel, Boston and New York: Princeton Architectural Press, 2000.

［91］（英）克利夫·芒福汀，泰纳·欧克，史蒂文·蒂斯迪尔著．美化与装饰［M］．韩冬青，李东，屠苏南译．北京：中国建筑工业出版社，2004．

［92］（美）朗格（Langer, S.K.）著．情感与形式［M］．刘大基等译．北京：中国社会科学出版社，1986．

［93］（美）鲁道夫·阿恩海姆（Rudolf Arnheim）著．艺术与视知觉：新编［M］．长沙：湖南美术出版社，2008．

［94］（美）鲁道夫·阿恩海姆（Rudolf Arnhim）著．视觉思维：审美直觉心理学［M］．滕守尧译．成都：四川人民出版社，1998．

［95］史风华．阿恩海姆美学思想研究［M］．济南：山东大学出版社，2006．

［96］（英）格列高里（Gregory, R.L.）著．视觉心理学［M］．彭聃龄，杨旻译．北京：北京师范大学出版社．

［97］（美）肯特·C·布鲁姆（Kent C. Bloomer），（美）查尔斯·W·摩尔（Charles W. Moore）著．身体，记忆与建筑 建筑设计的基本原

则和基本原理[M]. 杭州：中国美术学院出版社，2008.

[98] (挪威)诺伯格·舒尔兹(Norberg-Schulz, C.)著. 存在空间建筑[M]. 尹培桐译. 北京：中国建筑工业出版社，1990：21-38.

[99] (美)凯文·林奇著. 城市意象[M]. 方益萍，何晓军译. 北京：华夏出版社，2001.

[100] Richard M. Rorty, ed., The Linguistic Turn: Recent Essays in Philosophical Method[M]. Chicago: University of Chicago Press, 1967.

[101] (意)罗西著. 城市建筑学[M]. 黄士钧译. 北京：中国建筑工业出版社，2006.09.

[102] (美)罗伯特·索科拉夫斯基著. 现象学导论[M]. 高秉江，张建华译. 武汉：武汉大学出版社，2009.

[103] (德)埃德蒙德·胡塞尔著,(德)克劳斯·黑尔德编. 生活世界现象学[M]. 倪梁康，张廷国译. 上海：上海译文出版社，2005.

[104] (德)海德格尔著;郜元宝译. 人, 诗意地安居：海德格尔语要[M]. 桂林：广西师范大学出版社，2000.

[105] Christian Norberg-Schulz. Heidegger's Thinking on Architecture[J]. Perspecta. Vol. 20 (1983).

[106] (挪)诺伯舒兹著. 场所精神：迈向建筑现象学[M]. 武汉：华中科技大学出版社，2010.

[107] 赵宪章，张辉，王雄. 西方形式美学[M]. 南京：南京大学出版社，2008.

[108] (古罗马)维特鲁威(Vitruvii)著. 建筑十书[M]. 高履泰译. 北京：知识产权出版社，2001.

[109] (英)克利夫·芒福汀(J.C.Moughtin)著. 街道与广场[M]. 张永刚，陆卫东译. 北京：中国建筑工业出版社，2004.

[110] 程大锦. 建筑：形式、空间和秩序[M]. 天津：天津大学出版社，2008.

[111] (奥)卡米诺·西特著. 城市建设艺术 遵循艺术原则进行城市建设[M]. 仲德崑译. 南京：东南大学出版社，1990.

[112] Hamid Shirvani. The Urban Design Process[M]. Van Nostrand Reinhold Company. 1985.

[113] 吴良镛. 中国建筑与城市文化[M]. 北京：昆仑出版社，2009.

[114] (英)克莱夫·贝尔(Clive Bell)著. 艺术[M]. 薛华译. 南京：江苏教育出版社，2004.

[115] (美)凯文·林奇著. 城市形态[M]. 林庆怡等译. 北京：华夏出版社，2001.

[116] (美)柯林·罗(Colin Rowe),(美)弗瑞德·科特(Fred Koetter)著. 拼贴城市[M]. 童明译. 北京：中国建筑工业出版社，2003.

[117] 杨永生编. 建筑百家杂识录. 北京：中国建筑工业出版社，2004.

[118] 黄苗子. 师造化, 法前贤[J]. 文艺研究. 1982, 6.

[119] 陈从周. 说园[M]. 北京：书目文献出版社，1984.

[120] 沈子丞编. 历代论画名著汇编. 上海：上海世界书局，1943.

[121] 宗白华. 美学与意境. 北京：人民出版社，2009.

[122] 钱钟书. 谈艺录[M]. 北京：中华书局，1984.

[123] 刘方. 中国美学的基本精神及其现代意义[M]. 成都：巴蜀书社，2003.

[124] 陈德礼. 中国艺术辩证法[M]. 长春：吉林人民出版社，1990.

[125] (美)伊恩·伦诺克斯·麦克哈格(Ian Lennox McHarg)著. 设计结合自然[M]. 芮经纬译. 天津：天津大学出版社，2006.

[126] (日)芦原义信著. 街道的美学[M]. 尹培桐译. 武汉：华中理工大学出版社，1989.

[127] (美)雅各布斯著. 伟大的街道[M]. 王又佳，金秋野译. 北京：中国建筑工业出版社，2009.

[128] (德)席勒. 席勒散文选[M]. 张玉能译. 天津：百花文艺出版社，1997.

[129] (美)N.沙里宁著. 形式的探索 一条处理艺术问题的基本途径[M]. 顾启源译. 北京：中国建筑工业出版社，1989.

[130] (清)华琳撰. 南宗抉秘[M]. 济南：山东画报出版社，2004.

[131] 庄惟敏. 建筑策划与设计[M]. 北京：中国建筑工业出版社，2016.

[132] (美)阿摩斯·拉普卜特(Amos Rapoport)著. 建成环境的意义 非言语表达方法[M]. 黄兰谷等译. 北京：中国建筑工业出版社，2003.

[133] Anholt, S. The Anholt-GMI city brands index: How the world sees the world's cities[J]. Place Branding, 2006, 2(1), 18-31.
[134] Keith Dinnie (Editor). City branding: theory and cases[M]. New York: Palgrave Macmillan, 2011.
[135] Charles Jencks. Iconic Building[M]. Rizzoli. 2005.
[136] Sykes, A. Krista, and Hays, K. Michael. Constructing a New Agenda: Architectural Theory, 1993-2009[M]. New York: Princeton Architectural Press, 2010.